应用型本科 物联网专业系列教材

云计算与大数据

主 编 陶 皖
副主编 李 钧 李臣龙 汪 军

西安电子科技大学出版社

内容简介

本书在阐述大数据和云计算关系的基础上，介绍了大数据和云计算的基本概念、技术及应用。全书分为基础篇、技术与应用篇和实践篇，主要内容包括：绪论、大数据环境下的云计算架构、大数据关键技术与应用、云存储、云服务与云安全、云计算应用、虚拟化技术、Hadoop和Spark平台、分布式文件系统及并行计算框架、分布式数据存储与大数据挖掘。

本书是结合实际应用及实践过程来讲解相关概念、原理和技术的，实用性较强，适合作为本科院校计算机、大数据及信息管理等相关专业的教材，也可作为相关研究人员、爱好者的参考用书。

图书在版编目(CIP)数据

云计算与大数据/陶皖主编. —西安：西安电子科技大学出版社，
2017.1(2021.9重印)
ISBN 978-7-5606-4377-9

Ⅰ. ①云…　Ⅱ. ①陶…　Ⅲ. ①云计算　②数据处理
Ⅳ. ①TP393.027　②TP274

中国版本图书馆CIP数据核字(2016)第320924号

策划编辑　高　樱
责任编辑　杨　璠
出版发行　西安电子科技大学出版社(西安市太白南路2号)
电　　话　(029)88202421　88201467　　邮　　编　710071
网　　址　www.xduph.com　　电子邮箱　xdupfxb001@163.com
经　　销　新华书店
印刷单位　陕西天意印务有限责任公司
版　　次　2017年1月第1版　2021年9月第6次印刷
开　　本　787毫米×1092毫米　1/16　印张14.5
字　　数　341千字
印　　数　12 501～15 500册
定　　价　39.00元
ISBN 978-7-5606-4377-9/TP
XDUP 4669001-6

如有印装问题可调换

应用型本科　物联网专业系列教材
编审专家委员名单

主　任：沈卫康（南京工程学院 通信工程学院 院长/教授）

副主任： 陈　岚（上海应用技术学院 电气与电子工程学院 副院长/教授）

高　尚（江苏科技大学 计算机科学与工程学院 院长/教授）

宋依青（常州工学院 计算机科学与工程学院 副院长/教授）

龚声蓉（常熟理工学院 计算机科学与工程学院 院长/教授）

成　员：（按姓氏拼音排列）

鲍　蓉（徐州工程学院 信电工程学院 院长/教授）

陈伏兵（淮阴师范学院 计算机工程学院 院长/教授）

陈美君（金陵科技学院 网络与通信工程学院 副院长/副教授）

李文举（上海应用技术学院 计算机科学学院 副院长/教授）

梁　军（三江学院 电子信息工程学院 副院长/副教授）

钱志文（江苏理工学院 电气信息工程学院 副院长/教授）

任建平（苏州科技学院 电子与信息工程学院 副院长/教授）

谭　敏（合肥学院 电子信息与电气工程系 系主任/教授）

王杰华（南通大学 计算机科学与技术学院 副院长/副教授）

王如刚（盐城工学院 信息工程学院 副院长/副教授）

王章权（浙江树人大学 信息科技学院 副院长/副教授）

温宏愿（南京理工大学泰州科技学院 智能制造学院 院长/副教授）

郁汉琪（南京工程学院 创新学院 院长/教授）

杨会成（安徽工程大学 电气工程学院 副院长/教授）

杨俊杰（上海电力学院 电子与信息工程学院 副院长/教授）

于继明（金陵科技学院 智能科学与控制工程学院 副院长/副教授）

张惠国（常熟理工学院 物理与电子工程学院 副院长/副教授）

赵建洋（淮阴工学院 计算机工程学院 院长/教授）

朱立才（盐城师范学院 信息工程学院 院长/教授）

前　言

随着互联网、移动互联网、物联网的快速发展，以及社交网络、微博、微信等新一代信息技术的应用和推广，人类产生的数据正以几何级数的速度增长。不言而喻，人类已进入了大数据时代。数据的种类繁多、流动迅速，数据中蕴含的价值也越来越受到人们的重视。需求驱动技术的发展，为了应对海量的数据及对其应用处理的要求，近年来，云计算和各类大数据技术层出不穷。本书将视角放在云计算和大数据技术上，通过介绍云计算和大数据的概念、技术现状及其产业发展趋势，为读者提供了该领域的基础性知识；同时，本书还结合实际应用为读者提供了应用实践指南。

全书分3篇，共10章。

第一篇(基础篇)简单介绍了云计算和大数据的起源，并对云计算和大数据的定义、特征和作用作了较详细的说明，同时还介绍了云计算和大数据之间的关系，阐述了大数据环境下的云计算架构。

第二篇(技术与应用篇)详细介绍了大数据存储、处理及分析等关键技术，云存储、云服务与云安全以及云计算应用的知识。

第三篇(实践篇)以开源的技术解决方案为主体，从虚拟化技术、Hadoop和Spark平台、HDFS文件系统、分布式文件存储Hbase、Hive和大数据挖掘分析平台Mahout等角度介绍了云计算和大数据的实践过程。第三篇还设置了7个实验，以使读者能理论联系实践，进一步熟悉云计算和大数据的概念，并在构建自己的应用时获得启发和帮助。

本书的部分实验素材由李臣龙老师提供，李钧老师编写了第7章，其余章节由陶皖老师编写，汪军老师参与了统稿，并审阅了全稿。本书的编写得到了西安电子科技大学出版社高樱老师、安徽工程大学计算机与信息学院等的大力帮助和支持，在此表示诚挚的谢意。

由于编者水平有限，书中难免存在不妥之处，敬请广大读者批评指正。

编　者

2016年9月

目　录

第一篇　基　础　篇

第二篇　技术与应用篇

第三篇　实　践　篇

第一篇　基础篇

云计算的概念与特征

大数据的概念与特征

大数据下的云计算架构

第1章 绪 论

云计算(Cloud Computing)和大数据(Big Data)的概念在IT从业人员中耳熟能详，它们的应用正席卷IT行业的各个方面。本章将探究云计算和大数据的背景及来历，介绍大数据和云计算的概念和特征、应用和发展，并对大数据和云计算的关系作出阐述。

1.1 云计算的来历与发展

1.1.1 云计算的萌发

如今"大红大紫"的云计算概念实际上起源于20世纪60年代，在那个绝大多数人还没有用过计算机的时代，来自斯坦福大学的科学家John McCarthy就指出"计算机可能变成一种公共资源"。同时代的Douglas Parkhill在其著作《The Challenge of the Computer Utility》中将计算资源类比为电力资源，并提出了私有资源、公有资源、社区资源等在今天被频繁提起的云计算概念。

这些事实让我们不得不承认人类的想象力和智慧是推动世界进步的巨大动因，同时也可以看到云计算不是一个偶然的技术产物，它可以说是计算机技术演进的必然方向。

1.1.2 云计算的诞生

现代的云计算模式诞生于20世纪90年代末的互联网大潮。1997年，Ramnath Chellappa教授在一次演讲中第一次提出了"云计算"这个词；1999年成立的Salesforce.com公司是公认的云计算先驱，它主要向企业客户销售基于云的SaaS(Software as a Service，软件即服务)产品。

Salesforce.com公司的成功之处在于它第一次证明了基于云的服务不仅仅是大型业务系统的廉价替代品，还可以为提高企业运营效率、促进业务发展提供解决方案，同时也可以在可靠性方面维持一个极高的标准。此后，许多苛刻的企业用户开始全面拥抱云计算，从而迎来了云计算的发展高潮。

1.1.3 云计算的发展

进入21世纪的第一个十年，Amazon接棒Salesforce.com推动了云计算的快速发展。Amazon是在线零售商，非常重视客户体验，在发展到一定规模后，它发现自己的数据中心在大部分时间只有不到10%的利用率，剩下90%的资源都闲置着。于是Amazon开始寻找一种更有效的方式来利用自己庞大的数据中心，它的目的是将计算资源从单一的、特定的业务中解放出来，在空闲时提供给其他有需要的用户。Amazon首先在内部实施这一计划，得到了不错的反响，接着将这个服务开放给外部用户，并命名为AWS(Amazon Web Service，亚马逊网络服务)。初期的AWS是一个简单的线上资源库，并没有引起太大的关注，令AWS

声名大噪的是 Amazon 在 2006 年发布的 EC2(Elastic Compute Cloud)。EC2 是业界第一款面向公众提供基础构架的云服务产品，它将云计算的服务对象带入了更广阔的领域。除 EC2 之外，Amazon 还发布了 S3、SQS 等其他云计算服务，组成了一个完整的 AWS 产品线，促使云计算成为 IT 产业的主流声音。

继 Amazon AWS 之后，各种云计算产品层出不穷，Microsoft、Google 等巨头纷纷涌进这个领域。除了数量的增长，云计算类型也日益丰富。除了 Salesforce.com 和 Amazon AWS 分别代表的 SaaS 和 IaaS(Infrastructure as a Service，基础设施即服务)两种云计算服务，第三种服务 PaaS(Platform as a Service，平台即服务)也快速发展起来了，如 2009 年发布的 Google App Engine 服务。此外，围绕在线资源的应用亦快速出现。2009 年，第一个基于 Amazon AWS API(Application Program Interface)的私有云平台 Eucalyptus 出现。同年，信息研究机构 Gartner 预测企业用户将从基于设备的 IT 建设模型往基于单个用户需求的云计算模型转变。

进入 21 世纪的第二个十年，云计算进入了百花齐放的时代。人们已经不再讨论云计算是否可行，而是探讨起云计算未来的发展方向，研究在大数据时代怎样将云计算的潜力充分发挥出来，从而更好地利用数据的价值。图 1-1 所示为云计算与"数字一代"的示意图。

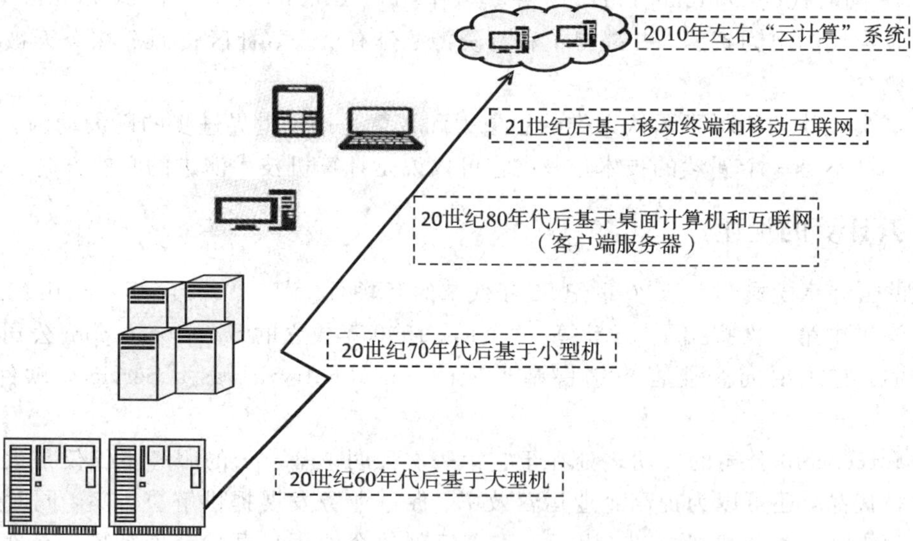

图 1-1 云计算与"数字一代"

百度百科中给出的云计算发展简史：

• 1983 年，太阳电脑(Sun Microsystems)提出"网络是电脑(The Network is the Computer)"，2006 年 3 月，亚马逊(Amazon)推出弹性计算云(Elastic Compute Cloud，EC2)服务。

• 2006 年 8 月 9 日，Google 首席执行官埃里克·施密特(Eric Schmidt)在搜索引擎大会(SES San Jose 2006)首次提出"云计算(Cloud Computing)"的概念。Google"云端计算"源于 Google 工程师克里斯托弗·比希利亚所做的"Google 101"项目。

• 2007 年 10 月，Google 与 IBM 开始在美国大学校园，包括卡内基梅隆大学、麻省理工学院、斯坦福大学、加州大学柏克莱分校及马里兰大学等，推广云计算的计划，希望能通过这项计划降低分布式计算技术在学术研究方面的成本，并为这些大学提供相关的软硬件设备及技术支持(包括数百台个人电脑及 BladeCenter 与 System x 服务器，这些计算平台将提供 1600 个处理器，支持包括 Linux、Xen、Hadoop 等开放源代码平台)。而学生则可以通过网络开发各项以大规模计算为基础的研究计划。

• 2008 年 1 月 30 日，Google 宣布在台湾启动“云计算学术计划”，将与台湾台大、交大等学校合作，从而将这种先进的云计算技术大规模、快速地推广到校园。

• 2008 年 2 月 1 日，IBM(NYSE：IBM)宣布将在中国无锡太湖新城科教产业园为中国的软件公司建立全球第一个云计算中心(Cloud Computing Center)。

• 2008 年 7 月 29 日，雅虎、惠普和英特尔宣布了一项涵盖美国、德国和新加坡的联合研究计划，推出云计算研究测试床，以推进云计算。该计划要与合作伙伴创建 6 个数据中心作为研究试验平台，每个数据中心配置 1400 个至 4000 个处理器。这些合作伙伴包括新加坡资讯通信发展管理局、德国卡尔斯鲁厄大学 Steinbuch 计算中心、美国伊利诺伊大学香槟分校、英特尔研究院、惠普实验室和雅虎。

• 2008 年 8 月 3 日，美国专利商标局网站信息显示，戴尔正在申请“云计算(Cloud Computing)”商标，此举旨在加强对这一未来可能重塑技术架构的术语的控制权。

• 2010 年 3 月 5 日，Novell 与云安全联盟(CSA)共同宣布一项供应商中立计划，名为“可信任云计算计划(Trusted Cloud Initiative)”。

• 2010 年 7 月，美国国家航空航天局和包括 Rackspace、AMD、Intel、戴尔等支持厂商共同宣布“开放源代码(OpenStack)”计划。微软在 2010 年 10 月表示支持 OpenStack 与 Windows Server 2008 R2 的集成，而 Ubuntu 已把 OpenStack 加至 11.04 版本中。

• 2011 年 2 月，思科系统正式加入 OpenStack，重点研制 OpenStack 的网络服务。

1.2　云计算的概念及特征

1.2.1　什么是云计算

什么是云计算？这是一个被反复提到、反复回答的问题，这说明云计算本身是一个非常抽象的概念，要准确把握其内涵不是一件容易的事情。

云计算的解释有许多种。

• 百度百科中的解释是：云计算是基于互联网的相关服务的增加、使用和交付模式，通常涉及通过互联网来提供动态易扩展且经常是虚拟化的资源。云是网络、互联网的一种比喻说法。过去往往用云来表示电信网，后来也用来表示互联网和底层基础设施的抽象。因此，云计算甚至可以让你体验到 10 万亿次每秒的运算能力，拥有这么强大的计算能力可以模拟核爆炸、预测气候变化和市场发展趋势。用户通过电脑、笔记本、手机等方式接入数据中心，按自己的需求进行运算。

• 维基百科中的解释是：云计算是继 20 世纪 80 年代大型计算机到客户端-服务器的大转变之后的又一种巨变，是一种基于互联网的计算方式。通过这种计算方式，共享的软硬件资源和信息可以按需求提供给计算机和其他设备。用户不再需要了解“云”中基础设施的细节，不必具有相应的专业知识，也无需直接进行控制。云计算描述了一种基于互联网的新的 IT 服务增加、使用和交付模式，通常涉及通过互联网来提供动态易扩展且经常是虚拟化的资源。

• CSA(Cloud Security Alliance，云计算安全联盟)在“Security Guidance For Critical Areas of Focus In Cloud Computing V3.0”的解释是：云计算的本质是一种服务提供模型，通过这种模型可以随时、随地、按需地通过网络访问共享资源池的资源，这个资源池的内容包括计算资源、网络资源、存储资源等，这些资源能被动态地分配和调整，在不同用户之间灵活地划分，凡是符合这些特征的IT服务都可以称为云计算服务。

CSA的解释很好地说明了云计算的本质。NIST(U. S. National Institute of Standards and Technology，美国国家标准与技术学院)提出了一个定义云计算的标准——“NIST Working Definition of Cloud Computing/NIST800－145”。此标准提出云计算的五大要素是：自助服务、通过网络分发服务、可衡量的服务、资源的灵活调度以及资源池化。云计算按服务模式分为三类：SaaS、IaaS和PaaS；按部署模式分为四种：公有云、私有云、社区云和混合云。NIST800－145被业界普遍接受的原因是其提出的云计算五大要素非常简练地说明了一个云计算系统的特征，通过这五个特征能够快速地将云计算系统同传统IT系统区分开来。图1－2所示为NIST提出的云计算概念图。

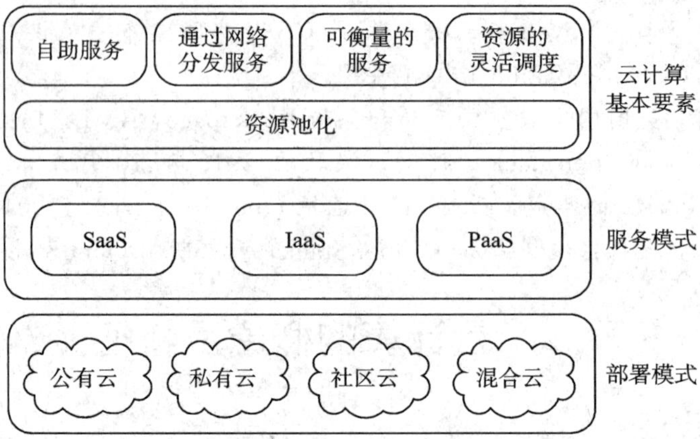

图1－2　NIST提出的云计算概念图

1.2.2　云计算的特征

本小节先介绍五大要素的具体内容，即云计算的五个特征，部署模式和服务模式将在第2章中作说明。

1. 自助服务

在云计算服务中，用户通过自助方式获取服务。自助服务是区分简单的B/S架构与真正云计算的重要标准。自助式的服务方式充分发挥了云计算后台架构强大的运算能力，也使用户获得了更加快捷、高效的体验。

例如WebEx公司推出的在线会议系统，可使用户自助挑选会议类型、设定参会人数、上传会议资料。WebEx的后台服务器会在指定时间将参会人员连接到一个虚拟在线会议室中。云服务提供商并不需要人工干预这个流程，所有的细节都由用户自己在网页上选择决定。而以往的会议服务仅仅将提供多方会议服务的设备从分散的用户机房集中到统一的中心机房，其软硬件设施仍然是僵化的传统框架，无法自动跟上用户需求的快速变更，需要人工干预才能完成资源的重新划分和调整。

2. 通过网络分发服务

通过网络分发服务打破了地理位置的限制，打破了硬件部署环境的限制，实现了只要有网络就有计算，从而革命性地改变了人们使用电脑的习惯。

以书写为例，当云计算真正普及后，只需要在诸如 iPad 的终端上登录 Google Docs，就能够进行在线写作。Google Docs 提供了大部分的电子文档编辑功能，不需要新添置计算机，不需要购买 Office 软件，只需要通过任何带 Web 浏览器的设备就可进行工作。

3. 可衡量的服务

一个完整的云计算平台会对存储、CPU、带宽等资源保持实时跟踪，并将这些信息以可量化的指标反映出来。基于这些指标，云计算平台运营商或管理企业内部私有云的 IT 部门，能够快速地对后台资源进行调整和优化。

4. 资源的灵活调度

资源的灵活调度是资源池化的下一步发展。由于计算资源已经被池化，云计算供应商可以非常快速地将新设备添加到资源池中，以满足客户不断增长的需求。而对于用户来说，好像只要愿意付账单，就可以即时要求云计算供应商提供无限制的资源。

例如 WebEx、Amazon EC2 等总是可以满足用户不断增长的需求。在 WebEx 平台上，已经召开过同时上千人参与的全球视频会议，而 WebEx 表示人数仍然没有达到上限。

5. 资源池化

在云计算中，计算资源——CPU、存储、网络等有了新的组织结构，称为资源池。资源池化是指将所有设备的运算能力放在一个池内，再进行统一分配。对于 IT 部门来说，计算资源不再以单台服务器为单位，云计算打破了服务器机箱的限制，将所有的 CPU 和内存等资源解放出来，汇集到一起，形成一个个 CPU 池、内存池、网络池，当用户产生需求时，便从这个池中配置能够满足需求的组合。

NIST 提出的五个特征非常形象地提炼出不同云计算模式的共性。在绝大部分获得成功的云服务身上，都能轻易找到这五点特征。Amazon AWS 的 EC2 就是一个典型的例子。Amazon EC2 的服务全部可以在 Amazon AWS 的网站上自助开通，用户通过网络可获取 Amazon EC2 的后台计算资源。Amazon EC2 有一个完善的后台管理系统，能够在不同的数据中心之间调配资源，以满足瞬息万变的用户需求。这些服务特点将 Amazon EC2 塑造成一个优秀的、成功的云服务提供商，也界定出优秀云计算服务的基本模型。

1.3 云计算的应用及与其他计算服务模式的区别

1.3.1 云计算的应用

云计算为用户提供动态、可扩展的计算资源，也就是说，用户享用的计算资源可以根据客户流量需要随时增减。云计算的特点对于现有的企业，特别是对计算资源要求随时间变化的企业具有相当大的吸引力。利用云计算的弹性资源，企业解决了因需求量突然增加而出现计算资源不足的问题，同时避免了因闲置过剩计算资源而造成的浪费。

云计算也特别适合刚刚起步的IT企业。新生的企业如果要提供网络服务，通常需要购买一定数量的服务器等硬件设备和软件，甚至还要招聘管理和支持这些服务器和设备的信息技术管理人员。这对新企业而言是一笔不小的启动资金。利用云计算服务，企业可以花费较少的资金从云计算服务商那里获得所需的网络计算资源，随着业务的发展，再决定是否逐步增加租用云计算服务，甚至设立自己的数据中心。如果企业决定改变经营方向，也不用丢弃现有设备另起炉灶，从而降低风险。

随着云计算的普及，人们开发的软件将会越来越多地借助互联网的强大功能，更多的软件将在互联网上直接为用户提供服务，这将给软件开发者(无论企业还是个人)带来他们的黄金时代。如果软件开发者有自己的思想和创意，那么在没有足够经费购买硬件和软件的情况下，借助云计算就有望开发出独特的软件。也就是说，云计算服务在软件开发方面将起到积极的推动作用，软件的开发也会借此东风向前迈进一大步。

但是，应该指出，不是所有的软件都需要搬到云计算中，云计算也不是对每个开发商都适用。从目前来说，对计算资源需求不大、所需资源没有大起大落的网上软件，云计算并不能带来特别的好处。此外，一些国家和地区有明确的法律和规章，不容许有关的数据信息存储在其他国家的数据中心。毫无疑问，云计算在这些国家和地区的使用将受到一定的限制。

1.3.2 云计算与其他计算服务模式的区别

1. 云计算与一般托管环境的区别

云计算和一般数据中心的服务器托管听起来很相似，但实际上存在着差别。

首先，工作环境建立有所不同。目前的数据中心提供的托管环境有共享的，也有专用的，有硬件服务器，也有虚拟服务器，但计算资源对于每个托管的软件都是有限的，如果需要更多的资源，就得增加服务器。而云计算的环境可以随时提供所需资源。例如，微软的云计算，开发者不需要和服务器直接打交道，而是与服务模块打交道。为了服务更多的客户，开发者只需指定有多少个软件同时运行。至于数据中心的服务器的启动和管理，由体系管理器来负责。

其次，两者的收费方式也有所不同。服务器托管服务环境通常是按月向用户收取固定费用，云计算服务商则根据计算的时间、信息存储量、计算量等向用户收费。当存储量增大、计算量增大或信息流量增大时收费也随之增加。

2. 云计算与网格计算的区别

Ian Foster将网格定义为：支持在动态变化的分布式虚拟组织间共享资源、协同解决问题的系统。所谓虚拟组织，就是一些个人、组织或资源的动态组合。图1-3和图1-4所示分别为云计算系统和网格计算系统的结构示意图。图1-3显示云计算系统采用以太网等快速网络将若干机群连接在一起，用户通过互联网获取云计算系统提供的各种数据处理服务。图1-4显示网格计算系统是一个资源共享模型，资源提供者也可以成为资源消费者。网格侧重研究怎样将分散的资源组合成动态虚拟组织。云计算与网格计算的一个重要区别在于资源调度模式：云计算采用机群来存储和管理数据，运行的任务以数据为中心，即调度计算任务到数据存储节点运行；而网格计算则以计算为中心，计算资源和存储资源分布在互联网的各个角落，不强调任务所需的计算和存储资源同处一地。由于网络带宽的限制，网格计算中的数据传输时间将占用总运行时间的很大一部分。

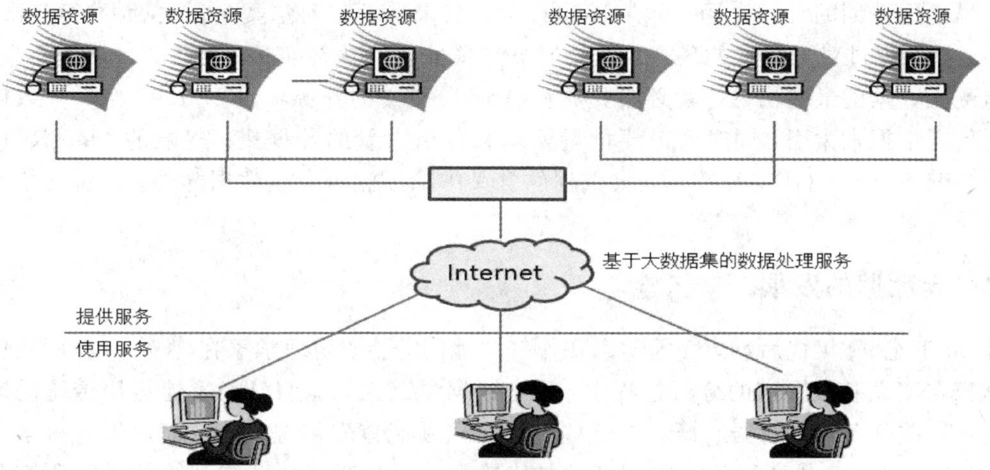

图1-3 云计算系统的结构

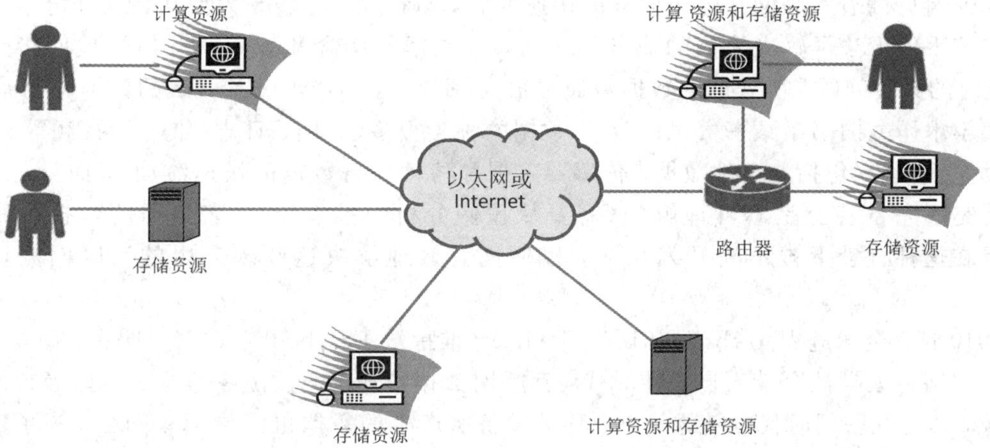

图1-4 网格计算系统的结构

3. 云计算系统与传统超级计算机的区别

云计算系统和传统超级计算机最大的区别在于，超级计算机是应用超高的技术来实现一台超级计算机的强大处理功能的，而云计算系统则是用计算机机群来分工处理的。相对于超级计算机的研发困难来说，由更多的低配计算机(这里的低配计算机是相对于超级计算机来说的)来搭建处理中心相对来说要简单得多。如果这个云计算系统是由多台超级计算机组成的，那它的处理能力会成几何级数增长。相对于超级计算机要投入大量时间和资源的研发，云计算系统更适合社会应用。

1.4 大数据的提出及发展

1.4.1 大数据的提出

大数据一词源于英文词组“Big Data”，以往类似的词语如“信息爆炸”“海量数据”都很难去准确描述这个词的具体内涵。早在1980年，著名未来学家阿尔文·托夫勒的《第三次浪潮》一书中，就出现过对大数据的表述，大数据被热情地赞颂为“第三次浪潮的华彩乐章”。但如果要追溯大数据的最初出处，就必然要提及Apache org的开源项目Nutch。当时大数据的意思是更新网络搜索索引，同时还需要批量处理和分析大量的数据集。谷歌的Map Reduce和Google File System(GFS)发布后，大数据的含义中除了涵盖大量数据之外，还包括数据处理的速度。

1.4.2 大数据的发展

在20世纪90年代后期，气象学家在作气象地图分析、物理学家在建立大物理仿真模型、生物学家在建立基因图谱的分析过程中，由于数据量巨大，他们已经不能再用传统的计算技术来完成这些任务，大数据的概念在这些科学研究领域首先被提出来。面对大量科学数据在获取、存储、搜索、共享和分析中遇到的技术难题，一些新的分布式计算技术被研究和开发出来了。

2008年，随着互联网和电子商务的快速发展，当雅虎、谷歌等大型互联网和电子商务公司用传统手段无法再解决他们的业务问题时，大数据的理念和技术就开始被他们接受和应用。此时的共性问题是，处理的数据量通常很大(那时是PB级，1个PB的数据相当于50%的全美学术研究图书馆藏书资讯内容)，数据的种类很多(文档、日志、博客、视频等)，数据的流动速度很快(包括流文件数据、传感器数据和移动设备数据的快速流动)。而且，这些数据经常是不完备甚至是不可理解的(需要从预测分析中推演出)。大数据的新技术和新架构正是在这种背景下被不断开发出来，以便能有效地解决这些现实中的互联网数据处理问题。

2010年，全球进入Web 2.0时代，Twitter(推特)、Facebook(脸书)、博客、微博、微信等社交网络将人类社会带入自媒体时代，互联网数据快速激增。随着苹果、三星等智能手机的普及，移动互联网时代也随之到来，移动设备所产生的数据也海量涌入网络。为了实现更加智能的应用，物联网技术也逐步被推广，随之而来的是更多实时获取的视频、电子标签(RFID)、传感器等数据也被联入互联网，数据量进一步暴增。根据美国市场调查公司IDC的预测，人类产生的数据量正在呈指数级增长，大约每两年翻一番，这个速度在2020年之前会一直保持下去。全球在2010年正式进入ZB时代(1 ZB数据相当于全世界海滩上的沙子数量的总和)，预计到2020年，全球将总共拥有35 ZB的数据量。这意味着人类在最近两年产生的数据量相当于之前产生的数据量总和。人类真正进入了一个数据的世界，大数据技术有了用武之地，大数据技术和应用空前繁荣起来。

2011年，全球著名战略咨询公司麦肯锡的全球研究院(MGI)发布了《大数据：创新、竞争和生产力的下一个新领域》研究报告，这份报告分析了数字数据和文档爆发式增长的状态，阐述了处理这些数据能够释放出的潜在价值，分析了大数据相关的经济活动和业务价值链。这篇报告在商业界引起极大的关注，为大数据从技术领域进入商业领域吹响了号角。

2012年3月29日，奥巴马政府以“大数据是一个大生意(Big Data is a Big Deal)”为题发布新闻，宣布投资2亿美元启动“大数据研究和发展计划”，该计划涉及包括美国国家科学基金、美国国防部在内的6个联邦政府部门，通过大力推动和改善与大数据相关的收集、组织和分析工具及技术，来推进从大量的、复杂的数据集合中获取知识和洞见的能力。这表明，美国政府认为大数据技术事关美国国家安全、科学和研究的步伐。

2012年5月，联合国发布了一份大数据白皮书，总结了各国政府如何利用大数据更好地服务公民，指出大数据对于联合国和各国政府来说是一个历史性的机遇。联合国还探讨了如何利用包括社交网络在内的大数据资源造福人类。

2012年12月。世界经济论坛发布《大数据，大影响》报告，阐述了大数据为国际发展带来的商业机会，建议各国与工业界、学术界、非营利性机构与管理者能够一起利用大环境所创造的机会。

2012年以来，大数据成为全球投资界最青睐的领域之一。IBM公司通过并购数据仓库厂商Netezza、软件厂商InfoSphere BigInsights和Infosphere Streams等来增强自己在大数据处理上的实力；EMC公司陆续收购Greenplum（Pivotal）、VMWare、Isilo等公词，展开大数据和云计算产业的战略布局；惠普公司通过并购3PAR、Autonomy、Vertica等公司实现了大数据产业链的全覆盖。业界主要的信息技术巨头都纷纷推出大数据产品和服务，力图抢占市场先机。

2012年以来，国内互联网企业和运营商率先启动大数据技术的研发和应用，如新浪、淘宝、百度、腾讯、中国移动、中国联通、京东商城等企业纷纷启动了大数据试点应用项目，推进大数据应用。

2013年，第4期《求是》杂志刊登了中国工程院邬贺铨院士的《大数据时代的机遇与挑战》一文，文章阐述了中国科技界对大数据的重视。另外，郭华东、李国杰、倪光南、怀进鹏等院士也纷纷撰文阐述大数据的战略意义。工信部软件服务司陈伟司长指出，“大数据是云计算、物联网、移动互联网、智慧城市等新技术、新模式发展的必然产物”，表明产业主管部门对大数据发展的高度关注。

综上所述，大数据的发展历程可分为萌发、普及推广及成熟应用三个阶段。图1-5总结了大数据的发展历程。

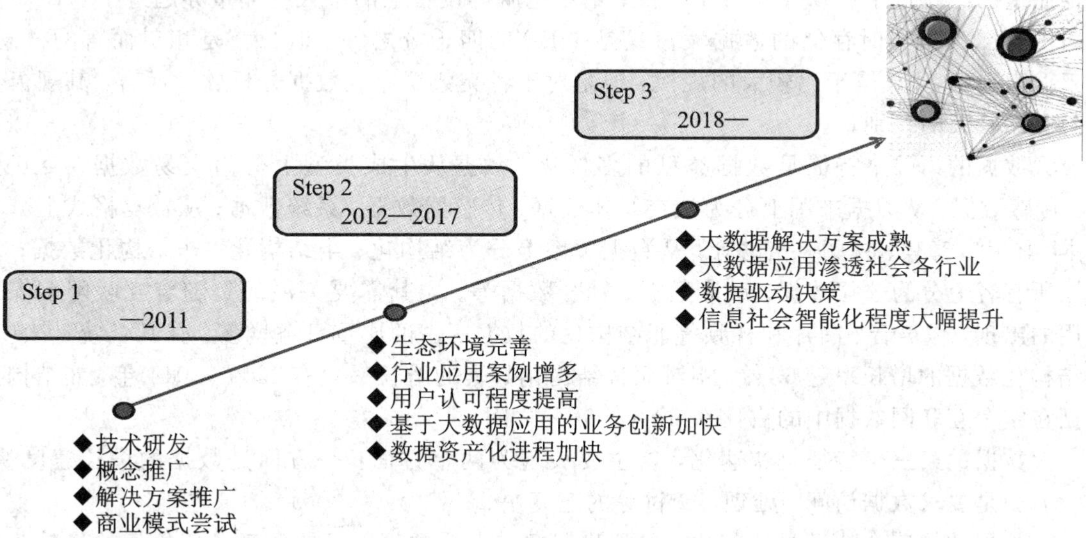

图1-5　大数据的发展历程

1.5　大数据的概念和特征

1.5.1　什么是大数据

对于“大数据”(Big data)，研究机构 Gartner 给出了这样的定义。“大数据”是需要新处理模式才能具有更强的决策力、洞察发现力和流程优化能力的海量、高增长率和多样化的信息资产。

麦肯锡全球研究所的《大数据：创新、竞争和生产力的下一个前沿》报告中对“大数据”的定义是：大数据通常指的是大小规格超越传统数据库软件工具抓取、存储、管理和分析能力的数据群。但这个定义中没有说明什么样规格的数据才是大数据。按照美国信息存储资讯科技公司易安信(EMC)的界定，特指的大数据一定是指大型数据集，规模大概为 10 TB。通过多用户将多个数据集集合在一起，能构成 PB 的数据集。

关于大数据如何定义尚没有一个统一的意见，结合大数据的四个特征，可以给出一个较为清晰的大数据概念。

1.5.2　大数据的特征

研究机构 IDC 和 IBM 公司均把大数据的特征概括为四个 V，即大量化(Volume)、多样化(Variety)、快速化(Velocity)和价值化(Value)。

大数据的第一个特征是数据的大量化。随着信息技术的发展，数据量出现爆炸式增长。2009 年，几乎每一个雇员人数超过 1000 人的美国企业，其数据存储量大都超过了 200 TB，这是十年前沃尔玛公司数据仓库存储量的 2 倍多。2010 年欧洲组织的存储总量大概为 11 EB，这个数字几乎是整个美国数据总量(16 EB)的 70%。2010 年全球企业在硬件上的数据存储量已经超过了 7 EB，而在 PC 和笔记本电脑等设备上的个人存储量亦超过了 6 EB。而美国国会图书馆当时存储的数据大概只是 1 EB 的四千分之一。但“大”是相对而言的概念，对于搜索引擎，EB 属于比较大的规模，但是对于各类数据库或数据分析软件而言，其规模量级会有比较大的差别。

大数据的第二个特征是数据类型的多样化。数据从生成类型上分为交易数据、交互数据、传感数据；从数据来源上分为社交媒体数据、传感器数据、系统数据；从数据格式上分为文本、图片、音频、视频、光谱等；从数据关系上分为结构化、半结构化、非结构化数据；从数据所有者上分为公司数据、政府数据、社会数据等。尤其需要关注的是随着互联网多媒体应用的出现，像声音、图片和视频等非结构化的数据所占的比重日益增多。有 IDC 统计表明，非结构化数据的增长率是 63%，相对而言结构化数据的增长率只有 32%。2014 年，非结构化数据在整个互联网数据中的占比在 80%～90%之间。

大数据的第三个特征是快速化，这主要表现为两个方面：一方面是数据的增长速度快，另一方面是要求数据访问、处理、交付等的速度快。

大数据的第四个特征是价值化。尽管我们拥有大量数据，但是真正发挥价值的仅是其中非常小的一部分。但大数据背后潜藏的价值其实非常巨大，这在商业应用领域显得尤为关键。据统计，美国社交网站 Facebook 有 10 亿用户，网站对这些用户信息进行分析后，广告商可根据结果精准投放广告。对广告商而言，10亿用户的数据价值上千亿美元。据相关资料报道，2012年，运用大数据的世界贸易额已达60亿美元。但这些只是冰山一角，如何构建强大的计算平台，通过机器学习和高级分析等技术更迅速地完成数据价值的“挖掘”和“提纯”，仍是大数据应用背景下急待解决的难题。

小拾遗

• 关于大数据第4个V特征的另一种观点

在普遍认同大数据的数据体量大(Volumes)，数据类型多(Variety)，数据增长和数据处理速度快(Velocity)的3V特征后，关于最后一个特征的另一种观点是：第4个V指数据真实性(Veracity)要求高。随着社交数据、企业内容、交易与应用数据等新数据源的兴起，传统数据源的局限被打破，企业愈发需要有效的信息之力以确保其真实性及安全性。

这从一方面说明关于大数据的认识是多角度和多样化的。

小知识

• 数据大小的量级

数据量的大小是用计算机存储容量的单位来计算的，其基本单位是字节(Byte)，其他单位与Byte的换算和解释如下所示：

1 Byte(B)　相当于一个英文字母；
1 Kilobyte(KB)＝1024 B(千)　相当于一则短篇故事的内容；
1 Megabyte(MB)＝1024 KB(兆)　相当于一则短篇小说的文字内容；
1 Gigabyte(GB)＝1024 MB(吉)　相当于贝多芬第五交响曲的乐谱内容；
1 Terabyte(TB)＝1024 GB(太)　相当于一家大型医院中所有X光图片内容；
1 Petabyte(PB)＝1024 TB(拍)　相当于50％全美学术研究图书馆藏书信息；
1 Exabyte(EB)＝1024 PB(艾)　5 EB相当于人类历史记载的所有信息；
1 Zettabyte(ZB)＝1024 EB(泽)　如同全世界海滩上的沙子数量的总和；
1 YottaByte(YB)＝1024 ZB(尧)　1024个像地球一样的星球上的沙子数量总和。

• 结构化和非结构化数据

按数据结构，数据分为结构化数据、半结构化的非结构化数据和无结构化的非结构化数据。

1）结构化数据

结构化数据一般是指可以存储在数据库中，用二维表结构来逻辑表达实现的数据。其示例如表1－1所示。

表1－1　结构化数据示例

客户号	客户姓名	商品单价	商品名称	商品数量
2014111001	汪伟	1000.0	冰箱	1
2015120602	李萍	508.0	电磁炉	1

2）非结构化数据

相对于结构化数据，一般将不方便用二维表结构来表现的数据称为非结构化数据。

非结构化数据包括：

（1）半结构化数据：指介于完全结构化数据和完全无结构化数据之间的数据。半结构化数据格式较规范，一般是纯文本数据，可以通过某种方式解析得到每项数据。最常见的是日志数据和 XML、JSON 等格式的数据。

（2）无结构化数据：指非纯文本类数据，没有标准格式，无法直接解析出相应的值，常见的有富文本文档(Rich Text Format，RTF)、多媒体文件(图像、声音、视频等)。

1.6 大数据的作用与挑战

1.6.1 大数据的作用

1. 大数据对企业影响深远

国际一些知名企业充分认识到大数据技术对业务经营的重要性，比如全球著名的零售商沃尔玛公司，原来需要 5 天的时间处理超过 100 万的客户交易，借助大数据技术之后其分析用时仅为一个小时，极大地提高了企业的生产效率。再比如 Facebook 公司，在借助大数据技术之后可以在一个星期内实现对 400 亿张照片的处理，而如果在以前，则需要花上 10 年的时间，这使 Facebook 公司在市场竞争中始终处于领先地位。

大数据技术不仅对科研组织和企业组织的研究和生产有着极大的价值，而且还催生出新的商机、新的领域和新的岗位。一些 IT 企业专门成立了面向企业提供大数据管理和分析服务的公司，并着重培养大数据分析师。比如甲骨文、IBM、微软和 SAP，这些著名的 IT 企业都投入巨资成立了软件智能数据管理和分析的专业公司。据相关咨询机构预测，大数据行业自身市场规模将超过 1000 亿美元，并且还将以每年近 10%的速度增长。

大数据的影响力除了经济方面的，还包括政治、文化等方面。大数据可以帮助人们开启循“数”管理的模式，这也是当下“大社会”的集中体现。“三分云计算技术，七分分布式管理，十二分大数据”将是未来企业的信息系统建设的指导思想，而那些善于使用数据的企业将赢得未来。

2. 大数据是一种新商品

谷歌搜索、Facebook 的帖子和微博消息使得对人们的行为和情绪的细节化测量成为可能。挖掘用户的行为习惯和喜好，从凌乱纷繁的数据背后找到更符合用户兴趣和习惯的产品和服务，并对这些产品和服务进行针对性的调整和优化，这就是大数据的价值。大数据也日益显现出对各个行业的推进力。

以往大数据通常用来形容一个公司创造的大量非结构化和半结构化数据，而现在提及大数据，通常是指解决问题的一种方法，即收集、整理生活中方方面面的数据，并对其进行分析挖掘，进而从中获得有价值的信息，最终衍化出一种新的商业模式。

虽然大数据的发展目前在国内还处于初级阶段，但是其商业价值已经显现出来。首先，基于数据交易可产生很好的效益，手中握有数据的公司等同于站在金矿上。其次，基于数据挖掘会有很多定位角度不同的商业模式诞生：或侧重数据分析，比如帮企业做内部数据挖掘；或侧重优化，比如帮企业更精准地找到用户，降低营销成本，提高企业销售率，增加利润。

未来，数据很可能成为最大的交易商品。但数据量大并不能算是大数据，大数据的特征是数据量大、数据种类多、非标准化数据的价值最大化。因此，大数据的价值在于通过数据共享、交叉复用后获取最大的数据价值。未来大数据将会如基础设施一样，有数据提供方、管理者、监管者，数据的交叉复用会使大数据变成一大产业。

3. 精准营销需要大数据

有这样一个真实案例在微博上流传很广。美国一名男子闯入他家附近的 Target 店铺(一家美国零售连锁超市)进行抗议："你们竟然给我 17 岁的女儿发婴儿尿片和童车的优惠券。"店铺经理立刻向来者致歉，其实经理并不知道这是公司运行大数据系统的结果。一个月后，这位父亲来道歉，因为他的女儿的确怀孕了。

这个案例就是基于数据分析的精准营销的结果。通过分析用户在网络上的消费行为数据，可以帮助电商企业实现"千人千面"的精准营销。更精准地找到用户。基于数据分析的精准营销即对来自不同平台的数据进一步挖掘和分析，找到这些数据相对应的人群，再将这些群体进行个性化的对比，并以此展开个性化的营销服务。大数据时代，营销将会更多地依赖数据，以便更精准地找到用户。

大数据的一个重要趋势就是数据服务变革，把人分成很多群体，对每个群体都给予不同的服务。以电子商务为例，传统电商推荐，多是使用协同算法，挖掘不同产品间的关联度。数据爆炸的年代，人们经常淹没在海量的商品和资讯之中，不知道自己想要什么。而电子商务常用的关联规则并不是个性化算法，比如白酒、花生米这两个商品可能对所有用户都关联度很高，电商就会向所有用户推荐这两个商品。个性化推荐实际上会通过场景和需求来调动不同算法，以计算个体真实的用户需求。即个性化推荐知道用户喜欢什么，能够根据客户需求切实地提供商品推荐信息，这无疑更能刺激购买。对于电商企业来说，在精细化运营的趋势下，当然会希望更精准的营销和用户重复购买的状况出现。

电子商务网站都有非常丰富的顾客历史数据，包括登录、单击、浏览以及购买等。如果把数据放在地下室任其堆满灰尘，那它们就是一项负资产。它们需要硬件来存储，需要人员来管理，却没有任何使用价值。因此，企业需要能够分析出消费者的购买意图，进行全网行为的挖掘分析、BI 分析等，以实现个性化推荐的精准运营。

1.6.2 大数据的挑战

1. 业务视角不同带来的挑战

以往，企业通过内部企业资源计划(ERP)、客户关系管理(CRM)、供应链管理(SCM)、商业智能(BI)等信息系统建设来建立高效的企业内部统计报表、仪表盘等决策分析工具，为企业业务敏捷决策发挥了很大的作用。但是，这些数据分析只是冰山一角，这些报表和仪表盘其实是"残缺"的，更多潜在的有价值的信息被企业束之高阁。大数据时代，企业业务部门必须改变他们看数据的视角，更加重视和利用以往被放弃的交易日志、客户反馈、社交网络等数据。这种转变需要一个接受过程，但实现转变的企业则已经从中获得巨大收益。据有关统计，亚马逊近三分之一的收入来自基于大数据相似度分析的推荐系统的贡献；花旗银行新产品创新的创意很大程度上来自各个渠道收集到的客户反馈数据。因此，大数据时代，业务部门需要以新的视角来面对大数据，接受和利用好大数据，从而创造更大的业务价值。

2. 技术架构不同带来的挑战

传统的关系型数据库(RDBMS)和结构化查询语言(SQL)面对大数据已经力不从心，更高性价比的数据计算与存储技术和工具不断涌现。对于已经熟练掌握和使用传统技术的信息技术人员来说，学习、接受和掌握它需要一个过程。这是因为他们从内心认为现在的技术和工具已足够好，对新技术产生了一种排斥的心理，怀疑它只是一个新的噱头；另外，新技术本身的不成熟性、复杂性和用户不友好性也会加深这种印象。但大数据时代的技术变革已经不可逆转，企业必须积极迎接这种挑战，以包容的方式迎接新技术，以集成的方式实现新老系统的整合。

3. 管理策略不同带来的挑战

大容量和多种类的大数据处理不仅会带来企业信息基础设施的巨大改变，也会带来企业信息技术管理、服务、投资和信息安全治理等方面的新的挑战。如何利用公有云服务来实现企业外部数据的处理和分析？应对大数据架构采取什么样的管理和投资模式？如何对大数据可能涉及的数据隐私进行保护？这些都是企业应用大数据时需要面对的挑战。

1.7 大数据和云计算的关系

大数据的价值开始日益受到重视，人们对数据处理的实时性和有效性的要求也在不断提高。大数据的意义并不在于大容量、多样性等特征，而在于我们如何对数据进行管理和分析，以及如何利用因此而发掘出的价值。如果在分析处理上缺少相应的技术支撑，大数据的价值将无从谈起。

具体到企业而言，处于大数据时代的经营决策过程已经具备了明显的数据驱动特点，这种特点给企业的IT系统带来的是海量待处理的历史数据、复杂的数学统计和分析模型、数据之间的强关联性以及频繁的数据更新产生的重新评估等挑战。这就要求底层的数据支撑平台具备强大的通信(数据流动和交换)能力、存储(数据保有)能力以及计算(数据处理)能力，从而保证海量的用户访问、高效的数据采集和处理、多模式数据的准确实时共享以及面对需求变化的快速响应。

传统的处理和分析技术在这些需求面前开始遭遇瓶颈，而云计算的出现，不仅为我们提供了一种挖掘大数据价值使其得以凸显的工具，也使大数据的应用具有了更多的可能性。在大数据时代，云为数据分析提供了潜在的自助计算模型。云计算和大数据分析都是虚拟化技术和网格计算模型的延伸，使得云成为成本可以远低于传统数据平台的提供业务支持的灵活数据平台。

从技术上看，大数据与云计算的关系就像一枚硬币的正反面一样密不可分。如图1-6所示，大数据必然无法用单台的计算机进行处理，必须采用分布式计算架构。它的特色在于对海量数据的挖掘，但它必须依托云计算的分布式处理、分布式数据库、云存储和虚拟化技术。

云计算包含两方面的内容：服务和平台，所以云计算既是商业模式，也是计算模式。比如美国加州大学伯克利分校在一篇关于云计算的报告中，就认为云计算既指在互联网上以服

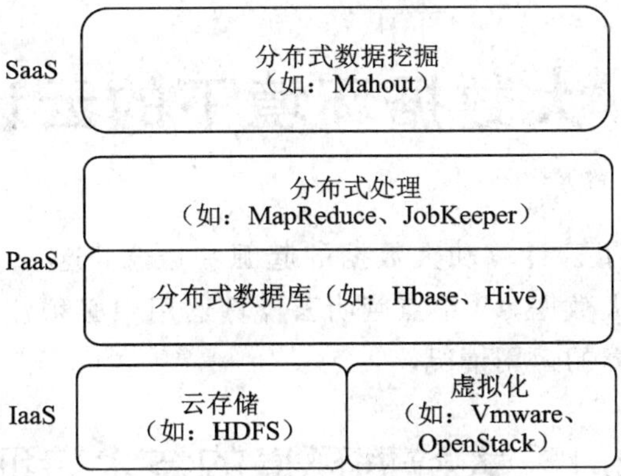

图 1－6　大数据与云计算的关系

务形式提供的应用，也指在数据中心提供这些服务的硬件和软件。

就目前的技术发展来看，云计算以数据为中心，以虚拟化技术为手段来整合服务器、存储、网络、应用等在内的各种资源，并利用 SOA 架构为用户提供安全、可靠、便捷的各种应用数据服务；它完成了系统架构从组件走向层级再走向资源池的过程，实现了 IT 系统不同平台(硬件、系统和应用)层面的“通用”化，突破了物理设备障碍，达到了集中管理、动态调配和按需使用的目的。

借助“云”的力量，可以实现对多格式、多模式的大数据的统一管理、高效流通和实时分析，挖掘大数据的更多价值，发挥大数据的真正意义。

第 2 章 大数据环境下的云计算架构

在上一章中我们学习了云计算和大数据的起源和概念，这一章将阐述大数据的环境特征，说明云计算如何支持大数据，并重点阐明云计算运用中必须注重的标准化问题，同时列举云计算框架，说明云计算的运用情况。

2.1 大数据环境的技术特征

大数据来源于互联网、企业系统和物联网等信息系统。传统的信息系统一般定位为面向个体信息生产、供局部简单查询和统计应用的信息系统，其输入是个体少量的信息，处理方式是将移动数据在系统中进行加工，输出是个体信息或某一主题的统计信息。而大数据的信息系统定位为面向全局、供复杂统计分析和数据挖掘的信息系统，其输入是TB级的数据，处理方式是移动逻辑到数据存储，对数据进行加工，输出是与主题相关的各种关联信息。传统信息系统与大数据信息系统的对比如表2-1所示。

表 2-1 传统信息系统与大数据信息系统的对比

项 目	传统信息系统	大数据信息系统
系统目的	现实事项的数据生产	基于已有数据的应用
构建前提	结构化设计	分析与挖掘模型建立
依赖对象	人、物	信息系统
加工对象	数据	逻辑
处理模式	线性处理	并行处理
数据采集范围	局部	全局
存储	集中存储	分布式存储
价值	记录历史方式的事件信息	发现问题、科学决策
效果	数据生产、简单应用	统计挖掘、复杂应用
呈现	局部个体的信息展现	个体在全局中的展现
表现形态	ERP、OA等系统	宏观决策信息系统
作用	企业信息化	企业智慧“大脑”

大数据的信息管理系统要求数据经过分析挖掘，能产生新的知识用以支撑决策或业务的自动智能化运转。从数据在信息系统中的生命周期看，大数据从数据源经过分析挖掘到最终获得价值一般需要经过5个主要环节，即数据准备、数据存储与管理、计算处理、数据分析和知识展现，每个环节都面临不同程度的技术上的挑战。大数据的技术架构如图2-1所示。

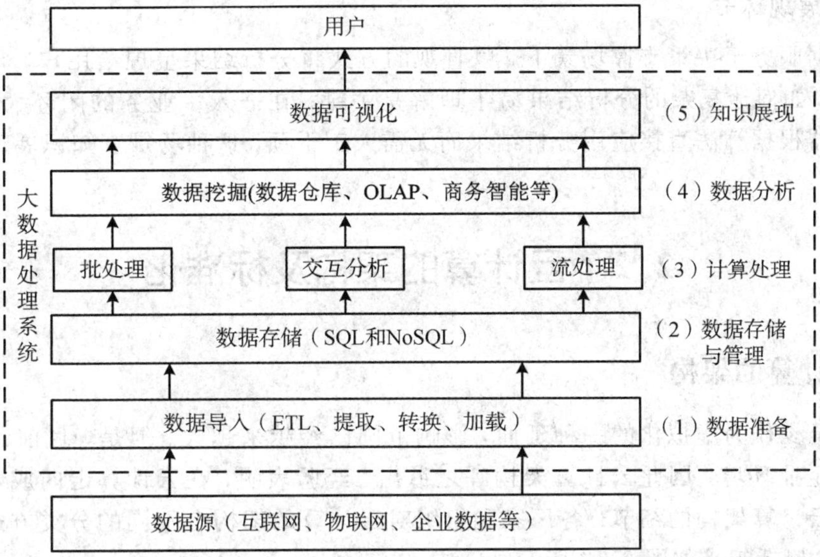

来源：工业和信息化部电信研究院

图 2-1　大数据的技术架构

1. 数据准备环节

在进行存储和处理之前，需要对数据进行清洗、整理，这在传统数据处理体系中称为ETL(Extracting Transforming Loading)过程。与以往数据分析相比，大数据的来源多种多样，包括企业内部数据库、互联网数据和物联网数据，不仅数量庞大、格式不一，质量也良莠不齐。这就要求数据准备环节一方面要规范格式，便于后续存储管理，另一方面要在尽可能保留原有语义的情况下去粗取精、消除噪声。

2. 数据存储与管理环节

当前全球数据量正以每年超过50%的速度增长，存储技术的成本和性能面临着非常大的压力。大数据存储系统不仅需要以极低的成本存储海量数据，还要适应多样化的非结构化数据管理需求，具备数据格式上的可扩展性。

3. 计算处理环节

计算处理环节需要根据处理的数据类型和分析目标，采用适当的算法模型，快速处理数据。海量数据的处理要消耗大量的计算资源，对于传统单机或并行计算技术来说，在速度、可扩展性和成本上都难以适应大数据计算分析的新需求。分而治之的分布式计算成为大数据的主流计算架构，但在一些特定场景下的实时性还需要大幅提升。

4. 数据分析环节

数据分析环节需要从纷繁复杂的数据中发现规律并提取新的知识，这是挖掘大数据价值的关键。传统数据挖掘对象多是结构化、单一对象的小数据集，而大数据挖掘则更侧重根据先验知识预先人工建立模型，然后依据既定模型进行分析。对于非结构化、多源异构的大数据集的分析，往往缺乏先验知识，很难建立显式的数学模型，这就需要发展更加智能的数据挖掘技术。

5. 知识展现环节

在大数据服务于决策支撑场景下，以直观的方式将分析结果呈现给用户，是大数据分析的重要环节，如何让复杂的分析结果易于理解是关键。在嵌入多业务的闭环大数据应用中，一般是由机器根据算法直接应用分析结果而无需人工干预，这种场景下知识展现环节则不是必需的。

2.2　云计算的架构及标准化

2.2.1　云计算的架构

云计算至少作为虚拟化的一种延伸，影响范围已经越来越大。但是，目前云计算还不能支持复杂的企业环境。因此云计算架构呼之欲出。经验表明，在云计算走向成熟之前，更应该关注系统云计算架构的细节。各厂家和组织对云计算的架构有不同的分类方式，但总体趋势是一致的，概括起来如图 2-2 所示。

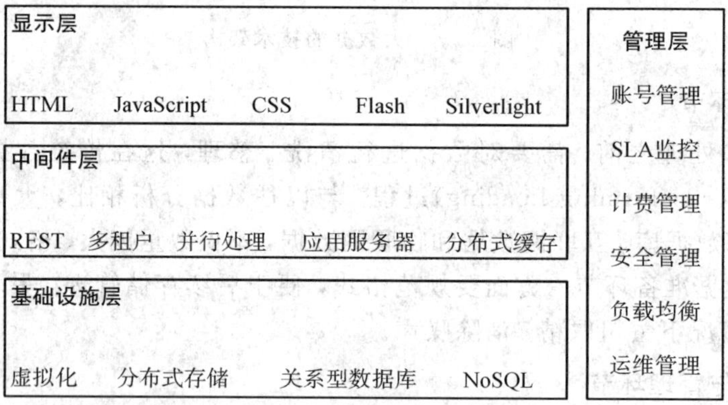

图 2-2　云计算架构

云计算架构主要可分为四层，其中三层是横向的，分别是显示层、中间件层和基础设施层，这三层技术能够提供非常丰富的云计算能力和友好的用户界面。还有一层是纵向的，称为管理层，它是为了更好地管理和维护横向的三层而存在的。

1. 显示层

多数数据中心云计算架构的显示层主要用于以友好的方式展现用户所需的内容和服务体验，并会利用到中间件层提供的多种服务。显示层主要有如下五种技术：

HTML：标准的 Web 页面技术，现在主要以 HTML4 为主，但是已经推出的 HTML5 会在很多方面推动 Web 页面的发展，比如视频和本地存储等方面。

JavaScript：一种用于 Web 页面的动态语言，通过 JavaScript，能够极大地丰富 Web 页面的功能，并且用以 JavaScript 为基础的 AJAX 可创建出更具交互性的动态页面。

CSS：主要用于控制 Web 页面的外观，而且能使页面的内容与其表现形式优雅地分离。

Flash：业界最常用的 RIA(Rich Internet Applications)技术，能够在现阶段提供 HTML 等技术所无法提供的基于 Web 的富应用，而且用户体验非常不错。

Silverlight：来自微软的 RIA 技术，虽然其现在市场占有率稍逊于 Flash，但由于其可以使用 C＃来进行编程，所以对开发者非常友好。

在显示层，大多数云计算产品都比较倾向于 HTML、JavaScript 和 CSS 的黄金组合，但 Flash 和 Silverlight 等 RIA 技术也有一定的用武之地，如 VMware vCloud 就采用了基于 Flash 的 Flex 技术，而微软的云计算产品肯定会使用到 Silverlight。

2. 中间件层

中间件层起承上启下的作用，它在基础设施层所提供资源的基础上提供了多种服务，比如缓存服务和 REST 服务等，而且这些服务既可用于支撑显示层，也可以直接让用户调用。中间件层主要有如下五种技术：

REST：通过该技术，能够非常方便和优雅地将中间件层所支撑的部分服务提供给调用者。

多租户：通过这种技术，能让一个单独的应用实例为多个组织服务，而且保持良好的隔离性和安全性，并且能有效地降低应用的购置和维护成本。

并行处理：为了处理海量的数据，需要利用庞大的 X86 集群进行规模巨大的并行处理，Google 的 MapReduce 是这方面的代表作。

应用服务器：在原有的应用服务器的基础上为云计算作了一定程度的优化，比如用于 Google App Engine 的 Jetty 应用服务器。

分布式缓存：通过该技术，不仅能有效地降低后台服务器的压力，而且还能加快相应的反应速度，最著名的分布式缓存例子莫过于 Memcached。

3. 基础设施层

基础设施层的作用是为给中间件层或者用户准备其所需的计算和存储等资源。其主要有如下四种技术：

虚拟化：也可以理解为基础设施层的“多租户”，因为通过虚拟化技术，能够在一个物理服务器上生成多个虚拟机，并且能在这些虚拟机之间实现全面的隔离，这样不仅能降低服务器的购置成本，而且还能降低服务器的运维成本。成熟的 X86 虚拟化技术有 VMware 的 ESX 和开源的 Xen。

分布式存储：为了承载海量的数据，同时也要保证这些数据的可管理性，需要一整套分布式的存储系统。

关系型数据库：基本是在原有的关系型数据库的基础上作了扩展和管理等方面的优化，使其在云中更适应。

NoSQL：为了满足一些关系数据库所无法满足的目标，比如支撑海量的数据等，一些公司特地设计了一批不是基于关系模型的数据库。

4. 管理层

管理层为横向的其他三层提供多种管理和维护等方面的技术，主要包括以下六种技术：

账号管理：通过良好的账号管理技术，能够在安全的条件下方便用户的登录，并方便管理员对账号的管理。

SLA 监控：对各个层次运行的虚拟机、服务和应用等进行性能方面的监控，以使它们都能在满足预先设定的 SLA(Service Level Agreement)的情况下运行。

计费管理：对每个用户所消耗的资源等进行统计，从而准确地向用户索取费用。

安全管理：对数据、应用和账号等 IT 资源采取全面的保护，使其免受犯罪分子和恶意程序的侵害。

负载均衡：通过将流量分发给一个应用或者服务的多个实例来应对突发情况。

运维管理：主要是使运维操作尽可能地专业和自动化，从而降低云计算中心的运维成本。

2.2.2 云计算标准化情况

云计算标准化是云计算真正大范围推广和应用的前提。没有标准，云计算产业就难以得到规范、健康的发展，难以形成规模化和产业化集群发展。各国政府在积极推动云计算的同时，也积极推动云计算标准的制定工作。目前关注云计算的国内外组织及科研单位非常多，行业内的厂家也很活跃。

1. 国际云计算标准化工作概述

国外共有 33 个标准化组织和协会从各个角度开展云计算标准化的工作。这 33 个国外标准化组织和协会既有知名的标准化组织，如 ISO/IEC JTC1 SC27、DMTF，也有新兴的标准化组织，如 ISO/IEC JTC1 SC38、CSA；既有国际标准化组织，如 ISO/IEC JTC1 SC38、ITU-T SG13，也有区域性标准化组织，如 ENISA；既有基于现有工作开展云标准研制的，如 DMTF、SNIA，也有专门开展云计算标准研制的，如 CSA、CSCC。按照标准化组织的覆盖范围对 33 个标准化组织进行分类，结果如表 2-2 所示。

表 2-2 国外 33 个标准化组织和协会分布表

序号	标准组织和协会	个数	覆盖范围
1	ISO/IEC JTC1 SC7、SC27、SC38、SC39、ITU-T SG13	5	国际标准化组织
2	DMTF、CSA、OGF、SNIA、OCC、OASIS、TOG、ARTS、IEEE、CCIF、OCM、Cloud use case、A6、OMG、IETF、TM Forum、ATIS、ODCA、CSCC	19	国际标准化协会
3	ETSI、Eurocloud、ENISA	3	欧洲
4	GICTF、ACCA、CCF、KCSA、CSRT	5	亚洲
5	NIST	1	美洲

总的来说，目前参与云计算标准化工作的国外标准化组织和协会呈现出以下几方面的特点。

1）三大国际标准化组织从多角度开展云计算标准化工作

三大国际标准化组织 ISO、IEC 和 ITU 的云计算标准化工作开展方式大致分为两类：一类是已有的分技术委员会，如 ISO/IEC JTC1 SC7（软件和系统工程）、ISO/IEC JTC1 SC27（信息技术安全），在原有标准化工作的基础上逐步渗透到云计算领域；另一类是新成立的分技术委员会，如 ISO/IEC JTC1 SC38（分布式应用平台和服务）、ISO/IEC JTC1 SC39（信息技术可持续发展）和 ITU-T SG13（原 ITU-T FGCC，云计算焦点组），开展云计算领域新兴标准的研制。

2）知名标准化组织和协会积极开展云计算标准研制

知名标准化组织和协会，包括 DMTF、SNIA、OASIS 等，在其已有标准化工作的基础上，纷纷开展云计算标准工作研制。其中，DMTF 主要关注虚拟资源管理，SNIA 主要关注云存储，OASIS 主要关注云安全和 PaaS 层标准化工作。截至 2014 年 1 月，DMTF 的 OVF（开放虚拟化格式规范）和 SNIA 的 CDMI（云数据管理接口规范）均已通过 PAS 通道提交给 ISO/IEC JTC1，正式成为 ISO 国际标准。

3）新兴标准化组织和协会有序推动云计算标准研制

新兴标准化组织和协会，包括 CSA、CSCC、Cloud Use Case 等，正有序开展云计算标准化工作。这些新兴的标准化组织和协会，常常从某一方面入手，开展云计算标准研制，例如，CSA 主要关注云安全标准研制，CSCC 主要从客户使用云服务的角度开展标准研制。

2. 国际云计算标准化工作分析

国外标准化组织和协会开展的云计算标准化工作，从早期的标准化需求收集和分析，到云计算词汇和参考架构等通用和基础类标准研制，从计算资源和数据资源的访问和管理等 IaaS 层标准的研制，到应用程序部署和管理等 PaaS 层标准的研制，从云安全管理标准的研制，到云客户如何采购和使用云服务，都取得了实质性进展。

总的来说，33 个标准化组织和协会的云计算标准化工作分类情况如表 2－3 所示。分析这 33 个组织和协会的标准化工作主要集中在以下 5 个方面。

表 2－3　云计算标准化工作分类

关注点		相关标准组织
应用场景和案例分析		ISO/IEC JTC1、ITU-T、Cloud Use Case 等
通用和基础		ISO/IEC JTC1、ITU-T、ETSI、NIST、ITU-T、TOG 等
互操作和可移植	虚拟资源管理	ISO/IEC JTC1、DMTF、SNIA、OGF 等
	数据存储与管理	SNIA、DMTF 等
	应用移植与部署	OASIS、DMTF、CSCC 等
服务		ISO/IEC JTC1、DMTF、GICTF 等
安全		ISO/IEC JTC1、ITU-T、CSA、NIST、OASIS、ENISA 等

1）应用场景和案例分析标准

ISO/IEC JTC1 SC38、ITU-T FGCC（云计算焦点组，后转换成 SG13）、Cloud Use Case 等多个组织纷纷开展云计算应用场景和案例分析。其中，SC38 将用户案例和场景分析文档作为其常设文件。该文件对目前已有的案例和场景从 IaaS、PaaS 等角度进行了分类和总结，并分析提出：目前案例主要集中在云运营以及提供商和消费者交互之间；尽管安全是一个非常重要的因素，但目前仍没有一个安全用例；另外目前缺少有关提供商和消费者之间的管理系统的集成、云服务中内部系统的集成等方面的案例。目前，SC38 将基于用户案例和场景分析的方法作为评估新工作项目是否合理的方法之一。随着云服务的逐步应用推广，国际标准化组织和协会正在进行相应的用户案例和应用场景的补充和完善工作。

2）通用和基础标准

云计算通用和基础标准即云计算一些基础共性的标准，包括云计算术语、云计算基本参考模型、云计算标准化指南等。ISO/IEC JTC1 SC38 和 ITU-T SG13 通过成立联合工作组（CT）的方式开展云计算术语和云计算参考架构 2 项标准的研制。其中，云计算术语主要包括云计算涉及的基本术语，用于在云计算领域交流规范用语、明晰概念。云计算基本参考架构主要描述云计算的利益相关者群体，明确基本的云计算活动和组件，描述云计算活动和组件之间以及它们与环境之间的关系，为定义云计算标准提供一个技术中立的参考点。

3）互操作和可移植标准

互操作和可移植标准主要针对云计算中用户最为关心的资源按需供应、数据锁定和供应商锁定、分布式海量数据存储和管理等问题，以构建互连互通、高效稳定的云计算环境为目标，对基础架构层、平台层和应用层的核心技术和产品进行规范。目前，以 DMTF、SNIA 为代表的标准化组织和协会纷纷开展 IaaS 层标准化工作，OASIS 开展了 PaaS 层标准化工作。其中，OVF、CDMI 已经成为国际标准，VMAN、CIMI 正在进行国际标准的投票工作。

4）服务标准

服务标准主要针对云服务生命周期管理的各个阶段，覆盖服务交付、服务水平协议、服务计量、服务质量、服务运维和运营、服务管理、服务采购，包括云服务通用要求、云服务级别协议规范、云服务质量评价指南、云运维服务规范、云服务采购规范等。目前，ISO/IEC JTC1 SC38、NIST、CSCC 等组织和协会正在开展云服务水平协议（SLA）相关的标准研制，已有 1 项标准处于国际标准草案阶段。

5）安全标准

安全标准方面主要关注数据的存储安全和传输安全、跨云的身份鉴别、访问控制、安全审计等方面。目前 ISO/IEC JTC1 SC27、CSA、ENISA、CSCC 从多个方面开展云安全标准与指南的编制工作，已有 3 项云安全国际标准处于委员会草案（CD）和国际标准草案（DIS）阶段。

3. 国内云计算标准化工作概述

中国电子技术标准化研究院 2009 年就启动了云计算的标准化研究，并积极参与云计算国际标准的研制工作。我国和美国提交的文档共同称为 SC38“云计算参考架构”工作项目的基础文档，并争取到该工作项目的联合编辑职位，中国也因此成为推动该国际标准的主要贡献国之一。2012 年我国电子技术标准化研究院发布的《云计算标准化白皮书》分析了当前国内外云计算发展的现状及主要问题，梳理了国际标准组织及协会的云计算标准化工作，同时还从基础、软件技术和产品、存储和管理以及安全等方面对云计算标准进行了研究。

2014 年 10 月由中国等国家成员体推动立项并重点参与的两项云计算国际标准——ISO/IEC 17788：2014《信息技术 云计算 概述和词汇》和 ISO/IEC 17789：2014《信息技术 云计算参考架构》正式发布。这是国际标准化组织（ISO）、国际电工委员会（IEC）与国际电信联盟（ITU）三大国际标准化组织首次在云计算领域联合制定的标准，具体来说是由 ISO/IEC JTC1 与 ITU-T 组成的联合项目组共同研究制定的。这两项标准规范了云计算的基本概念和常用词汇，从用户角度和功能角度阐述了云计算参考架构，不仅为云服务提供者和开发者搭建了基本的功能参考模型，也为云服务的评估和审计人员提供了相关指南，有助于实现对云计算的统一认识。

此外，自美国“棱镜门”事件发生后，我国正着手建立党政机关云计算服务安全管理制度，基础标准之一的《信息安全技术云计算服务安全能力要求》已于 2015 年 4 月 1 日正式颁布实施。这份文件规定了政府部门和重要行业使用的云计算服务应具备的基本安全能力，对云服务商提出了一般要求和增强要求，标志着我国云计算国家标准化工作进入了一个新阶段。

4. 国内云计算标准化工作体系

针对目前云计算发展现状，结合用户需求、国内外云计算应用情况和技术发展情况，同时按照工信部对我国云计算标准化工作的综合布局，2014 年中国电子技术标准化研究院推出的《云计算标准化白皮书》建议我国云计算标准体系建设从“基础”“网络”“整机装备”“软件”“服务”“安全”和“其他”7 个部分展开。云计算标准体系框架如图 2－3 所示。图中仅列出了 7 个方面的标准体系可能涉及的主要领域。下面对这 7 个方面作简单介绍，详细内容可参考《云计算标准化白皮书》。

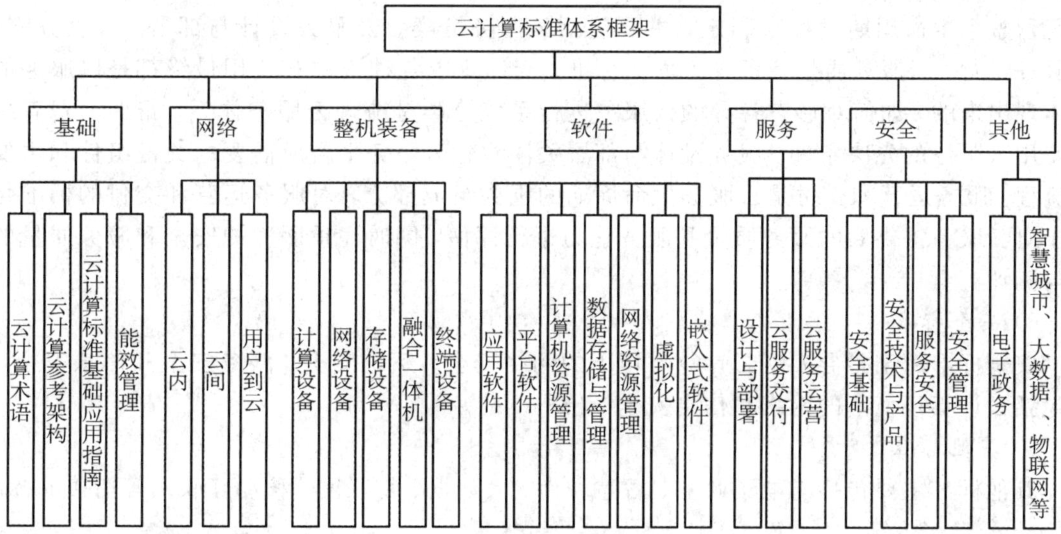

图 2－3　云计算标准体系框架

1）基础标准

基础标准用于统一云计算及相关概念，为其他各部分标准的制定提供支撑。基础标准主要包括云计算术语、云计算参考架构、云计算标准基础应用指南、能效管理等方面的标准。

2）网络标准

网络标准用于规范网络连接、网络管理和网络服务，主要包括云内、云间、用户到云等方面的标准。

3）整机装备标准

整机装备标准用于规范适用于云计算的计算设备、存储设备、终端设备的生产和使用管理。整机装备标准主要包括整机装备的功能、性能、设备互联和管理等方面的标准，包括《基于通用互联的存储区域网络(IP-SAN)应用规范》、《备份存储备份技术应用规范》、《附网存储设备通用规范》、《分布式异构存储管理规范》、《模块化存储系统通用规范》、《集装箱式数据中心通用规范》等标准。

4）软件标准

软件标准用于规范云计算相关软件的研发和应用，指导实现不同云计算系统间的互联、互通和互操作。软件标准主要包括虚拟化、计算资源管理、数据存储和管理、平台软件等方面的标准。软件标准中，“开放虚拟化格式规范”和“弹性计算应用接口”主要从虚拟资源管理的角度出发，实现虚拟资源的互操作。“云数据存储和管理接口总则”“基于对象的云存储应用接口”“分布式文件系统应用接口”“基于 Key-Value 的云数据管理应用接口”主要从海量分布式数据存储和数据管理的角度出发，实现数据级的互操作。从国际标准组织和协会对云计算标准的关注程度来看，对虚拟资源管理、数据存储和管理的关注度比较高。其中，“开放虚拟化格式规范”和“云数据管理接口”已经成为 ISO/IEC 国际标准。

5）服务标准

服务标准即云服务标准，具体用于规范云服务设计、部署、交付、运营和采购，以及云平台间的数据迁移，主要包括服务采购、服务质量、服务计量和计费、服务能力评价等方面的标准。云服务标准以软件标准、整机装备等标准为基础，依据各类服务的设计与部署、交付和运营整个生命周期过程来制定，主要包括云服务分类、云服务设计与部署、云服务交付、云服务运营、云服务质量管理等方面的标准。云计算中各种资源和应用最终都是以服务的形式体现出来的。如何对形态各异的云服务进行系统分类是梳理云服务体系、帮助消费者理解和使用云服务的先决条件。服务设计与部署关注构建云服务平台所需要的关键组件和主要操作流程。服务运营和交付是云服务生命周期的重要组成部分，对服务运营和交付的标准化有助于对云服务提供商的服务质量和服务能力进行评估，同时注重服务的安全和服务质量的管理与测评。

6）安全标准

安全标准用于指导实现云计算环境下的网络安全、系统安全、服务安全和信息安全，主要包括云计算环境下的网络和信息安全标准。

7）其他标准

其他标准主要包括与电子政务、智慧城市、大数据、物联网、移动互联网等衔接的标准。

2.3 国内外的云计算架构

2.3.1 国外的云计算架构

目前几乎所有的国际主流 IT 企业都已参与到云计算领域，各公司根据自己的传统技术领域和市场策略从各个方向进军云计算。不同企业凭借不同的技术背景，将以前的产品和技术中的云计算特征挖掘出来，如软件的虚拟化、分布式存储系统，提出自己的云计算产品线。国际主流公司有实力参与 IaaS 的竞争，获得垄断地位，而中小企业很难参与。PaaS 发展潜力巨大，年复合增长率高，是未来云计算产业链的关键环节。目前国际各大厂商都在积极构建和推广自己的 PaaS，以期在云计算产业链中占据有利地位。SaaS 市场规模最大，利润空间最大。基于 PaaS 进行各种服务、内容和应用的开发、运营和销售是 SaaS 的发展趋势。传统软件巨头也已开始进入 SaaS 领域。现在的云计算方案日趋成熟，在医疗、交通、电子商务、社交媒体等领域都有了成功应用。表 2-4 所示为典型国际云计算架构。

表 2-4　典型国际云计算架构

层次	典型云计算服务
SaaS	Google Apps、Salesforce CRM 等
PaaS	Google App Engine、force.com、Microsoft Azure 等
IaaS	Amazon EC2、Amazon S3、Rackspace cloudserver 等

实际上，越来越多的 IT 企业都将自己的传统业务逐渐转移到云计算平台上。目前国际上云计算产业在 IaaS、SaaS 领域已经有了相对完善的服务，并得到了许多企业的认可，然而由于 PaaS 的特殊性，其仍处于起步阶段，但也有很大的发展空间。

2.3.2　国内的云计算架构

“十二五”期间，我国已开始重点推进云计算技术研发的产业化，组织开展云计算应用试点示范，着力完善产业发展环境。我国已将云计算列为新一代信息技术产业的重点领域，并出台了一系列规划和政策措施给予支持。这些措施包括：加快云计算技术研发的产业化，组织开展云计算应用试点示范，着力完善产业发展环境等。

从产业支持上看，国家发改委、工信部、财政部等部委带头扶持云计算产业发展。2011 年，国家发改委和工信部已联合发文在北京、上海、深圳、杭州、无锡 5 个城市开展云计算服务创新应用试点示范。财政部表示，要积极探索云计算等新型业态的政府采购工作，不断拓展服务类采购领域。国内各地方政府与企业已经开始尝试合作，将云计算纳入地方政府采购目录。

在工信部的调查中显示，2013 年我国公有云服务市场约为 47.6 亿元人民币，增长率达 36%，有 8%的受访企业已经开始了云计算应用，其中公有云服务占 29.1%，私有云服务占 2.9%，混合云服务占 6%，更有 76.8%的受访者表示会将更多的业务迁移至云环境，这表明国内企业对云计算的认知和采用在逐年提升。

国内云计算业务比较领先的企业也多从 IaaS 切入，这其中既有互联网原生企业，也有 IT/ICT 企业及电信运营商。虽然大家都在做云计算，却因为企业性质不同而导致切入口不同，ICT 企业和原生互联网公司逐渐分化出了不同的发展策略和方向，形成了两股不同的力量。

在 PaaS 领域，国内和国际的情况类似，虽然已取得了长足的发展，但是相对其他两个领域仍然处于弱势。虽然包括腾讯、百度、新浪、阿里云等各大云提供商都已发布 PaaS 服务，但这些服务所占的市场份额却并不大，提升缓慢。

SaaS 可以说是当下国内最成熟的云服务。八百客、金蝶、用友、云知声等企业已形成稳固的市场格局，部分公司的云服务营业额超过 1 亿元人民币。

表 2-5 所示为典型国内云计算服务架构。

总体来说，我国云计算的市场发展空间巨大，也将对我国的互联网产业、软件和服务产业以及通信产业的发展产生较大的影响。在当前情况下，云计算产业能否在我国得到健康快速的发展是从政策层面到市场层面都需要重视的一个问题。

表 2-5 典型国内云计算服务架构

层次	典型云计算服务
SaaS	电子商务云、中小企业云、医疗云、教育云等
PaaS	APP开发环境、APP测试环境、应用引擎等
IaaS	虚拟机租用服务、存储服务、负载均衡服务、防火墙服务等

2.4 云计算应用

随着云计算的不断发展，云计算的应用也将越来越广泛。下面列举一些云计算应用。

1. 电子邮箱应用

作为最为流行的通信服务，电子邮箱的不断演变，为人们提供了更快和更可靠的交流方式。传统的电子邮箱使用物理内存来存储通信数据，而云计算使得电子邮箱可以使用云端的资源来检查和发送邮件，用户可以在任何地点、任何设备和任何时间访问自己的邮件，企业可以使用云技术让它们的邮箱服务系统变得更加稳固。

2. 云呼叫应用

云呼叫(Cloud Call)中心是基于云计算技术而搭建的呼叫中心系统，企业无需购买任何软硬件系统，只需具备人员、场地等基本条件，就可以快速拥有属于自己的呼叫中心，软硬件平台、通信资源、日常维护与服务由服务器供应商提供。云呼叫应用具有建设周期短、投入少、风险低、部署灵活、系统容量伸缩性强、运营维护成本低等众多特点；无论是电话营销中心还是客户服务中心，企业只需按需租用服务，便可建立一套功能全面、稳定、可靠，座席可分布全国各地，全国呼叫接入的呼叫中心系统。

3. 私有云应用

私有云(Private Cloud)将云基础设施与软硬件资源创建在防火墙内，以供机构或企业内各部门共享数据中心内的资源。创建私有云，除了硬件资源外，一般还有云设备(IaaS)软件。现在，商业软件有VMware的vSphere和Platform Computing的ISF，开放源代码的云设备软件主要有Eucalyptus和OpenStack。至2013年可以提供私有云的平台有：Eucalyptus、3A Cloud、minicloud安全办公私有云、联想网盘和OATOS企业网盘等。

云创存储推出minicloud安全办公私有云，用最少的成本为企业部署云存储以及企业办公应用软件，为企业打造安全的办公环境。云创存储在满足企业办公需求的基础上，大幅度降低了企业IT建设的门槛与风险，并全面保障了企业数据安全。

私有云计算同样包含云硬件、云平台、云服务三个层次。不同的是，云硬件是用户自己的个人电脑或服务器，而非云计算厂商的数据中心。云计算厂商构建数据中心的目的是为千百万用户提供公有云服务，因此需要拥有几十上百万台服务器。私有云计算对个人来说只服务于亲朋好友，对企业来说只服务于本企业员工以及本企业的客户和供应商，因此个人或企业自己的个人电脑或服务器已经足够用来提供云服务。

4. 云游戏应用

云游戏(Cloud Game)是以云计算为基础的游戏方式。在云游戏的运行模式下，所有游戏都在服务器端运行，并将渲染完毕后的游戏画面压缩后通过网络传送给用户。在客户端，用户的游戏设备不需要任何高端处理器和显卡，只需要基本的视频解压能力就可以了。就现今来说，云游戏还并没有成为家用机和掌机界的联网模式。但是几年后或十几年后，云计算取代这些东西成为其网络发展的终极方向的可能性非常大。如果这种构想能够成为现实，那么主机厂商将变成网络运营商，他们不需要不断投入巨额的新主机研发费用，而只需要拿这笔钱中的很小一部分去升级自己的服务器就行了。对于用户来说，他们可以省下购买主机的开支，但是得到的却是顶尖的游戏画面(当然对于视频输出方面的硬件必须过硬)。你可以想象一台掌机和一台家用机拥有同样的画面，家用机和我们今天用的机顶盒一样简单，甚至家用机可以取代电视的机顶盒而成为次时代的电视收看方式。

5. 云教育应用

云教育(Cloud Education)的应用实例：流媒体平台采用分布式架构部署，分为 Web 服务器、数据库服务器、直播服务器和流服务器，如有必要可在信息中心架设采集工作站搭建网络电视或实况直播应用，在各个学校已经部署录播系统或直播系统的教室配置流媒体功能组件，这样录播实况可以实时传送到流媒体平台管理中心的全局直播服务器上，同时录播的学校也可以将录播的内容上传存储到信息中心的流存储服务器上，方便今后的检索、点播、评估等各种应用。

6. 云会议应用

目前国内云会议主要是以 SaaS 模式为主体的服务内容，包括电话、网络、视频等服务形式。

云会议是基于云计算技术的一种高效、便捷、低成本的视频会议形式。使用者只需要通过互联网界面进行简单易用的操作，便可快速高效地与全球各地团队及客户同步分享语音、数据文件及视频，而会议中数据的传输、处理等复杂技术由云会议服务商帮助使用者进行操作。

及时语音移动云电话会议是云计算技术与移动互联网技术的完美融合，使用者只需通过移动终端进行简单的操作，即可随时随地、高效地召集和管理会议。

7. 云社交应用

云社交(Cloud Social)是一种物联网、云计算和移动互联网交互应用的虚拟社交应用模式，以建立著名的“资源分享关系图谱”为目的，进而开展网络社交。云社交的主要特征就是把大量的社会资源统一整合和评测，构成一个资源有效池，向用户按需提供服务。参与分享的用户越多，能够创造的利用价值就越大。

小知识

世界著名大数据企业与云计算

• Google 公司拥有世界上最强大的搜索引擎。此外还有 Google Maps、Google Earth、Gmail、YouTube 等业务。这些应用的共性在于数据量巨大，而且需要向全球用户提供实时服务，因此 Google 采用 4 个相互独立又紧密结合在一起的系统：分布式文件系统(Google File Systemt)、分布式计算编程模型(MapReduce)、分布式的锁机制(Chubby)以及大规模分布式数据库(BigTable)来解决海量数据的存储和快速处理问题。

• IBM 于 2009 年初发布了“智慧地球”理念。云计算是 IBM 智慧地球动态架构中的重要组成部分。它的 BlueCloud 方案提供了先进的企业基础架构管理平台，能够帮助企业实现硬件和软件资源的统一管理、统一分配、统一部署、统一备份，从而大大降低企业的运营成本。

• 微软通过微软运营、伙伴运营和客户自建为客户和合作伙伴提供了三种不同的云计算运营模式。微软云计算战略的典型特点是：软件＋服务、平台战略和自由选择。提供优秀平台，亦提供自由选择的可能，让企业既会从云中获取必需的服务，也会自己部署相关的 IT 系统。

• Amazon 公司不是 IT 系统制定者而是应用者，它提供开发的弹性虚拟平台，采用 Xen 虚拟化技术作为核心，提供包括弹性计算云 EC2、简单存储服务 S3 和数据库服务 SimpleDB，成为最大的网上零售商和最早提供远程云计算平台服务的公司。

• Oracle 公司在云计算领域可谓煞费苦心，它先后收购了多家知名企业，并且通过 BEA 获取了先进的中间件(WebLogic)技术，通过 Sun 获取了先进的服务器和存储技术，加上自身的 Oracle 数据库，构建了云计算的雏形并逐步发展。

(备注：详细内容在 6.3 节中介绍。)

第二篇　技术与应用篇

大数据关键技术

大数据应用

云存储

云服务与云安全

云计算应用

第 3 章　大数据关键技术与应用

大数据的本质是应需求而驱动的，大数据的应用最终使云计算模式落地。大数据不仅具有多达 PB 级特征的量级，还具有数据的复杂性，其包括结构化数据、非结构化数据、垃圾数据、实时数据、时间序列数据等，但其中的小数据，如一条微博可能就具有颠覆性的价值，即大数据具有典型的数据稀疏性特点。此外软件是大数据的驱动力，大数据里面有很多技术，像机器学习、人工智能等。

本章首先介绍大数据技术总体框架，在此基础上分别说明大数据存储、处理和分析技术，最后盘点全球大数据公司现状。

3.1　大数据技术总体框架

3.1.1　总体目标

由于大数据与传统数据不同的 4V 特征，大数据应用在数据产生、聚集、分析和利用的各阶段都有其特定的需求，并通过大数据技术加以实现，即从架构层面实现业务需求向技术需求的逻辑映射，如表 3-1 所示。

表 3-1　大数据应用的业务-技术的逻辑映射

业务环节	业务需求	技术实现
产生	大数据操作 数据容量：每 18 个月翻一番 数据类型：超过 80% 的数据来自于非机构化数据 数据速度：数据来源不断变化，数据快速流通	采用一个统一的大数据处理方法，使得企业用户能够快速处理和加载海量数据，能够在统一平台上对不同类型的数据进行处理和存储
聚集	管理大数据的复杂性，需要分类、同步、聚合、集成、共享、转换、剖析、迁移、压缩、备份、保护、恢复、清洗、淘汰各种类型数据	一个数据集成和管理平台，集成各种工具和服务来管理异构存储环境下的各类数据
分析	当前数据仓库和数据挖掘擅长分析结构化的事后数据，在大数据环境下要求能够分析非结构化数据，包括流文件，并能进行实时分析和预测	建立一个实时预测分析解决方案，整合结构化的数据仓库和非结构化的分析工具
利用	满足不同的用户对大数据的实时的多种访问方式	任何时间、任何地点、任何设备上的集中共享和协同
	需要理解大数据怎样影响业务，怎样转化为行动	对大数据影响业务和战略进行建模，并利用技术来实现这些模型

3.1.2　架构设计原则

企业级大数据应用框架需要满足业务的需求：一是要求能够满足基于数据容量大、数据类型多、数据流通快的大数据基本处理要求，能够支持大数据的采集、存储、处理和分析；二是能够满足企业级应用在可用性、可靠性、可扩展性、容错性、安全性和保护隐私等方面的基本准则；三是能够满足用原始技术和格式来实现数据分析的基本要求。大数据架构设计的原则如图 3-1 所示。

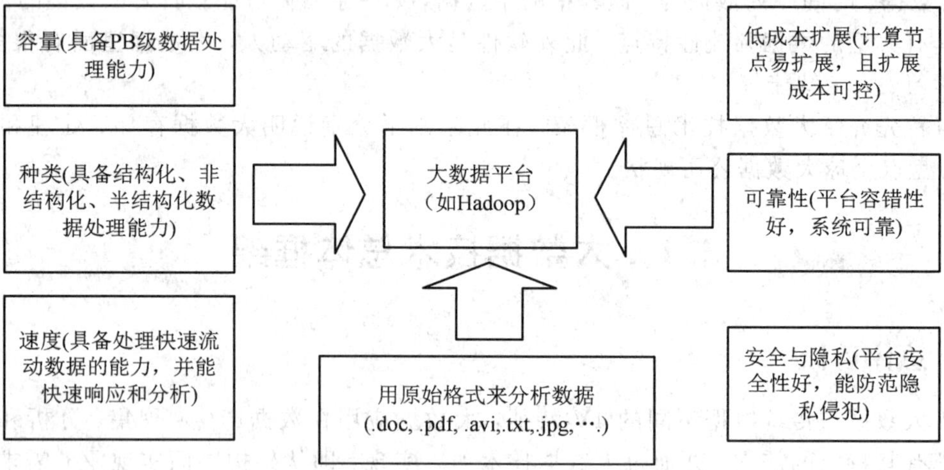

图 3-1　大数据架构设计的原则

3.1.3　总体架构的特点

大数据技术架构具备集成性、架构先进性和实时性等特点，具体来说，包含以下几方面。

1. 统一、开发、集成的大数据平台

(1) 可基于开源软件实现 Hadoop 基础工具的整合；

(2) 能与关系型数据库、数据仓库通过 JDBC/ODBC 连接器进行连接；

(3) 能支持地理分布的在线用户和程序，并行执行从查询到战略分析的请求；

(4) 提供用户友好的管理平台，包括 HDFS 浏览器和类 SQL 查询语言等；

(5) 提供服务、存储、调度和高级安全等企业级应用的功能。

2. 低成本的可扩展性

(1) 支持大规模可扩展性，到 PB 级数据源；

(2) 支持极大的混合工具负载，各种数据类型包括任意层次的数据结构、图像、日志等；

(3) 节点间无共享(sharing-nothing)的集群数据库体系结构；

(4) 可编程和可扩展的应用服务器；

(5) 简单的配置、开发和管理；

(6) 以线性成本扩展并提供一致的性能；

(7) 标准的普通硬件。

3. 实时地分析执行

(1) 在声明或发现数据结构之前装载数据；

(2) 能以数据全载入的速度来准确更新数据；

(3) 可调度和执行复杂的几百个节点的工作流；

(4) 在刚装载的数据上，可实时执行流分析查询；

(5) 能以大于每秒1 GB的速率来分析数据。

4. 可靠性

当处理节点失效时，自动恢复并保持流程连续，不需要中断操作。

3.2　大数据存储技术

3.2.1　大数据如何存储

数据的海量化和快速增长是大数据对存储技术提出的首要挑战。以前数据被集中存储在一个大的磁盘阵列中，现在需要将它们以分布式的方式存储在多台计算机上，以使数据不仅仅被存储起来，还可以随时被使用。如前文所述，按照数据的结构不同，数据可以被分为结构化的大数据、非结构化的大数据和半结构化的大数据。下面讨论这三类数据如何被存储。

1. 结构化数据存储

结构化数据通常是人们所熟悉的数据库中的数据，它本身就是一种对现实已发生事项的关键要素进行抽取的有价信息。现在各类企业和组织都有自己的管理信息系统，随着时间的推移，数据库中积累的结构化数据越来越多，一些问题也显现出来，这些问题可以分为以下四类：

(1) 历史数据和当前数据都存在一个数据库中，导致系统处理速度越来越慢；

(2) 历史数据与当前数据的期限如何界定；

(3) 历史数据应如何存储；

(4) 历史数据的二次增值如何解决。

问题(1)和问题(2)可以一起处理。导致系统处理速度越来越慢的原因除了传统的技术架构和当初建设系统的技术滞后于业务发展之外，最主要的是对于系统作用的定位问题。从过去30年管理信息系统发展的历史来看，随着信息技术的发展和信息系统领域的不断细分，可将信息系统分为两类，一类是基于目前的数据生产管理信息系统，一类是基于历史的数据应用管理信息系统。

数据生产管理信息系统是管理在一段时间内频繁变化的数据的系统，这个"一段时间"可以根据数据增长速度而进行界定，比如，银行的数据在当前生产系统中一般保留储户一年的存取款记录。数据应用管理信息系统是将数据生产管理系统的数据作为处理对象，是数据生产管理信息系统各阶段数据的累加存储的数据应用系统，它用于对历史数据进行查询、统计、分析和挖掘。

问题(3)和问题(4)可以放在一起处理。由于历史数据量规模庞大，相对稳态，其存储和加工处理与数据生产管理系统的思路应有很大的不同。结构化数据存储是为了分析而存储，采用分布式方式，其目标有两个：一是在海量的数据库中快速查询历史数据，二是在海量的数据库中分析和挖掘有价值的信息。

分布式数据库系统是数据库技术和网络技术相结合的产物。它通常使用体积较小的计算机系统，每台计算机可单独放在一个地方，每台计算机中都有DBMS的一份完整的副本，并具有自己局部的数据库。位于不同地点的许多计算机通过网络互相连接，共同组成一个完整的、全局的大型数据库。

分布式数据库系统具有以下主要特点：

(1) 物理分布性：数据不是存储在一个场地上，而是存储在计算机网络的多个场地上；

(2) 逻辑整体性：数据物理分布在各个场地上，但逻辑上是一个整体，它们被所有的用户(全局用户)共享，并由一个主节点统一管理；

(3) 具有灵活的体系结构，适应分布式的管理和控制机构；

(4) 系统的经济性能优越，可靠性高，可用性好；

(5) 可扩展性好，易于集成现有的系统。

2. 非结构化数据存储

常见的非结构化数据包括文件、图片、视频、语音、邮件和聊天记录等，和结构化数据相比，这些数据是未被抽象出有价值信息的数据，需要经过二次加工才能得到其有价值信息。由于非结构化数据的生产不受格式约束、不受主题约束，人人随时都可以根据自己的视角和观点进行创作生产，所以数据量比结构化数据大。

由于非结构化数据具有形式多样、体量大、来源广、维度多、有价内容密度低、分析意义大等特点，所以要为了分析而存储，而不是为了存储而存储，即存储工作是分析的前置工作。当前针对非结构化数据的特点均采用分布式文件系统方式来存储这些数据。

分布式文件系统将数据存储在物理上分散的多个存储节点上，然后对这些节点的资源进行统一管理和分配，并向用户提供文件系统访问接口，主要解决本地文件系统在文件大小、文件数量、打开文件数等的限制问题。目前比较主流的分布式文件系统通常包括主控服务器(或称元数据服务器、名字服务器等，通常会配置备用主控服务器，以便在出故障时接管服务，也可以两个都为主模式)、多个数据服务器(或称存储服务器、存储节点等)以及多个客户端(客户端可以是各种应用服务器，也可以是终端用户)。

分布式文件系统的数据存储解决方案归根结底是将大问题划分为小问题。大量的文件均分布到多个数据服务器上后，每个数据库服务器存储的文件数量就少了。此外，还能将单个服务器上存储的文件数降到单机能解决的规模；对于很大的文件，可以将大文件划分成多个相对较小的片段，存储在多个数据服务器上。

3. 半结构化数据存储

半结构化数据是指数据中既有结构化数据，也有非结构化数据，比如，摄像头回转给后端的数据中有位置、时间等结构化数据，还有图片等非结构化数据。这些数据是以数据流的形式传递的，所以半结构化数据也叫流数据。对流数据进行处理的系统叫做数据流系统。

数据流的特点是数据不是永久存储在数据库中的静态数据，而是瞬时处理的源源不断的连续数据流。在大量的数据流应用系统中，数据流来自于地理上不同位置的数据源，非常适合分布式查询处理。

分布式处理是数据流管理系统发展的必然趋势，而查询处理技术是数据流处理的关键技术之一。在数据流应用系统中，系统运行环境和数据流本身的一些特征不断发生变化，因此，对分布式数据流自适应查询处理技术的研究成为数据流查询处理技术研究的热门领域之一。

3.2.2　大数据存储的问题

大数据存储对底层硬件架构和文件系统在性价比上的要求要大大高于传统技术，同时要求能够弹性扩展存储容量。但以往网络附着存储系统(NAS)和存储区域网络(SAN)等体系，存储和计算的物理设备分离，它们之间要通过网络接口连接，这导致在进行数据密集型计算(Data Intensive Computing)时 I/O 容易成为瓶颈。同时，传统的单机文件系统(如 NTFS)和网络文件系统(如 NFS)要求一个文件系统的数据必须存储在一台物理机器上，且不提供数据冗余性，可扩展性、容错能力和并发读写能力难以满足大数据需求。

因此，对于大数据存储，以下问题不能忽视。

1. 容量问题

要求数据容量通常可达 PB 级，因此，海量数据存储系统一定要有相应等级的扩展能力。同时存储系统的扩展一定要简便，可以通过增加模块或磁盘组来增加容量，扩展时甚至不需要停机。

2. 延迟问题

“大数据”应用存在实时性问题，特别是涉及与网上交易或者金融类相关的应用。为了应对这样的挑战，各种模式的固态存储设备应运而生，小到简单地在服务器内部作高速缓存，大到通过高性能闪存存储的全固态介质可扩展存储系统，以及自动、智能地对热点数据进行读/写高速缓存的系列产品。

3. 安全问题

某些特殊行业的应用，比如金融数据、医疗信息以及政府情报等都有自己的安全标准和保密性要求。同时，大数据分析往往需要多类数据的相互参考，因此，会催生出一些新的需考虑的安全问题。

4. 成本问题

对于需要使用大数据环境的企业来说，成本控制是关键问题。想控制成本，就意味着让每一台设备实现更高效率，同时尽量减少昂贵的部件。目前，重复数据删除技术已进入主存储市场。

5. 数据的积累

任何数据都是历史记录的一部分，而且数据的分析大多是基于时间段进行的。要实现长期的数据保存，就要求存储厂商开发出能够持续进行数据一致性检测和保持长期高可用特性的产品，同时还要满足数据直接在原位更新的功能需求。

6. 灵活性

大数据存储系统的基础设施规模通常很大，因此必须经过仔细设计才能保证存储系统的灵活性，使其能够随着应用分析软件一起扩容及扩展。在大数据存储环境中，数据会同时保存在多个部署站点，已不需要再作数据迁移。一个大型的数据存储基础设施投入使用后就很难再调整，因此它必须能适应不同应用类型和数据场景。

7. 应用感知

最早的一批大数据用户已经开发出针对应用的定制化的基础设施，在主流存储系统领域，应用感知技术的使用越来越普遍，它是改善系统效率和性能的重要手段。

8. 针对小用户

依赖大数据的不仅仅是特殊的大型用户群体，作为一种商业需求，小型企业也将会用到大数据。目前一些存储厂商已经在开发一些小型的“大数据”存储系统，以吸引那些对成本比较敏感的用户。

小知识

- 大数据存储系统实例

谷歌文件系统(GFS)和 Hadoop 的分布式文件系统 HDFS(Hadoop Distributed File System)奠定了大数据存储技术的基础。与传统系统相比，GFS/HDFS 将计算和存储节点在物理上结合在一起，从而避免在数据密集计算中易形成的 I/O 吞吐量的制约，同时这类分布式存储系统的文件系统也采用了分布式架构，能达到较高的并发访问能力。当前随着应用范围不断扩展，GFS 和 HDFS 也面临瓶颈。虽然 GFS 和 HDFS 在大文件的追加(Append)写入和读取时能够获得很高的性能，但随机访问(Random Access)、海量小文件的频繁写入性能较低。

3.3　大数据处理技术

3.3.1　大数据处理模式

根据数据源的信息和分析目标不同，大数据的处理可分为离线/批量和在线/实时两种模式。所谓离线/批量是指数据积累到一定程度后再进行批量处理，这多用于事后分析，比如分析用户的消费模式。所谓在线/实时处理是指数据产生后立刻需要进行分析，比如用户在网络中发布的微博或其他消息，这两种模式的处理技术完全不一样。比如，离线模式需要强大的存储能力配合，在分析先前积累的大量数据时，容许的分析时间也相对较宽。而在线分析要求实时计算能力非常强大，容许的分析时间也相对较窄，基本要求在新的数据到达前处理完前期的数据。这两种分析模式导致了目前两种主流的平台 Hadoop 和 Storm，前者是强大的离线数据处理平台，后者是强大的在线数据处理平台。

Hadoop 平台将在第 8 章详细介绍，下面主要介绍 Storm 平台。

3.3.2　大数据处理 Storm 平台

Storm 是由 BackType 开发的实时处理系统，BackType 现在已在 Twitter 麾下。GitHub 上的最新版本是 Storm 0.9.2，基本是用 Clojure(一种运行在 Java 上的 Lisp 方言)写的。

Storm 为分布式实时计算提供了一组通用原语，可被用于“流处理”之中，进行实时处理消息并更新数据库。这是管理队列及工作者集群的另一种方式。Storm 也可被用于“连续计算”中(Continuous Computation)，以对数据流作连续查询，并在计算时就将结果以流的形式输出给用户。它还可被用于“分布式 RPC”中，以并行的方式运行昂贵的运算。Storm 可以方便地在一个计算机集群中编写与扩展复杂的实时计算，保证每个消息都会得到处理，而且速度很快——在一个小集群中，Storm 每秒可以处理数以百万计的消息。Storm 还可以使用任意编程语言，采用不同编程范式来做开发(编程范式的概念见 3.4 节后的“小知识”)。

1. Storm 的主要特点

(1) 简单的编程模型。类似于 MapReduce 降低了并行批处理复杂性，Storm 降低了进行实时处理的复杂性。

(2) 可以使用各种编程语言。可以在 Storm 上使用各种编程语言，默认支持 Clojure、Java、Ruby 和 Python。要增加对其他语言的支持，只需实现一个简单的 Storm 通信协议即可。

(3) 容错性。Storm 会管理工作进程和节点的故障。

(4) 水平扩展。Storm 中的计算是在多个线程、进程和服务器之间并行进行的。

(5) 可靠的消息处理。Storm 保证每个消息至少能得到一次完整的处理。任务失败时，它会负责从消息源重试消息。

(6) 快速。系统的设计保证了消息能得到快速的处理，使用/MQ(ZeroMQ)作为其底层消息队列。

(7) 本地模式。Storm 有一个“本地模式”，可以在处理过程中完全模拟 Storm 集群。这让用户可以快速进行开发和单元测试。

可以和 Storm 相提并论的系统有 Esper、Streambase、HStreaming 和 Yahoo S4。其中和 Storm 最接近的就是 Yahoo S4，两者最大的区别在于 Storm 会保证消息得到处理。这些系统中有的拥有内建数据存储层，这是 Storm 所没有的。Storm 如果需要持久化，可以使用一个类似于 Cassandra 或 Riak 这样的外部数据库。

开发过程中，可以用本地模式来运行 Storm，这样就能在本地开发，在进程中测试 Topology。一切就绪后，以远程模式运行 Storm，提交用于在集群中运行的 Topology。Maven用户可以使用clojars.org提供的 Storm 依赖，其网址是http://clojars.org/repo。

2. Storm 集群的组件

Storm 集群非常类似于 Hadoop 集群。Hadoop 上运行的是 MapReduce Job，而 Storm 上运行的是 Topology。Job 和 Topology 本身是不同的，其中一个最大的不同就是，MapReduce job 最终会结束，而 Topology 则会持续的处理消息，直到终止它。

Storm 集群由一个主控节点和多个工作节点组成。主控(Master)节点运行一个守护进程，叫做 Nimbus，类似 Hadoop 中的 JobTracker。Nimbus 负责在集群中分发代码，分配任务，以及检测故障。每个工作(worker)节点运行一个守护进程，叫做 Supervisor。Supervisor 监听分配到该服务器的任务，开始和结束工作进程。每个 Worker 进程执行 Topology 的一个子集；一个运行中的 Topology 由许多分布在多台机器上的 Worker 进程组成。

Nimbus 和 Supervisor 之间是通过 Zookeeper 协调的。此外，Nimbus 和 Supervisor 是能快速失败(fail-fast)和无状态的(stateless)；所有的状态都保存在 Zookeeper 或者在本地磁盘中。当 Nimbus 或者 Supervisor 出现问题重启后会自动恢复，好像什么也没发生过。这项设计使得 Storm 集群变得非常稳定健壮。

Storm 集群架构如图 3-2 所示。

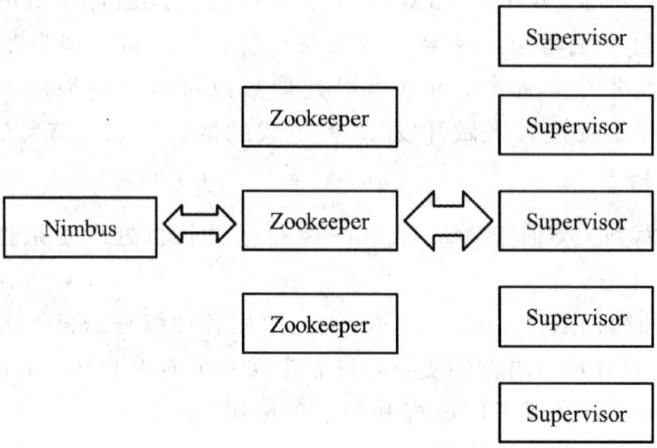

图 3－2　Storm 集群架构

3. Storm 的术语解释

Storm 的术语包括 Stream、Spout、Bolt、Task、Worker、Stream Grouping 和 Topology。Stream 是被处理的数据，Spout 是数据源，Bolt 用于处理数据，Task 是运行于 Spout 或 Bolt 中的线程，Worker 是运行这些线程的进程，Stream Grouping 规定了 Bolt 接收什么东西作为输入数据。数据可以随机分配(术语为 Shuffle)，或者根据字段值分配(术语为 Fields)，或者广播(术语为 All)，或者总是发给一个 Task(术语为 Global)，也可以不关心该数据(术语为 None)，或者由自定义逻辑来决定(术语为 Direct)。Topology 是由 Stream Grouping 连接起来的 Spout 和 Bolt 节点网络。在 Storm Concepts 页面里对这些术语有更详细的描述。

(1) 计算拓扑(Topologies)。Topologies 用于封装一个实时计算应用程序的逻辑，类似于 Hadoop 的 MapReduce Job。但是它们之间的关键区别在于，一个 MapReduce Job 总会结束，而一个 Storm 的 Topology 会一直运行。

(2) 消息流(Stream)。Stream 是 Storm 最关键的抽象，一个信息流就是一个没有边界的 tuple 序列，tuple 是一种 Storm 中使用的数据结构，可以看做是没有方法的 Java 对象。这些 tuple 序列会被以一种分布式的方式并行地在集群上创建和处理。对消息流的定义主要就是对消息流中的 tuple 进行定义，为了更好地使用 tuple，需要给 tuple 里的每个字段取一个名字。不同 tuple 的相应字段的类型要相同。

(3) 消息源(Spouts)。Spouts 是 Storm 集群中一个计算任务(Topology)中消息流的生产者，Spouts 一般从别的数据源(例如数据库或文件系统)加载数据，然后向 Topology 中发射消息。在一个 Topology 中存在两种 Spouts，一种是可靠的 Spouts，一种是非可靠的 Spouts，可靠的 Spouts 在一个 tuple 没有成功处理时会重新发射该 tuple，以保证消息被正确处理。不可靠的 Spouts 在发射一个 tuple 之后，不会再重新发射该 tuple，即使该 tuple 处理失败。

(4) 消息处理者(Bolts)。所有的消息处理逻辑被封装在 Bolts 里面，处理输入的数据流并产生输出的新数据流，可执行过滤、聚合、查询数据库等操作。

(5) 任务(Tasks)。每一个 Spout 和 Bolt 会被当作很多 Task 在整个集群里面执行，每一个 Task 对应到一个线程。

(6) 消息分组策略(Stream Groupings)。定义一个 Topology 的其中一步是定义每个 Bolt

接收什么样的流作为输入。Stream Grouping 就是用来定义一个 Stream 应该如何分配给 Bolts 上面多个 Tasks。

(7) 工作进程(Worker)。一个 Topology 可能会在一个或多个工作进程里面执行，每个工作进程执行整个 Topology 的一部分。

4. Storm 的缺点

(1) 编程门槛对普通用户来说较高。Storm 编程门槛对普通用户来说较高，首先 Storm 使用 Clojure 语言编写，Clojure 是一种基于 JVM 但类似于 Lisp 的函数式语言(编程范型的概念在本章小知识中简单介绍)。使用 Storm，特别是查看 Storm 源码，需要开发者掌握 Clojure语言。另外，Storm 虽然支持多种编程语言，但是直接使用 Java.python 等编程接口很难理解 Storm 内部的执行机制。

(2) 框架本身不提供持久化存储。Storm 没有像 Hadoop 一样提供 HDFS 来使数据存储持久化，所以需要程序员自己负责数据的加载和保存。

(3) 框架不提供消息接入模块。Storm 不能直接和一些广泛使用的消息中间件产品进行对接，在消息的接入上需要用户自己编写代码来完成。

(4) Storm UI 功能过于简单。Storm 虽然也提供类似于 Hadoop 的一个 http 接口来监控计算拓扑的运行状态，但是功能太过简单。

(5) Bolt 复用困难。Storm 目前还不支持多个 Topology 中的 Bolt 进行复用。

(6) 存在 Nimbus 单点失效问题。这点类似于 Hadoop 的 NameNode，都存在单点失效问题。

(7) Topology 不支持动态部署。Storm 中的数据流不能在不同的 Topology 之间进行流动，只能在同一个 Topology 的不同组件之间进行流动。

总之，Storm 作为出色的流式实时计算框架，其优点被许多企业认同，但仍有许多不足需要进一步完善和提高。

3.4　大数据分析技术

3.4.1　大数据分析特点及技术路线

1. 大数据分析特点

现今，在人类全部数字化数据中，仅有非常小的一部分(约占总数据量的 1%)数值型数据得到了深入分析和挖掘(如回归、分类、聚类)，大型互联网企业对网页索引、社交数据等半结构化数据进行了浅层分析(如排序)，而占总量近 60%的语音、图片、视频等非结构化数据还难以进行有效的分析。

但是，大数据的分析已日益成为企业利润必不可少的支撑点。根据 TDWI(中国商业智能网)对大数据分析的报告，如图 3-3 所示，企业已经不满足于对现有数据的分析和监测，而是希望能对未来趋势有更多的分析和预测。大数据分析技术的发展需要在两个方面取得突破，一是对体量庞大的结构化和半结构化数据进行高效率的深度分析，挖掘隐性知识，如从自然语言构成的文本网页中理解和识别语义、情感、意图等；二是对非结构化数据进行分析，将海量复杂多源的语音、图像和视频数据转化为机器可识别的、具有明确语义的信息，进而从中提取有用的知识。

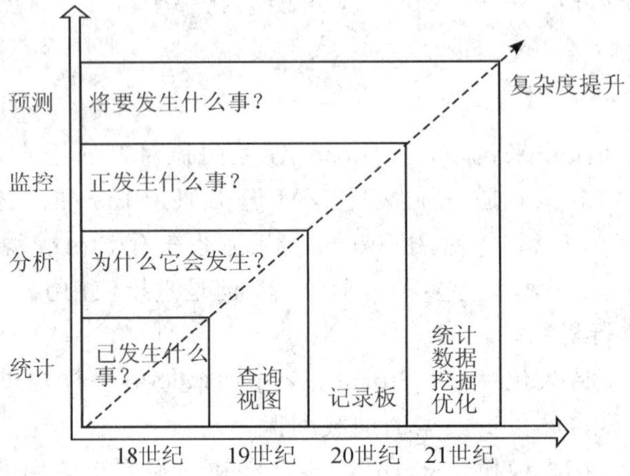

图 3-3　大数据分析的趋势图

总的来说，大数据分析具有以下五个特点：

(1) 大数据分析应是可视化分析。

大数据分析的使用者有大数据分析专家，也有普通用户，但是他们二者对于大数据分析最基本的要求都是可视化分析，因为可视化分析能够直观地呈现大数据特点，就如同看图说话一样简单明了，这也使其能够非常容易地被读者所接受。

(2) 大数据分析的理论核心是数据挖掘算法。

各种数据挖掘的算法基于不同的数据类型和格式才能更加科学地呈现出数据本身具备的特点，也正是因为这些被全世界统计学家所公认的各种统计方法(可以称之为真理)人们才能深入数据内部，挖掘出其公认的价值。另一个方面也是因为有这些数据挖掘的算法才能使人们更快速地处理大数据，如果一个算法得花上好几年才能得出结论，那大数据的价值也就无从说起了。

(3) 大数据分析最重要的应用领域之一就是预测性分析。

从大数据中挖掘出特点，通过科学的建立模型，之后便可以通过模型带入新的数据，从而预测未来的数据。

(4) 大数据分析广泛应用于网络数据挖掘。

企业通过用户的搜索关键词、标签关键词，或其他输入语义来分析和判断用户的需求，从而实现更好的用户体验和广告匹配。

(5) 大数据分析离不开数据质量和数据管理。

高质量的数据和有效的数据管理，无论是在学术研究还是在商业应用领域，都能够保证分析结果的真实和价值。

当然，更加深入大数据分析的话，除了以上五个方面，还有发现很多更加有特点的、更加深入的、更加专业的大数据分析方法。

2. 大数据分析技术路线

目前的大数据分析主要有两条技术路线，一是凭借先验知识人工建立数学模型来分析数据；二是通过建立人工智能系统，使用大量样本数据进行训练，让机器代替人工获得从数据中提取知识的能力。由于占大数据主要部分的非结构化数据，往往模式不明且多变，因此难以靠人工建立数学模型去挖掘深藏其中的知识。所以通过人工智能和机器学习技术分析大数据，被业界认为具有很好的前景。2006 年谷歌等公司的科学家根据人脑认知过程的分层特性，提出增加人工神经网络层数和神经元节点数量，加大机器学习的规模，构建深度神经网络，可提高训练效果，并在后续试验中证实了这一论点。这一事件引起工业界和学术界的高度关注，使得神经网络技术重新成为数据分析技术的热点。目前，基于深度神经网络的机器学习技术已经在语音识别和图像识别方面取得了很好的效果。但未来深度学习要在大数据分析上广泛应用，还有大量理论和工程问题需要解决，主要包括模型的迁移适应能力以及超大规模神经网络的工程实现等。

3.4.2　大数据分析过程

数据分析过程的主要活动由识别信息需求、收集数据、分析数据、评价并改进数据分析的有效性组成。

1. 识别信息需求

识别信息需求是确保数据分析过程有效性的首要条件，可以为收集数据、分析数据提供清晰的目标。识别信息需求是管理者的职责，管理者应根据决策和过程控制的需求，提出对信息的需求。就过程控制而言，管理者应识别需求要利用哪些信息支持评审过程输入、过程输出、资源配置的合理性、过程活动的优化方案和过程异常变异的发现。

2. 收集数据

有目的地收集数据是确保数据分析过程有效的基础。组织需要对收集数据的内容、渠道、方法进行策划。策划时应考虑：

（1）将识别的需求转化为具体的要求，如评价供方时，需要收集的数据可能包括其过程能力、测量系统不确定度等相关数据；

（2）明确由谁在何时何处、通过何种渠道和方法收集数据；

（3）记录表应便于使用；

（4）采取有效措施，防止数据丢失和虚假数据对系统的干扰。

3. 分析数据

分析数据是将收集的数据通过加工、整理和分析，使其转化为信息，通常用的方法有：

（1）老七种工具，即排列图、因果图、分层法、调查表、散布图、直方图、控制图；

（2）新七种工具，即关联图、系统图、矩阵图、KJ 法、计划评审技术、PDPC 法、矩阵数据图。下面重点说明 KJ 法和 PDPC 法。

KJ 法又称 A 型图解法、亲和图法，它的创始人是东京工业大学教授川喜田二郎，KJ 是他姓名的英文 Jiro Kawakita 的缩写。KJ 法将未知的问题、未曾接触过领域的问题的相关事实、意见或设想之类的语言文字资料收集起来，并利用其内在的相互关系作成归类合并图，以便从复杂的现象中整理出思路，抓住实质，从而找出解决问题的途径。

PDPC 法是英文原名 Process Decision Program Chart 的缩写，中文称之为过程决策程序图。所谓 PDPC 法是针对为了达成目标的计划，尽量导向预期理想状态的一种手法。该方法在制订计划阶段或进行系统设计时，事先预测可能发生的障碍(不理想事态或结果)，从而设计出一系列对策措施以最大的可能引向最终目标(达到理想结果)。该法可用于防止重大事故的发生，因此也称之为重大事故预测图法。

4. 评价并改进数据分析的有效性组成

数据分析是质量管理体系的基础，组织的管理者应在适当的时候，通过对以下问题的分析，评估其有效性：

(1) 提供决策的信息是否充分、可信，是否存在因信息不足、失准、滞后而导致决策失误的问题；

(2) 信息对持续改进质量管理体系、过程、产品所发挥的作用是否与期望值一致，是否在产品实现过程中有效运用数据分析；

(3) 收集数据的目的是否明确，收集的数据是否真实和充分，信息渠道是否畅通；

(4) 数据分析方法是否合理，是否将风险控制在可接受的范围；

(5) 数据分析所需资源是否得到保障。

3.4.3　大数据分析方法

数据分析是指用适当的统计分析方法对收集来的大量数据进行分析，将它们加以汇总和理解并消化，以求最大化地开发数据的功能，发挥数据的作用。数据分析是为了提取有用信息和形成结论而对数据加以详细研究和概括总结的过程。数据也称为观测值，是实验、测量、观察、调查等的结果。数据分析中所处理的数据分为定性数据和定量数据。只能归入某一类而不能用数值进行测度的数据称为定性数据。定性数据中表现为类别，但不区分顺序的，是定类数据，如性别、品牌等；定性数据中表现为类别，但区分顺序的，是定序数据，如学历、商品的质量等级等。

大数据分析的研究对象是大数据，它侧重于在海量数据中分析挖掘出有用的信息。对应于大数据分析的两条技术路线，其分析方法可分为两类：一个是统计分析方法，另一个是数据挖掘方法。

1. 统计分析方法

1) 描述性统计分析

描述性统计分析(Description Statistics)是通过图表或数学方法，对数据资料进行整理、分析，并对数据的发布状态、数字特征和随机变量之间的关系进行估计和描述的方法。描述性统计分析分为集中趋势分析、离中趋势分析和相关分析。

集中趋势分析主要靠平均数、中数、众数等统计指标来表示数据的集中趋势。例如测试班级的平均成绩是多少？是正偏分布还是负偏分布？

离中趋势分析主要靠全距、四分差、平均差、方差、标准差等统计指标来研究数据的离中趋势。例如，当想知道两个教学班的语文成绩，哪个班级的成绩分布更分散时，可以用两个班级的四分差或百分点来比较。

相关分析是研究现象之间是否存在某种依存关系，并对具体依存关系的现象进行其相关方向及相关程度的研究。这种关系既可以包括两个数据之间的单一相关关系——如年龄与个人领域空间之间的关系，也包括多个数据之间的多重相关关系——如年龄、抑郁症发生率和个人领域空间之间的关系；既可以是 A、B 变量同时增大的正相关关系，也可以是 A 变量增大时 B 变量减少的负相关关系，还包括两变量同时变化的紧密程度——相关系数。实际上，相关关系唯一不研究的数据关系就是数据系统变化的内在根据——因果关系。

2）回归分析

回归分析(Regression Analysis)是确定两种或两种以上变数间相互依赖的定量关系的一种统计分析方法，或者说是研究一个随机变量 Y 对另一个变量 X 或一组变量(X1，X2，…，Xk)的相依关系的统计分析方法。回归分析运用十分广泛，按照涉及的自变量的多少，可将其分为一元回归分析和多元回归分析；按照自变量和因变量之间的关系类型，可将其分为线性回归分析和非线性回归分析。

3）因子分析

因子分析(Factor Analysis)是指研究从变量群中提取共性因子的统计技术。其基本目的就是用少数几个因子去描述许多指标或因素之间的联系，将比较密切相关的几个变量归在同一类中，每一类变量就成为一个因子，以较少的几个因子反映原资料的大部分信息，以减少决策的困难。

因此，因子分析中因子变量的数量远远少于原始变量的个数；因子变量并非原始变量的简单取舍，而是一种新的综合；因子变量之间没有线性关系；因子变量具有可解释性，可以最大限度地发挥专业分析的作用。

因子分析的方法约有十多种，如重心法、影像分析法，最大似然解、最小平方法、阿尔发抽因法、拉奥典型抽因法，等等。这些方法本质上大都属近似方法，是以相关系数矩阵为基础的，所不同的是相关系数矩阵对角线上的值。

4）方差分析

方差分析(Analysis of Variance，ANOVA)又称“变异数分析”或“F 检验”，是 R. A. Fisher 发明的，用于两个及两个以上样本均数差别的显著性检验。由于各种因素的影响，研究所得的数据呈现波动状。造成波动的原因可分成两类，一是不可控的随机因素，另一是研究中施加的对结果形成影响的可控因素。方差分析是从观测变量的方差入手，研究诸多控制变量中哪些变量是对观测变量有显著影响的变量。

2. 数据挖掘方法

1）分类和预测

分类是应用已知的一些属性数据去推测一个未知的离散型的属性数据，而这个被推测的属性数据的可取值是预先定义的。要很好地实现这种推测，就需要事先在已知的一些属性和未知的离散型属性之间建立一个有效的模型，即分类模型。可用于分类的算法有决策树、朴素贝叶斯分类、神经网络、logistic 回归、支持向量机，等等。

预测也被称为回归，或统称为回归预测，是应用已知的一些属性数据去推测一个未知的连续型属性数据。为了很好地实现这种推测，也需要事先在已知的一些属性和未知的连续型属性之间建立一个有效的模型，即预测模型。用于预测的算法有神经网络、支持向量机、广义非线性模型，等等。

2）关联规则

关联规则是在数据库和数据挖掘领域中被发明并广泛研究的一种重要模型，关联规则分析的主要目的是找出数据集中的频繁模式，即多次重复出现的模式和并发关系。

应用关联规则最经典的案例是购物篮分析，通过分析顾客购物篮中商品之间的关联，可以挖掘顾客的购物习惯，从而帮助零售商更好地制定有针对性的营销策略。

关联规则算法不但在数值型数据集的分析中有很大用途，而且在纯文本文档和网页文件中也有重要用途。比如发现单词之间的并发关系及 Web 使用模式等。

3）聚类

聚类分析指将物理或抽象对象的集合分组成为由类似的对象组成的多个类似的分析过程。聚类是将数据分类到不同的类或者簇的过程，所以同一个簇中的对象有很大的相似性，而不同的簇之间有很大的相异性。聚类分析是一种探索性的分析，在分类的过程中，人们不必事先给出一个分类的标准，聚类分析能够从样本数据出发，自动进行分类。由于聚类分析所使用方法的不同，常常会得到不同的结论。因此，不同研究者对于同一组数据进行聚类分析，所得到的聚类数未必一致。

3. 统计分析和数据挖掘的联系与区别

1）统计分析和数据挖掘的联系

从两者的理论来源来看，它们都源于统计理论的基础理论，因此它们的许多方法在很多情况下都是同根同源的。比如，概率论和随机事件是统计学的核心理论之一，统计分析中的抽样估计需要应用该理论，而数据挖掘技术的贝叶斯分类，就是这些统计理论的发展和延伸。

2）统计分析和数据挖掘的区别

更普遍的观点认为，数据挖掘是统计分析技术的延伸和发展，如果一定要加以区分，它们又有哪些区别呢？

统计分析的基础之一是概率论，在对数据进行统计分析时，分析人员常常需要对数据分布和变量间的关系作假设，确定用什么概率函数来描述变量间的关系，以及如何检验参数的统计显著性；但是在数据挖掘的应用中，分析人员不需要对数据分布作任何假设，数据挖掘的算法会自动寻找变量间的关系。因此，相对于海量、杂乱的数据，数据挖掘技术有明显的应用优势。

虽然统计分析与数据挖掘有区别，但在实际应用中，不应将两者硬性地割裂开来，实际上，它们也无法割裂。在实际应用中，通常的思路是：针对具体的业务分析需求，先确定分析思路，然后根据这个分析思路去挑选和匹配合适的分析算法、分析技术，而且一个具体的分析需求一般会有两个以上不同的思路和算法可以去探索，最后可根据验证的效果和资源匹配一系列的因素来进行综合的权衡，从而决定最终的思路、算法和解决方案。

小知识

编程范式(Programming Paradigm)指的是计算机编程的基本风格或典范模式。借用哲学的术语，如果说每个编程者都在创造虚拟世界，那么编程范式就是他们置身其中自觉不自觉采用的世界观和方法论。编程范式是抽象的，必须通过具体的编程语言来体现。它代表的世界观往往体现在语言的核心概念中，代表的方法论往往体现在语言的表达机制中。一种范式可以在不同的语言中实现，一种语言也可以同时支持多种范式。比如，PHP 可以面向过程编程，也可以面向对象编程。任何语言在设计时都会倾向某些范式，同时回避某些范式，由此形成了不同的语法特征和语言风格。常用的编程范式包括过程化(命令式)编程、事件驱动编程、面向对象编程、函数式编程。

• 过程化编程：也被称为命令式编程，是最原始的、也是我们最熟悉的一种传统的编程方式之一。从本质上讲，它是“冯·诺伊曼机”运行机制的一种抽象，其编程思维方式源于计算机指令的顺序排列。也就是说，过程化语言模拟的是计算机机器的系统结构，而并不是基于语言的使用者的个人能力和倾向。比如，我们最早曾经使用过的单片机的汇编语言。

• 事件驱动编程：在图形用户界面(GUI)出现很久前就已经被应用于程序设计中，可是只有当图形用户界面广泛流行时，它才逐渐演变为一种广泛使用的程序设计范式。在过程式的程序设计中，代码本身就给出了程序执行的顺序，尽管执行顺序可能会受到程序输入数据的影响。在事件驱动的程序设计中，程序中的许多部分可能在完全不可预料的时刻被执行，且这些程序的执行往往是由用户与正在执行的程序的互动激发所致。

• 面向对象编程：面向对象编程以对象为基本要素，面向对象的程序设计包括了三个基本概念：封装性、继承性、多态性。它通过类、方法、对象和消息传递，来支持面向对象的程序设计范式。

• 函数式编程：将电脑运算视为函数的计算。函数式编程最重要的基础是λ演算(Lambda Calculus)。而且λ演算的函数可以接受函数当作输入(参数)和输出(返回值)。函数式编程强调函数的计算比指令的执行重要，强调函数的计算可随时调用。

3.5　全球大数据公司盘点

本节整理了当今世界上在大数据领域最具话语权的企业，它们都看到了大数据带来的大机会，于是毫不犹豫地挺进了这个领域。国内企业在大数据领域的研究和应用也已经展开，但仍需加快步伐才能跟上大数据前进的步伐。

1. IBM

网址：http://www.ibm.com/

上线时间：2011 年 5 月

公司建址：美国纽约州阿蒙克市

业务方向：主要面向大企业等市场

现如今 IBM 这个蓝色巨人虽已经没有了在 20 世纪时的名号响亮，但是在如今企业市场的各个领域却具有无可争议的话语权，它自然也不会放过大数据这个商机，现在它是全球最大的信息技术和业务解决方案公司。

2011 年 5 月，IBM 正式推出 InfoSphere 大数据分析平台。InfoSphere 大数据分析平台包括 Biglnsights 和 Streams，两者互补，Biglnsights 基于 Hadoop，对大规模的静态数据进行分析，它提供多节点的分布式计算，可以随时增加节点，提升数据处理能力。Streams 采用内存计算方式分析实时数据。InfoSphere 大数据分析平台还集成了数据仓库、数据库、数据集成、业务流程管理等组件。

2. 亚马逊

网址：http://www.amazon.com/

上线时间：2009 年

公司地址：美国华盛顿州西雅图

业务方向：主要面向大企业等市场

对于云计算和大数据，亚马逊绝对具有先见之明，早在2009年就推出了亚马逊弹性MapReduce(Amazon Elastic MapReduce)。亚马逊对Hadoop的需求和应用可谓了如指掌，无论中小型企业还是大型组织。弹性MapReduce是一项能够迅速扩展的Web服务，运行在亚马逊弹性计算云(Amazon EC2)和亚马逊简单存储服务(Amazon S3)上。这可是货真价实的云：面对数据密集型任务，如互联网索引、数据挖掘、日志文件分析、机器学习、金融分析、科学模拟和生物信息学研究，用户需要多大容量，立刻就能配置到多大容量。

除了数据处理外，用户还可以使用Karmasphere Analyst的基于服务的版本，Karmasphere Analvst是一种可视化工作区，用于在亚马逊弹性MapReduce上分析数据。用户还可以提取结果文件，以便在数据库或者微软Excel或Tableau等工具中使用。

3. 甲骨文

网址：http://www.oracle.com/

上线时间：2010年

公司地址：美国加利福尼亚州红木滩

业务方向：主要面向大企业等市场

甲骨文在近期发布的Oracle大数据机(Oracle Big Data Appliance)为许多企业提供了一种处理海量非结构化数据的方法。在2011年10月初召开的Oracle Open World 2011大会上甲骨文正式推出了Oracle大数据机。对于那些正在寻求以更高效的方法来采集、组织和分析海量非结构化数据的企业而言，该产品具有很大的吸引力。

与甲骨文近期推出的其他一体化产品一样，Oracle大数据机集成了硬件、存储和软件，包括Apache Hadoop软件的开源代码分发、新的甲骨文NoSQL数据库和用于统计分析的R语言开源代码分发。该产品被设计为能够与甲骨文Database 11g、Oracle Exadata数据库云服务器，以及针对商业智能应用的新的Oracle Exalytics商业智能云服务器一起协同工作。

4. 谷歌

网址：http://www.google.com/

上线时间：2011年

公司地址：美国加利福尼亚州山景城

融资状况：谷歌业务

业务方向：面向各类企业市场

谷歌一直是科技行业的领军者，近年来几乎在任何一项互联网科技项目都能看到谷歌的身影，大数据时代谷歌当然不会错过。何况如果对其拥有的海量数据进行深入挖掘，这对于提升谷歌搜索乃至所有谷歌服务的价值无可估量。

BigQuery是Google推出的一项Web服务，用来在云端处理大数据。该服务让开发者可以使用Google的架构来运行SQL语句对超级大的数据库进行操作。BigQuery免许用户上传他们的超大量数据并通过其直接进行交互式分析，从而不必投资建立自己的数据中心。Google曾表示，BigQuery引擎可以快速扫描高达70 TB未经压缩处理的数据，并且可立即得到分析结果。大数据在云端模型具备很多优势，BigQuery服务无需组织提供或建立数据仓库。BigQuery在安全性和数据备份服务方面也相当完善。2012年底该服务只向一小部分开发者开放，现在任何人都可以注册这项服务。免费账号可以每月访问高达 100 GB 的数据，也可以付费使用额外查询和存储空间。

5. 微软

网址：http://www.microsoft.com/

上线时间：2011 年

公司地址：美国华盛顿州雷德蒙市

业务方向：面向各类企业

微软研究部门从 2006 年起就一直致力于类似于 Hadoop 的 Dryad 项目。2012 年初，该计划通过与 SQL Server 和 Windows Azure 云的集成实现了 Dryad 的产品化。看上去 Dryad 似乎将成为在 SQL Server 平台上影响大数据爱好者的有力竞争者。

微软进入大数据领域可谓“姗姗来迟”，而且在一定程度上说，数据仓库分析和内存分析计算市场已拉下了距离。2011 年初微软发布的 SQL Server R2 Parallel Data Warehouse (PDWT，并行数据仓库)使用了大规模并行处理来支持高扩展性，它可以帮助客户扩展部署数百 TB 级别数据的分析解决方案。微软目前已经开始提供 Hadoop Connector for SQL Server Parallel Data Warehouse 和 Hadoop Conncctor for SQL Server 社区技术预览版本的连接器。该连接器是双向的，用户可以在 Hadoop 和微软数据库服务器之间向前或者向后迁移数据。

微软 2012 年推出了基于 Azure 云平台的测试版 Hadoop 服务，并承诺会推出与Windows 兼容的基于 Hadoop 的大数据解决方案(Big Data Solution)，这是微软 SQL Server 2012 版本的一部分。

6. EMC

网址：http://www.emc.com/

上线时间：不详

公司地址：美国马萨诸塞州 Hopkinton 市

业务方向：面向各类企业市场

EMC 于 1979 年成立于美国马萨诸塞州 Hopkinton 市，1989 年开始进入企业数据存储市场。EMC 公司是全球信息存储及管理产品、服务和解决方案方面的领先公司。EMC 是每一种主要计算平台信息存储标准，而且，世界上最重要信息中的 2/3 以上都是通过 EMC 的解决方案管理的。

面对大数据时代，EMC 公司推出用于支持大数据分析的下一代平台 EMC Greenplum 统一分析平台(UAP)。Greenplum UAP 是唯一的一个统一数据分析平台，可扩展至其他工具，其独特之处在于，它将大数据的认知和分享贯穿于整个分析过程，实现比以往更高的商业价值。

7. Teradata

网址：http://www.teradata.com/

上线时间：2011 年

公司地址：美国俄亥俄州迈阿密斯堡

业务方向：面向各类企业市场

Teradata 公司(Teradata Corporation，纽约证券交易所交易代码 TDC)是全球领先的数据仓库、大数据分析和整合营销管理解决方案供应商，专注于数据库软件、数据仓库专用平台及企业分析方案。不久前宣布推出一款集硬件、软件和服务于一体的全面产品组合 Teradata 分析生态系统(Teradata Analytical Ecosystem)，使不同的 Teradata 系统实现无缝协作，为企业客户提供分析和更深入的洞察力，帮助其预测商业机会和加速实现商业价值。Teradata Unity将确保整个 Teradata Analytical Ecosystem 的同步和统一。为了增强在大数据分析领域的优势，Teradata 还收购了 Aster Data 公司，以增强其非传统数据分析的能力，突破了 SQL 分析的限制，协助企业从全部数据中获取更多价值。

8. NetApp

网址：http://www.netapp.com

上线时间：2011 年

公司地址：美国加利福尼亚州森尼韦尔

业务方向：面向各类企业市场

Network Appliance，Inc.(NetApp，美国网域存储技术有限公司)是 IT 存储业界的佼佼者，自 1992 年创业以来，不断以创新的理念和领先的技术引领存储行业的发展。NetApp 是向目前的数据密集型企业提供统一存储解决方案的居世界最前列的公司。

NetApp StorageGRID 是一个久经验证的对象存储软件解决方案，设计用于管理 PB 级、全球分布的存储库，这些存储库包含企业和服务提供商的图像、视频和记录。通过消除数据块和文件中数据容器的典型约束，NetApp StorageGRID 提供了强大的可扩展性。它支持单个全局命名空间内的数十亿个文件或对象和 PB 级容量。

NetApp StorageGRID 实现了智能的数据管理和安全的内容保留。它通过一个具有内置安全性的全局策略引擎来优化数据存放、元数据管理和效率，该引擎管理数据的存储、放置、保护和检索的方式。此外，使用数字指纹和加密等技术防止内容受到篡改。

NetApp StorageGRID 有助于随时随地提供数据，以便于不间断地运营。该解决方案被设计为允许灵活进行部署配置，以满足全球的多站点组织的不同需要。

9. Sybase

网址：http://www.sybase.com

上线时间：2011 年

公司地址：美国加利福尼亚州都柏林市

业务方向：面向各类企业市场

Sybase 公司成立于 1984 年 11 月，总部设在美国加利福尼亚州的爱莫利维尔(现为都柏林市)。作为全球最大的独立软件厂商之一，Sybase 公司致力于帮助企业等各种机构进行应用、内容及数据的管理和发布。

Sybase IQ 是 Sybase 公司推出的特别为数据仓库设计的关系数据库。相比于传统的“行式存储”的关系数据库，Sybase IQ 使用了独特的列式存储方式，在进行分析查询时，仅需读取查询所需的列，其垂直分区策略不仅能够支持大量的用户、大规模数据，还可以提交对商业信息的高速访问，其速度可达到传统的关系数据库的百倍甚至千倍。“随着 Sybase IQ 不断在分析应用 POC 测试中拔得头筹，有时甚至超过其他对手 100 倍之多。”Gartner 评价道，“Sybase IQ 逐渐成为从数据集市到企业数据仓库架构最令人渴望的 DBMS(数据库管理系统)。”

自 2009 年以来，Sybase 陆续发布了 Sybase IQ 15.1、15.2、15.3 以至最新的 Sybase IQ 15.4 版本，每个版本都着力于增加新的核心能力以促进更深入的高级分析。Sybase IQ 15.4 是面向大数据的高级分析平台，它将大数据转变成可指挥每个人都行动的情报信息，从而在整个企业的用户和业务流程范围内轻松具备大数据的分析能力。

因此，有人说 Sybase IQ 15.4 正在彻底改变“大数据分析”。

小知识

POC(Proof of Concept)测试是业界流行的针对客户具体应用的验证性测试，它根据用户对采用系统提出的性能要求和扩展需求的指标，在选用服务器上进行真实数据的运行，对承载用户数据量和运行时间进行实际测算，并根据用户未来业务扩展的需求加大数据量以验证系统和平台的承载能力及性能变化。特别是在应用系统选型阶段，一些大型企业的业务流程比较复杂，并非单一的功能性演示就能覆盖现实的业务需求，这时候需要事先划定一个小范围的实验对象(但是业务逻辑的复杂性要有典型性和代表性)，通过小范围的项目导入与实施，从真实业务的实践到战略意图的实现，来验证系统方案是否能满足用户的需求，从而作出更客观、更准确的判断。

10. 惠普

网址：http://www.hp.com/

上线时间：2011 年

公司地址：美国利福尼亚州帕罗奥多市

业务方向：面向各类企业市场

随着大数据时代的来临，老牌巨头惠普也不甘落后。惠普企业服务事业部宣布推出全新服务，帮助客户更快部署惠普子公司 Vertica 的 Vertica Analytics Platform，从而迅速洞悉关键的业务信息，辅助决策过程。

垂直分析平台让用户能够大规模实时分析物理、虚拟和云环境中的结构化、半结构化和非结构化数据，从而深入洞悉“大数据”。

垂直先进的信息服务能帮助客户最大化实现 Vertica 分析平台性能，并构建企业分析专用环境。惠普提供从评估到实施的一系列服务，与客户共同定义多种交付方式组合，并找出匹配其现有基础设施的最佳解决方案。

垂直信息服务已在全球上市，将帮助企业构建灵活的智能环境。

11. 沃尔玛

网址：http://www.walmart.com/

上线时间：2011 年

公司地址：阿肯色州本顿维尔镇

业务方向：连锁零售业

沃尔玛是最早利用大数据受益的企业之一，它曾经拥有世界上最大的数据仓库系统。通过对消费者的购物行为等非结构化数据进行分析，沃尔玛成为最了解顾客购物习惯的零售商，并创造了“啤酒与尿布”的经典商业案例。早在 2007 年，沃尔玛就已建立了一个超大的数据中心，其存储能力高达 4 PB 以上。《经济学人》在 2010 年的一篇报道中指出，沃尔玛的数据量已经是美国国会图书馆的167倍。

沃尔玛实验室计划将沃尔玛的10个不同的网站整合成一个，同时将一个10个节点的Hadoop集群扩展到250个节点的Hadoop集群。目前实验室正在设计几个能将当前像Oracle、Neteeza这样的开放资源的数据库进行迁移、整合的工具。

沃尔玛曾进行了一系列的收购，包括对Kosmix(沃尔玛实验室前身)、Small Society、Set Direction、OneRiot、Social Calenda、Grabble等多家中小型创业公司的收购，这些创业公司要么精于数据挖掘和各种算法，要么在移动社交领域有其专长，由此可以看出沃尔玛进军移动互联网和挖掘大数据的决心。相信在沃尔玛的带领下，传统行业也会慢慢意识到大数据的重要性，从而加速步入大数据时代。

12. 百度

网址：http://bigengine.baidu.com/

创办时间：2000年

公司地址：中国北京中关村

公司产品：百度预测、百度司南、百度精算、百度统计、百度移动统计、百度推荐、百度黄金眼等

百度是全球最大的中文搜索引擎，2000年1月由李彦宏、徐勇两人创立于北京中关村，致力于向人们提供"简单，可依赖"的信息获取方式。"百度"二字源于中国宋朝词人辛弃疾的《青玉案·元夕》词句"众里寻他千百度"，象征着百度对中文信息检索技术的执着追求。

百度大数据的两个典型应用是面向用户的服务和搜索引擎，百度大数据的主要特点是：第一，数据处理技术比面向用户服务的技术所占比重更大；第二，数据规模比以前大很多；第三，通过快速迭代进行创新。随着对大数据系统更深层次的理解，需要新的硬件体系结构和软硬件协同创新。

"百度迁徙"于2014年1月上线，是针对人口迁徙定位服务的大数据项目。在春运期间，用户可通过该项目实时查看全国范围8小时内的人口迁徙轨迹及特征。之后在2014年4月清明节上线的"百度预测"，可以对景区舒适度进行预测。该产品后续还能在更广泛的领域发挥作用。例如，对城市旅游预测、感冒流行趋势预测、高考考研预测、金融预测、票房预测等各行业细分领域进行数据解读。

13. 阿里巴巴

网址：http://www.alibabagroup.com/

创办时间：1999年

公司地址：中国杭州

公司业务：淘宝、天猫、阿里巴巴国际交易平台、阿里云、聚划算、全球速卖通、1688、阿里妈妈、蚂蚁金服、菜鸟网络等

1999年，并非IT技术出身的马云在中国杭州市创办了阿里巴巴网站，开启了中国网上交易的新天地。

现在阿里巴巴应对大数据的策略是"云端＋大数据"。消费者在淘宝或天猫上的每一次消费记录，阿里巴巴都会记录在案，交易以及信用数据成为阿里的一手材料。淘宝建立的数据地图，是阿里大数据的第一步。每一个数据都由很多个数据产生，建立数据地图，以追溯到

数据的源头，提高数据的质量和价值，数据魔方、聚石塔等产品也是阿里大数据的初步应用。作为支撑大数据密不可分的一部分，阿里的云平台——阿里云成立于 2009 年。而根据阿里数据，阿里云也的确帮助阿里扛过了 2013 年的“双十一”高峰。据统计，2013 年“双十一”的 1.88亿笔交易中，75%的交易都在阿里云平台上运行，实现了零漏单、零故障。而在 2012 年这一比例只有 20%。然而，阿里并不是一家技术驱动的公司，而是业务驱动的。通过大数据诞生的各种用户行为分析，也不应仅仅停留在“1 分钟的文胸销量到底等于多少个珠穆朗玛峰”。如何让数据扩展到交易领域，让天下没有难做的“数据生意”，是阿里面临的最大挑战。

14. 腾讯

网址：http://www.qq.com/

创办时间：1998 年

公司地址：中国深圳

公司业务：QQ、微信、腾讯网等

深圳市腾讯计算机系统有限公司成立于 1998 年 11 月，是中国最大的互联网综合服务提供商之一，也是中国服务用户最多的互联网企业之一。腾讯多元化的服务包括：社交和通信服务，如 QQ 及微信(WeChat)；社交网络平台，如 QQ 空间；QQ 游戏平台，如腾讯游戏；门户网站，如腾讯网、腾讯新闻客户端；网络视频服务，如腾讯视频；等等。

2013 年 9 月，历经两年研发内测的腾讯云生态系统，终于向整个互联网敞开了大门。作为一家有着强烈社交基因的公司，腾讯拥有的社交大数据可以帮助其完成数据的制造、流通、消费和挖掘。腾讯有着丰富的社交矩阵，大数据来源于多种社交渠道，包括腾讯微博、QQ 和微信。然而，不同社交平台的特性决定了数据的差异，例如，在 QQ 空间等私密性更高、黏性更好的社交平台上，消费者可能更愿意透露自己的生活状态及需求。而随着微信商业化的推进，朋友圈产生的数据还需要花更大力气加工处理，才能筛选出真正有价值的、能够代表用户行为模式、兴趣偏好的数据。对于腾讯而言，社交矩阵之间的数据打通，会大大提高其大数据的价值，才可以使投放广告的企业实现更加精准的营销。现在，腾讯效果营销平台广点通代表的大数据应用已经发挥了关键性作用。小米旗下新品红米 Note 不久前与 QQ 空间再度展开的社会化营销合作，创造了 1500 万的手机网络预约人数纪录，开售第一秒就吸引 41.9 万人点击抢购，成为基于社交数据营销的经典。

第4章　云　存　储

4.1　认识云存储

云存储是在云计算概念上延伸和发展出来的一个新的概念，它是指通过集群应用、网格技术或分布式文件系统等功能，将网络中大量各种不同类型的存储设备通过应用软件集合起来协同工作，共同对外提供数据存储和业务访问功能的一个系统。当云计算系统运算和处理的核心是大量数据的存储和管理时，云计算系统中就需要配置大量的存储设备，这时云计算系统就转变成为一个云存储系统，所以云存储是一个以数据存储和管理为核心的云计算系统。图4-1所示为云存储的简易结构。

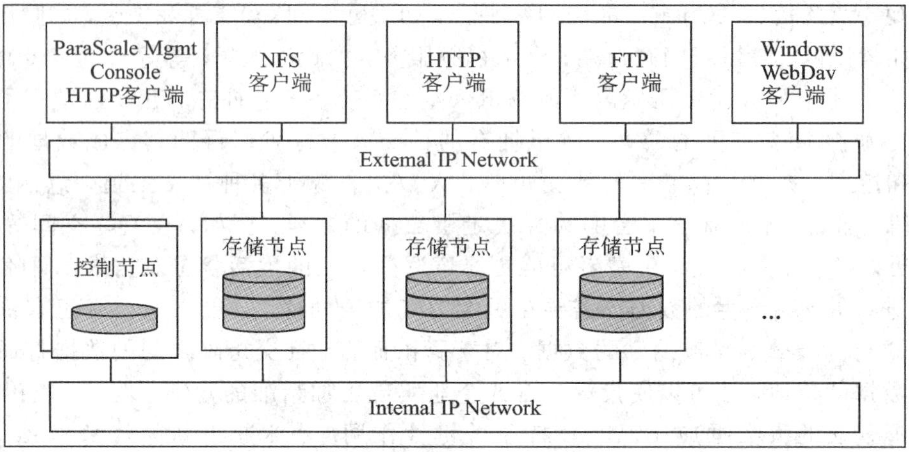

图4-1　云存储的简易结构

图4-1中存储节点(Storage Node)负责存放文件，控制节点(Control Node)则完成文件索引，并负责监控存储节点间容量和负载的均衡，这两个部分合起来便组成一个云存储。存储节点与控制节点都是单纯的服务器，只是存储节点的硬盘多一些，而控制节点服务器不需要具备RAID的功能，只要能安装高级操作系统即可。每个存储节点和控制节点至少要有两片网卡，一片负责内部存储节点与控制节点的沟通、数据迁移，另一片负责对外应用端的数据读写，如果对外一片网卡不够时可以多装几片。

NFS、HTTP、FTP和Windows WebDav等是应用端，图4-1左上角的Mgmt负责云存储中存储节点的管理，一般为一台个人计算机。从应用端看来，云存储只是一个文件系统，而且一般支持标准的协议，如NFS、HTTP、FTP和Windows WebDav等，很容易将旧有的系统与云存储结合，而应用端不需要作什么改变。

与传统的存储设备相比，云存储是一个网络设备、存储设备、服务器、应用软件、公用访问接口、接入网和客户端程序等多个部分组成的复杂系统。各部分以存储设备为核心，通过应用软件来对外提供数据存储和业务访问服务。

目前国内外已有多家云存储服务提供商提供相关对象云存储服务，包括 Amazon 的 S3、谷歌的 Google Storage（GS）云计算存储服务、AT&T 推出的基于 EMC Atmos 数据存储基础架构的 AT&T Synaptic Storage as a Service。一些国际标准协会也发布了云数据存储规范，如 SNIA 的 CDMI。但总体情况上，各家云存储服务接口不一，且为各互联网公司私有方案，给用户数据迁移和共享带来很大的障碍；而 CDMI 由于考虑到与传统存储体系的融合，体系架构较为复杂，与各互联网公司提供的对象云存储服务理念存在差异，且目前尚没有实际的商业服务实现。

4.2　云存储技术

4.2.1　云存储结构

云存储系统的结构模型由四层组成，如图 4－2 所示。

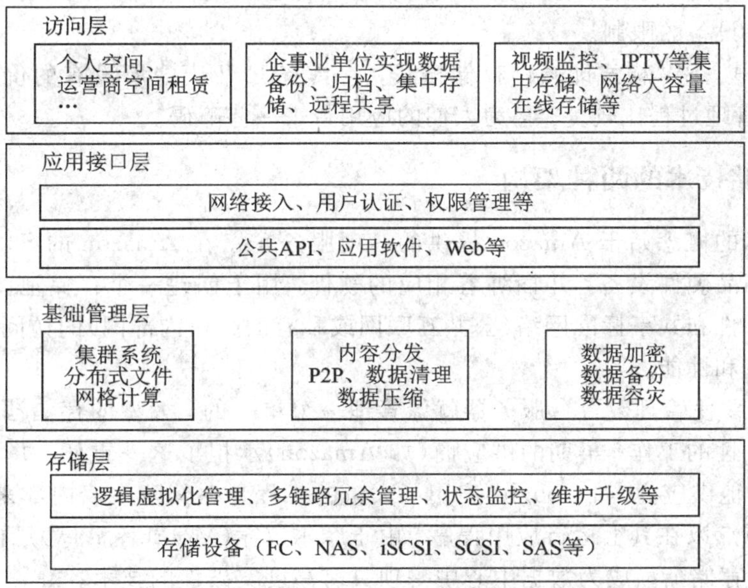

图 4－2　云存储结构模型

1. 存储层

存储层是云存储最基础的部分。存储设备可以是 FC 光纤通道存储设备，可以是 NAS 和 iSCSI 等 IP 存储设备，也可以是 SCSI 或 SAS 等 DAS 存储设备。云存储中的存储设备往往数量庞大且分布于不同地域，彼此之间通过广域网、互联网或者 FC 光纤通道网络连接在一起。

存储设备之上是一个统一存储设备管理系统，可以实现存储设备的逻辑虚拟化管理、多链路冗余管理，以及硬件设备的状态监控和维护升级。

2. 基础管理层

基础管理层是云存储最核心的部分，也是云存储中最难以实现的部分。基础管理层通过集群系统、分布式文件和网格计算等技术，实现云存储中多个存储设备之间的协同工作，使多个的存储设备可以对外提供同一种服务，并提供更大更强更好的数据访问性能。

3. 应用接口层

应用接口层是云存储最灵活多变的部分。不同的云存储运营单位可以根据实际业务类型，开发不同的应用服务接口，提供不同的应用服务。比如视频监控应用平台、IPTV 和视频点播应用平台、网络硬盘引用平台、远程数据备份应用平台等。

4. 访问层

任何一个授权用户都可以通过标准的公用应用接口来登录云存储系统，享受云存储服务。云存储运营单位不同，云存储提供的访问类型和访问手段也不同。

(1) 服务模式。最普遍的情况下，当考虑云存储的时候会采用服务模式提供的服务产品。这种模式很容易开始，也很容易扩展。根据云存储的概念，用户拥有一份异地数据的备份，然而该模式在应用中受带宽的限制。

(2) HW 模式。HW 模式即硬件存储模式，购买整合的硬件存储解决方案会非常方便。且这种模式部署于防火墙的背后，其提供的吞吐量比公共的内部网络要好。但是，完全采用该模式会受硬件设备的限制。

(3) SW 模式。SW 模式即软件存储模式，它具有 HW 模式所没有的价格竞争优势。然而，它的安装/管理过程比较复杂，为人们的应用带来一些障碍。

4.2.2　云存储技术的两种架构

云存储技术的概念始于 Amazon 提供的一项服务 S3。在 Amazon 的 S3 的服务背后，它还管理着多个商品硬件设备，并捆绑着相应的软件，用于创建一个存储池。从根本上来看，通过添加标准硬件和共享标准网络(公共互联网或私有的企业内部网)的访问，云存储技术很容易扩展云容量和性能。

事实证明，要使管理数百台服务器就像管理一个单一的、大型的存储池设备一样，是一项相当具有挑战性的工作。早期的供应商(如 Amazon)承担了这一重任，并通过在线出租的形式来赢利。其他供应商(如 Google)雇用了大量的工程师在其防火墙内部来实施这种管理，并且定制存储节点以在其上运行应用程序。由于摩尔定律(Moore's Law)压低了磁盘和 CPU 的商品价格，云存储渐渐成为数据中心中一项具有高度突破性的技术。

对于寻求构建私有云存储以满足其消费的企业 IT 管理者，或是那些寻求构建公有云存储产品从而以服务的形式来提供存储的服务提供商来说，云存储的架构方法分为两类：一种是通过服务来架构，另一种是通过软件或硬件设备来架构。

传统的系统利用紧耦合对称架构，这种架构的设计旨在解决 HPC(High Performance Computing，高性能计算、超级运算)问题，现在其正在向外扩展成为云存储从而满足快速呈现的市场需求。下一代架构则已经采用松弛耦合非对称架构，集中元数据和控制操作，这种架构并不非常适合高性能 HPC，但是可以解决云部署的大容量存储需求。

1. 紧耦合对称(Tightly Coupled Symmetric，TCS)架构

构建 TCS 系统是为了解决单一文件性能所面临的挑战，这种挑战限制了传统 NAS 系统的发展。HPC 系统所具有的优势迅速压倒了存储，因为它们需要单一文件的 I/O 操作要比单一设备的I/O操作多得多。业内对此的解决方案是创建利用TCS架构的产品，很多节点同时伴随着分布式锁管理(锁定文件不同部分的写操作)和缓存一致性功能。这种解决方案对于单文件吞吐量问题很有效，几个不同行业的很多HPC客户已经采用了这种解决方案。这种解决方案很先进，需要一定程度的技术经验才能安装和使用。

2. 松弛耦合非对称(Loosely Coupled Asymmetric, LCA)架构

LCA系统采用不同的方法来向外扩展。它不是通过执行某个策略来使每个节点知道每个行动所执行的操作，而是利用一个数据路径之外的中央元数据控制服务器。集中控制提供了很多好处，允许进行新层次的扩展。

(1) 存储节点可以将重点放在提供读写服务的要求上，而不需要来自网络节点的确认信息。

(2) 节点可以利用不同的商品硬件CPU和存储配置，而且仍然在云存储中发挥作用。

(3) 用户可以通过利用硬件性能或虚拟化实例来调整云存储。

(4) 消除节点之间共享的大量状态开销也可以消除用户计算机互联的需要，如光纤通道或infiniband，从而进一步降低成本。

(5) 异构硬件的混合和匹配使用户能够在需要的时候在当前经济规模的基础上扩大存储，同时它还能提供永久的数据可用性。

(6) 拥有集中元数据意味着存储节点可以旋转地进行深层次应用程序归档，而且在控制节点上，元数据经常都是可用的。

虽然在可扩展的NAS平台上有很多选择，但是通常来说，它们表现为一种服务、一种硬件设备或一种软件解决方案，每一种选择都有它们自身的优势和劣势。例如，伴随着大规模的数字化数据时代的到来，企业使用YouTube来分发培训录像，在这里，没有必要将这些数字“资料”放得到处都是。像以上这些企业正致力于内容的创建和分布，而类似基因组研究、医学影像等应用则会要求更加的严格和准确。LCS架构的云存储非常适合这种类型的工作负载，而且还提供了巨大的成本、性能和管理优势。

4.2.3 云存储的种类

云存储可分成两类：块存储(Block Storage)与文件存储(File Storage)。

1. 块存储

块存储会把单笔的数据写到不同的硬盘，借以得到较大的单笔读写带宽，适合用在数据库或是需要单笔数据快速读写的应用。它的优点是对单笔数据读写很快，缺点是成本较高，并且无法解决真正海量文件的储存，像EqualLogic 3PAR的产品就属于这一类。

快速更改的单一文件系统，如数据库、共享的电子表单等，由于有好几个人共享一个文件，文件需要经常性地、频繁地更改。为了达到这样的目的，系统必须具备很大的内存、很快的硬盘及快照等功能，此时可以采用块存储类型。

此外，在单一文件大量写的高性能计算应用中，由于有成千上百个使用端会同时读写单一个文件，为了提高读写效能，这些文件被分布到很多个节点，这些节点需要紧密地协作，才能保证数据的完整性，此时采用块存储，可以通过集群软件来处理复杂的数据传输，例如石油探勘及财务数据模拟等应用。

2. 文件存储

文件存储是基于文件级别的存储，它是把一个文件放在一个硬盘上，即使文件太大而拆分时，也是放在同一个硬盘上。它的缺点是对单一文件的读写会受到单一硬盘效能的限制，优点是对一个多文件、多人使用的系统，总带宽可以随着存储节点的增加而扩展，它的架构可以无限制地扩容，并且成本低廉，代表的厂商有 Parascale 等。

当在应用存在文件需并发读取、文件及文件系统本身较大、文件使用期较长以及对成本控制要求较高等情况下，采用文件存储是一个较好的选择，应用场合举例如下：

(1) 网站或 IPTV 应用，此时往往读取文件较大，总读取带宽要求较高。

(2) 监控应用，此时往往会有多个文件的同时写入。

(3) 文件备份、存放或搜寻需要访问长时间存放的文件。

4.3　云存储的应用及面临的问题

4.3.1　云存储的应用领域

1. 备份

备份应用逐渐向消费者模式及某些企业的产销模式以外的领域扩展，进入中小型企业市场。其最为普遍的应用方案是使用混合存储，将最常用的数据保存在本地磁盘，然后将它们复制到云中。

2. 归档

对于云来说，归档是一个“完美”的云存储广泛应用的领域，它是将旧数据从自己的设备迁移到别人的设备中。这种数据移动是安全的，可进行端对端加密，而且许多供应商甚至都不会保存密钥，这样他们就是想看你的资料也无法看到。混合模式在这个领域的应用也很普遍。用户可将旧资料备份到类似 NFS(Network File System，网络文件系统)或 CIFS(Common Internet File System，公共互联网文件系统)设备中。这个领域的产品或服务供应商包括 Nirvanix、Bvcast 和 Iron Mountain 等。

在归档应用中，还需调整这类产品中的应用程序接口配置。例如，用户想给归档的项目上挂上具体元数据标签。最好还能在开始归档之前标明保留时间和删除冗余数据。云归档的位置取决于提供云归档服务的服务商。

3. 分配与协作

至于分配与协作，似乎要属于服务供应商提供的范畴。它们一般会使用上述供应商如 Nirvanix、Bycast、Mezeo、Parscale 提供的云基础设施产品或服务或者 EMC Atoms 或 Cleversafe等厂商的系统类产品。如果想使用更传统的归档产品或服务，可以考虑 Permabit 或者 Nexsan 等可调存储厂商的产品和服务。

服务供应商将利用这些基础设施，我们会发现这个领域开始分化。Box. net已经采用一种 Facebook 类型的模式来协作，Soonr 则调整了备份功能以便自动将数据移动到云中，然后根据情况分享或传输那些内容。而 Dropbox 和 SpiderOak 已经开发出功能非常强大的多平台备份和同步软件。

4. 共享

在共享应用上，文件状态的检查还需进一步完善。如想知道谁在传输文件，他们看了多长时间及他们在阅读文件过程中在哪些地方作了评论或提出了问题等。

4.3.2 云存储对大数据存储的支持

1. 数据的海量化和快增长特征是大数据对存储技术提出的首要挑战

大数据存储要求底层硬件架构和文件系统在性价比上要大大高于传统技术，并能够弹性扩展存储容量。但以往网络附着存储系统(NAS)和存储区域网络(SAN)等体系，存储和计算的物理设备分离，它们之间要通过网络接口连接，这导致在进行数据密集型计算(Data Intensive Computing)时 I/O 容易成为瓶颈。同时，传统的单机文件系统(如 NTFS)和网络文件系统(如 NFS)要求一个文件系统的数据必须存储在一台物理机器上，且不提供数据冗余性，其可扩展性、容错能力和并发读写能力均难以满足大数据需求。

云存储系统奠定了大数据存储技术的基础，如谷歌文件系统(GFS)和 Hadoop 的分布式文件系统(HDFS)。与传统系统相比，GFS/HDFS 将计算和存储节点在物理上结合在一起，从而避免在数据密集计算中易形成的 I/O 吞吐量的制约，同时这类分布式存储系统的文件系统也采用了分布式架构，能达到较高的并发访问能力。大数据存储架构的变化如图 4-3 所示。

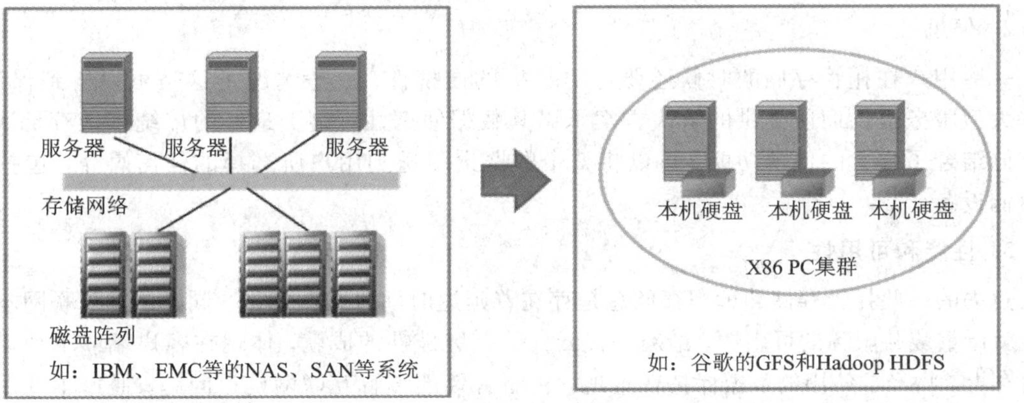

图 4-3 大数据存储架构的变化

2. 大数据对存储技术提出的另一个挑战是多种数据格式的适应能力

格式多样化是大数据的主要特征之一，这就要求大数据存储管理系统能够适应对各种非结构化数据进行高效管理的需求。数据库的一致性(Consistency)、可用性(Availability)和分区容错性(Partition-Tolerance)不可能都达到最佳，在设计存储系统时，需要在 C、A、P 三者之间作出权衡。传统关系型数据库管理系统(RDBMS)以支持事务处理为主，采用了结构化数据表的管理方式，为满足强一致性(C)要求而牺牲了可用性(A)。

为大数据设计的新型数据管理技术，如谷歌 BigTable 和 Hadoop HBase 等非关系型数据库(NoSQL，Not only SQL)，使用“键-值(Key-Value)”对、文件等非二维表的结构，不仅具有很好的包容性，也适应了非结构化数据多样化的特点。同时，这类 NoSQL 数据库主要面向分析型业务，一致性要求可以降低，只要保证最终一致性即可，给并发性能的提升保留了空间。谷歌公司在2012年披露的Spanner数据库，通过原子钟实现全局精确时钟同步，可在全球任意位置部署，系统规模可达到100～1000万台机器。Spanner能够提供较强的一致性，还支持SQL接口，代表了数据管理技术的新方向。整体来看，大数据的存储管理技术将进一步把关系型数据库的操作便捷性特点和非关系型数据库灵活性的特点结合起来，以研发新的融合型存储管理技术。

总之，现在的问题不在于企业是否要利用大数据，而是何时利用大数据。通常的数据存储基础设施并不适合有大数据管理，而云存储提供了一种简单的具有成本效益的方式，用来处理、存储和管理大数据。

4.3.3 云存储应用面临的问题

1. 安全性

从云计算诞生，安全性一直是企业实施云计算首要考虑的问题之一。同样的，对于想要进行云存储的客户来说，安全性通常也是首要的商业考虑和技术考虑。但是许多用户对云存储的安全要求甚至高于他们自己的架构所能提供的安全水平。即便如此，面对如此高的不现实的安全要求，许多大型、可信赖的云存储厂商也在努力满足，构建比多数企业数据中心安全得多的数据中心。用户可以发现，云存储具有更少的安全漏洞和更高的安全环节，云存储所能提供的安全性水平要比用户自己的数据中心所能提供的安全水平还要高。

2. 便携性

一些用户在托管存储的时候还要考虑数据的便携性。一般情况下这是可以得到保证的，一些大型服务提供商所提供的解决方案承诺其数据便携性可媲美最好的传统本地存储。有的云存储结合了强大的便携功能，可以将整个数据集传送到用户所选择的任何媒介，包括专门的存储设备。

3. 性能和可用性

过去的一些托管存储和远程存储总是存在着延迟时间过长的问题。同样的，互联网本身的特性就严重威胁服务的可用性。最新一代云存储有突破性的成就，体现在客户端或本地设备高速缓存上，将经常使用的数据保持在本地，从而有效地缓解互联网延迟问题。通过本地高速缓存，即使面临最严重的网络中断，这些设备也可以缓解延迟性问题。这些设备还可以让经常使用的数据像本地存储那样快速反应。通过一个本地NAS网关，云存储甚至可以模仿终端NAS设备的可用性、性能和可视性，同时将数据予以远程保护。随着云存储技术的不断发展，各厂商仍将继续努力实现容量优化和WAN(广域网)优化，从而尽量减少数据传输的延迟性。

4. 数据访问

现有对云存储技术的疑虑还在于，如果执行大规模数据请求或数据恢复操作，那么云存储是否可提供足够的访问性。在未来的技术条件下，此点大可不必担心，现有的厂商可以将大量数据传输到任何类型的媒介，可将数据直接传送给企业，且其速度之快相当于复制、粘贴操作。另外，云存储厂商还可以提供一套组件，在完全本地化的系统上模仿云地址，让本地NAS网关设备继续正常运行而无需重新设置。未来，如果大型厂商构建了更多的地区性设施，那么数据传输将更加迅捷。如此一来，即便是客户本地数据发生了灾难性的损失，云存储厂商也可以将数据重新快速传输给客户数据中心。

第 5 章　云服务与云安全

5.1　认识云服务

5.1.1　云服务的概念

云服务是基于互联网的相关服务的增加、使用和交付模式，通常涉及通过互联网来提供动态易扩展且经常是虚拟化的资源。云是网络、互联网的一种比喻说法。云服务所秉持的核心理念是“按需服务”，它通过网络以按需、易扩展的方式获得所需服务。这种服务可以是IT，和软件、互联网相关，也可以是其他服务，即计算能力也可作为一种商品通过互联网进行流通，就像人们使用水、电、天然气等资源的方式一样。云服务形态如图 5－1 所示。

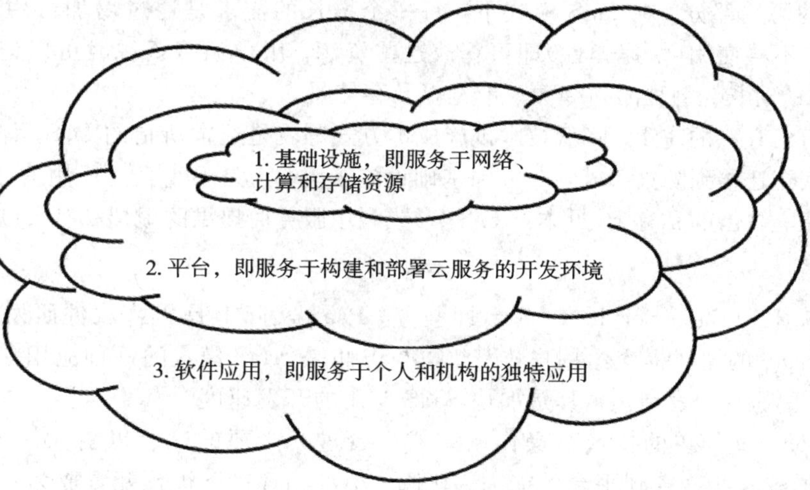

图 5－1　云服务形态

5.1.2　云服务类型

云计算可描述从硬件到应用程序传统层级上所要求提供的服务，如图 5－2 所示。实际上，云服务提供商倾向于提供如下三个类别的服务。

1. IaaS

IaaS(Infrastructure-as-a-Service)：基础设施即服务。消费者通过 Internet 可以从完善的计算机基础设施获得服务。

云计算是一种对消费者提供处理、存储、网络及计算基础资源的能力。其中，消费者可以部署和运行任意软件，包括操作系统和应用软件。消费者不必管理、控制云中的设施，但

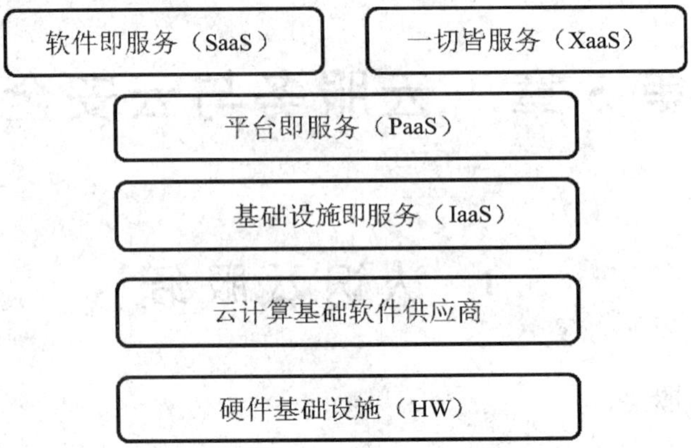

图 5-2　云计算服务层次划分

必须在操作系统和存储上部署应用，并且可以选择网络单元(如防火墙、负载平衡设施)。

IaaS 是一个纯粹的技术组件，经常是一个服务的部署，如谷歌、亚马逊按需提供的所谓“虚拟机”。这意味着实际安装机器的过程和时间成本没有了，而是通过网络得到一个可用的机器。“虚拟机”的意思对于用户方面来讲，就是服务集群的一部分或作为一个独立服务器上的计算网络的可用部分。在 IaaS 模式下，每一个增长的需求是通过增加可用的资源来匹配的，如果用户不再使用(快速弹性)即可释放这些资源。用户消费资源时可以记账，这些账包括连接 CPU 的时长、每秒的指令数、带宽以及存储量。

寻求运行已存在的应用、降低技术设施成本方式等就是通常所指的 IaaS。详细地讨论这些应用可以被安全迁移到防火墙外，部署到基础设施云上，这是中小企业应用的一个趋势。但大型企业可以建立自己的私有云(见本章 5.2 节)或利用服务商提供的虚拟私有云(虚拟机)。

2. PaaS

PaaS(Platform-as-a-Service)：平台即服务。PaaS 实际上是指将软件研发的平台作为一种服务，以 SaaS 的模式提交给用户。因此，PaaS 也是 SaaS 模式的一种应用。但是，PaaS 的出现可以加快 SaaS 的发展，尤其是加快 SaaS 应用的开发速度。

PaaS 借助一些简单的技术对操作系统或平台进行必要的配置以引入一个较高的标准。它提供直接加载一些服务到平台的能力，就像在标准的环境下被预配置成为一个支持指定的编程语言平台。在一个企业或行业平台可以建成一个指定的应用，以进行管理。然而，大多数类型的 PaaS 典型地提供一个关键服务集，通过升级这一核心服务集以提供一个宽范围的服务。例如，Force.com平台提供Force.com CRM作为一个核心服务集，而用户可以开发一些附加的服务作为个性化用途来扩展服务核心集。

3. SaaS

SaaS(Software-as-a-Service)：软件即服务。它是一种通过 Internet 提供软件的模式，用户无需购买软件，而是向提供商租用基于 Web 的软件，来管理企业经营活动。

具体来说，SaaS 服务提供商将应用程序统一部署在自己的服务器上，用户需要通过互联网向厂商订购应用软件服务，服务提供商根据客户所定软件的数量多少、时间长短等因素收费，并通过浏览器向客户提供软件。

这种服务模式的优势是：由服务提供商维护和管理软件、提供软件运行的硬件设施，用户只需拥有能够接入互联网的终端即可随时随地地使用软件。这种模式下，客户不再像传统模式那样花费大量资金在硬件、软件、维护上，只需要支出一定的租赁服务费用。对于小型企业来说，SaaS 是采用先进技术的最好途径。目前，Salesforce. com是提供此类服务最有名的公司，Google Doc、Google Apps 也属于这类服务。

5.2　云服务发展历程

5.2.1　国际云服务发展

自 SaaS 在 20 世纪 90 年代末出现以来，云计算服务已经经历了十多年的发展历程。但云计算服务真正受到整个 IT 产业的重视是始于 2005 年亚马逊推出的 AWS 服务。在产业界认识到亚马逊建立了一种新的 IT 服务模式之后，谷歌、IBM、微软等互联网和 IT 企业也分别从不同的角度开始提供不同层面的云计算服务，云服务进入了快速发展的阶段。目前，云服务正在逐步突破互联网市场的范畴，政府、公共管理部门、各行业企业也开始接受云服务的理念，并开始将传统的自建 IT 方式转为使用公有云服务方式，云服务将真正进入其产业的成熟期。图 5 - 3 总结了国际云服务的发展历程。

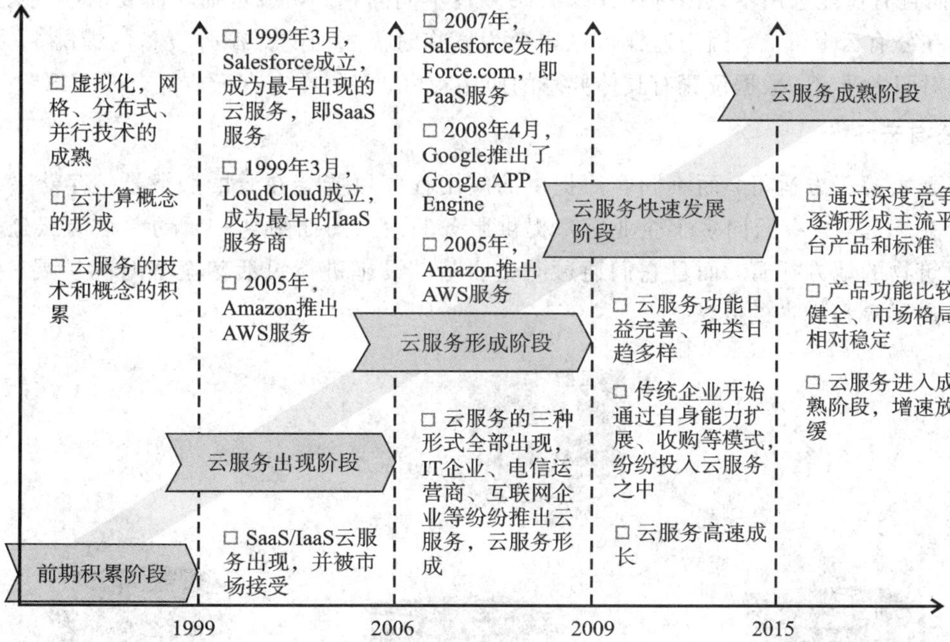

图 5 - 3　国际云服务的发展历程

5.2.2　我国云服务发展

我国云服务市场仍处于低总量、高增长的产业初期阶段。据估计，2013 年我国公有云服务市场规模约为 47.6 亿人民币，增速较 2012 年有所放缓，但仍达到 36%，远高于全球平均水平。2013 年，我国的 IaaS 市场规模约为 10.5 亿元，增速达到了 105%，显示出旺盛的生机。IaaS 相关企业不仅在规模、数量上有了大幅提升，而且吸引了资本市场的关注，UCloud、青云等 IaaS 初创企业分别获得了千万美元级别的融资。过去几年里，腾讯、百度等互联网巨头纷纷推出了各自的开放平台战略，新浪 SAE 等 PaaS 的先行者也在业务拓展上取得了显著的成效，在众多互联网巨头的介入和推动下，我国 PaaS 市场得到了迅速发展，2013 年市场规模增长近 20%，但由于目前国内 PaaS 服务仍处于吸引开发者和产业生态培育的阶段，大部分 PaaS 服务都采用免费或低收费的策略，因此整体市场规模并不大，估计约为 2.2 亿元左右，但这并不妨碍我们对 PaaS 的发展前景抱有充足的信心。无论国内还是全球，SaaS 一直是云计算领域最为成熟的细分市场，用户对于 SaaS 服务的接受程度也比较高。2013 年国内 SaaS 市场规模在 34.9 亿元左右，与 2012 年相比增长 24.3%。

5.3　云部署及对大数据的支持

5.3.1　云部署方式

IT 机构可以选择在适合自己的公有云、专有云或混合云上部署其应用程序。公有云一般就在互联网上，而专有云通常在建筑物内或设在主机托管场所。企业选用哪种云模式需考虑多种因素，而且有可能选用不只一种模式来解决多种不同问题。如果是临时需要的应用程序，可能最适合在公有云上部署，因为这样可以避免为了临时需要而购买额外设备的情况。同样，永久使用或对服务质量、数据位置有具体要求的应用程序，最好在专有云或混合云上部署。

1. 公有云

公有云由第三方运行，而不同客户提供的应用程序可能会在云的服务器、存储系统和网络上混合在一起，公有云向多个企业客户提供服务的效果图如图 5-4 所示。公有云通常在远离客户建筑物的地方托管，而且它们通过向企业基础设施进行灵活甚至临时的扩展，提供一种降低客户风险和成本的办法。

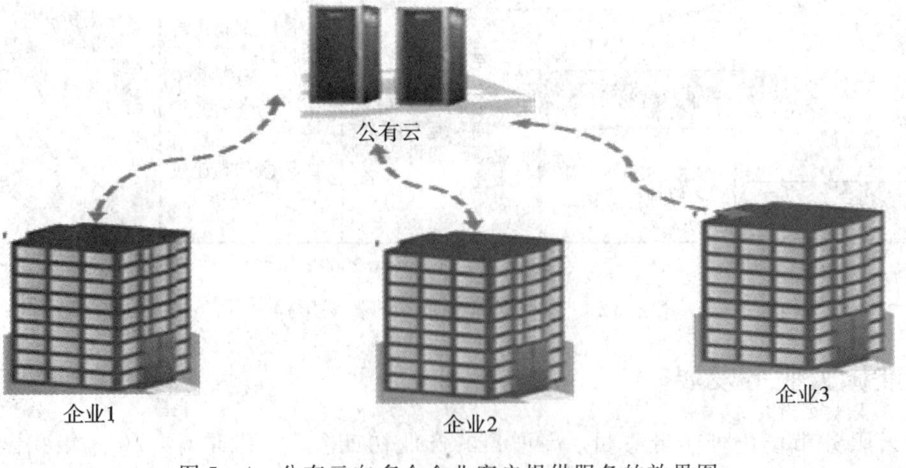

图 5-4　公有云向多个企业客户提供服务的效果图

公有云中运行的应用程序对于云架构设计师和最终用户都是透明的，实施不需要牢记性能、安全性和数据保存位置。公有云的优点之一是比公司的专有云大得多，可以根据需要进行伸缩，将基础设施风险从企业转移到云提供商。

2. 专有云

专有云是为一个客户单独使用而构建的，因而能对数据、安全性和服务质量提供最有效的控制。专有云的构建与使用如图 5－5 所示，企业拥有基础设施，并可以控制在此基础设施上部署应用程序的方式。专有云可部署在企业数据中心，也可部署在一个主机托管场所。

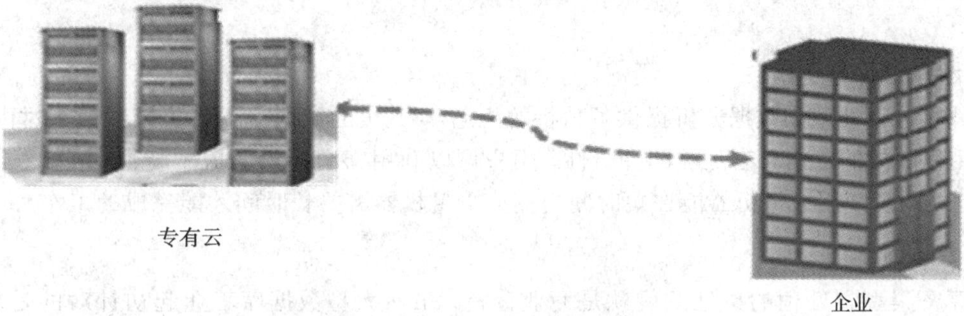

图 5－5　专有云的构建与使用

专有云可由企业自己的 IT 机构构建，也可由云提供商进行构建。如果采用“托管式专用”模式，可托管在像 Sun 这样的公司中，由托管公司进行安装、配置和运营，构建一个支撑企业数据中心内的专有云。此模式赋予企业极高水平的对于云资源使用情况的控制能力，同时给企业带来建立并运作该环境所需的专门知识。

3. 混合云

混合云把公有云模式与专有云模式结合在一起，如图 5－6 所示。混合云有助于提供按需的、外部供应的扩展。用公有云的资源扩展专有云的能力，可用来在发生负荷快速波动时维持服务水平——这在利用存储云支持 Web2.0 应用程序时最为常见。另外，混合云也可用来处理预期的工作负荷高峰。

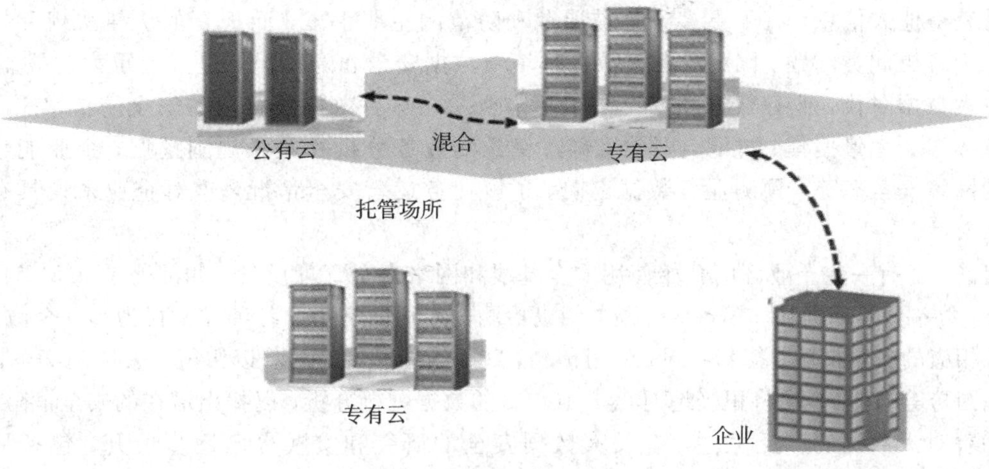

图 5－6　混合云的构建与使用

混合云引出了如何确定公有云与专有云之间分配应用程序复杂性的问题：如数据和处理资源之间的关系，等等。对数据量小或应用程序无状态的情况，应用混合云处理比应用公有云和专有云处理成功得多。当公有云与专有云在同一个托管场所时，采用混合云处理也往往尤其有效。

5.3.2　对大数据的支持

虽然云计算没有从根本上创造新型的应用，但云计算设备简化了部署，为大数据应用提供了支持。

1. 并行批处理程序

云计算为批处理和数据分析提供了独特的机遇，TB级的数据分析将可以在数小时内完成。如果应用程序中的数据具有足够的并行性，用户可以利用“云”提供的成本特性，在不扩大成本的前提下，同时使用大量机器能在短时间内完成少量机器需要长时间才能完成的工作。

2. 分析需求的兴起

计算密集型批处理的典型案例就是商业分析。虽然大型数据库工业起初针对的是事务处理，但是这种需求已转向在海量数据中，愈来愈多的用于理解客户、供应链、购买习惯及排名分析等数据分析问题上。也就是说，计算资源的平衡点已从事务转向商业分析。

5.4　云　安　全

5.4.1　大数据环境下的安全需求

大数据的产生使数据分析与应用更加复杂，难以管理。尤其在过去3年里，数据的增多使数据安全和隐私保护问题日渐突出，各类安全事件给企业和用户敲醒了警钟。在整个数据生命周期里，企业需要遵守更严格的安全标准和保密规定，故对数据存储与使用的安全性和隐私性要求越来越高，传统数据保护方法常常无法满足新变化，网络和数字化生活也使黑客更容易获得他人信息，有了更多不易被追踪和防范的犯罪手段，而现有的法律法规和技术手段却难于解决此类问题。因此，在大数据环境下数据安全和隐私保护是一个重大挑战。

在大数据时代，业务数据和安全需求相结合才能够有效提高企业的安全防护水平。通过对业务数据的大量搜集、过滤与整合，经过细致的业务分析和关联规则挖掘，企业能够感知自身的网络安全态势，预测业务数据走向。了解业务运营安全情况，这对企业来说具有革命性的意义。

目前，已有一些企业部门开始使用安全基线和网络安全管理设备，如部署UniNAC网络准入控制、终端安全管理UniAccess系统，用以检测与发现网络中的各种异常行为和安全威胁，从而采取相应的安全措施。据Gartner公司预测，2016年40%的企业(以银行、保险、医药、电信、金融和国防等行业为主)将积极地对至少10 TB的数据进行分析，以找出潜在的安全危险。

随着对大数据的广泛关注，有关大数据安全的研究和实践也已逐步展开，包括科研机构、政府组织、企事业单位、安全厂商等在内的各方力量，正在积极推动与大数据安全相关的标准制定和产品研发，为大数据的大规模应用奠定更加安全和坚实的基础。

在理解大数据安全内涵、制定相应策略之前，有必要对各领域大数据的安全需求进行全面了解和掌握，以分析大数据环境下的安全特征与问题。

1. 互联网行业

互联网企业在应用大数据时，常会涉及数据安全和用户隐私问题。随着电子商务、手机上网行为的发展，互联网企业受到攻击的情况比以前更为隐蔽。攻击的目的并不仅是让服务器死机，更多是以渗透 APT 的攻击方式进行。因此，防止数据被损坏、篡改、泄露或窃取的任务十分艰巨。

同时，由于用户隐私和商业机密涉及的技术领域繁多、机理复杂。很难有专家可以贯通法理与专业技术，界定出由于个人隐私和商业机密的传播而产生的损失，也很难界定侵权主体是出于个人目的还是企业行为。所以，互联网企业的大数据安全需求是：可靠的数据存储、安全的挖掘分析、严格的运营监管，针对用户隐私建立和完善安全保护标准、法律法规、行业规范，并期望从海量数据中合理发现和发掘商业机会和商业价值。

2. 电信行业

大量数据的产生、存储和分析，使得运营商在数据对外应用和开放过程中面临着数据保密、用户隐私、商业合作等一系列问题。运营商需要利用企业平台、系统和工具实现数据的科学建模，确定或归类这些数据的价值。

由于数据通常散乱在众多系统中，信息来源十分庞杂，因此运营商需要进行有效的数据收集与分析，保障数据的完整性和安全性。在对外合作时，运营商需要能够准确地将外部业务需求转换成实际的数据需求，以建立完善的数据对外开放访问控制。

在此过程中，如何有效保护用户隐私，防止企业核心数据泄露，成为运营商对外开展大数据应用需要考虑的重要问题。因此，电信运营商的大数据安全需求是：确保核心数据与资源的保密性、完整性和可用性，在保障用户利益、体验和隐私的基础上充分发挥数据价值。

3. 金融行业

金融行业的系统具有相互牵连、使用对象多样化、安全风险多方位、信息可靠性、保密性要求高等特征。而且金融业对网络的安全性、稳定性要求更高。系统要能够高速处理数据，提供冗余备份和容错功能，具备较好的管理能力和灵活性，以应对复杂的应用。

虽然金融行业一直在数据安全方面追加投资和技术研发，但是由于金融领域业务链条的拉长、云计算模式的普及、自身系统复杂度的提升以及对数据的不当利用，而增加了金融业大数据的安全风险。

因此，金融行业的大数据安全需求是：对数据访问控制、处理算法、网络安全、数据管理和应用等方面提出安全要求，期望利用大数据安全技术加强金融机构的内部控制，提高金融监管和服务水平，防范和化解金融风险。

4. 医疗行业

随着医疗数据呈几何级数的增长，数据存储压力也越来越大。数据存储是否安全可靠，已经关乎医院业务的连续性。因为系统一旦出现故障，首先考验的就是数据的存储、灾难备份和恢复能力。如果数据不能迅速恢复，而且恢复不到断点，则对医院的业务、患者满意度构成直接损害。

同时，医疗数据具有极强的隐私性，大多数医疗数据拥有者不愿意将数据直接提供给其他单位或个人进行研究利用，而数据处理技术和手段的有限性也造成了宝贵数据资源的浪费。因此，医疗行业对大数据安全的需求是：数据隐私性高于安全性和机密性，同时需要安全和可靠的数据存储、完善的数据备份和管理，以帮助医生与病人进行疾病诊断、药物开发、管理决策、完善医院服务，从而提高病人满意度，降低病人流失率。

5. 政府组织

大数据分析在安全上的潜能已经被各国政府组织发现，它的作用在于能够帮助国家构建更加安全的网络环境。例如，美国进口安全申报委员会不久前宣布，通过 6 个关键性的调查结果证明，大数据分析不仅具备强大的数据分析能力，而且能确保数据的安全性。

美国国防部已经在积极部署大数据行动，利用海量数据挖掘高价值情报，提高快速响应能力，实现决策自动化。而美国中央情报局通过利用大数据技术，提高从大型复杂的数字数据集中提取知识和观点的能力，加强国家安全。

因此，政府组织对大数据安全的需求是：隐私保护的安全监管、网络环境的安全感知、大数据安全标准的制定、安全管理机制的规范等内容。

5.4.2 大数据环境下的安全问题

1. 大数据安全问题的特征

通过上述分析可知，各领域的安全需求正在发生改变，从数据采集、数据整合、数据提炼、数据挖掘、安全分析、安全态势判断、安全检测到发现威胁，已经形成一个新的完整链条。在这一链条中，数据可能会丢失、泄露、被越权访问、被篡改，甚至涉及用户隐私和企业机密等内容。通常，大数据安全问题具有以下 6 个方面的特征。

1）移动数据安全面临高压力

社交媒体、电子商务、物联网等新应用的兴起，打破了企业原有价值链的围墙，仅对原有价值链各个环节的数据进行分析，已经不能满足需求，这就需要借助大数据战略打破数据边界，使企业了解更全面的运营及运营环境的全景图。

但是，这显然会对企业的移动数据安全防范能力提出更高的要求。此外，数据价值的提升会造成更多敏感性分析数据在移动设备间传递，一些恶意软件甚至具备一定的数据上传和监控功能，能够追踪到用户位置、窃取数据或机密信息，严重威胁个人的信息安全，使安全事故等级升高。

在移动设备与移动平台威胁飞速增长的情况下，如何跟踪移动恶意软件样本及其始作俑者，分析样本相互间关系，成为移动大数据安全需要解决的问题。

2）网络化社会使大数据易成为攻击目标

在网络空间里，大数据是更容易被发现的大目标。一方面，网络访问便捷化和数据流的形成为实现资源的快速弹性推送和个性化服务提供了基础，造成平台的暴露，使得蕴含着潜在价值的大数据更容易吸引黑客的攻击。另一方面，在开放的网络化社会，大数据的数据量大且相互关联，使得黑客成功攻击一次就能获得更多数据，无形中降低了黑客的进攻成本，增加了其收益率。例如，黑客能够利用大数据发起僵尸网络攻击，同时控制上百万台傀儡机并发起攻击，或者利用大数据技术最大限度地收集更多有用信息。

3）用户隐私保护成为难题

大数据的汇集不可避免地加大了用户隐私数据信息泄露的风险。由于数据中包含大量的用户信息，使得对大数据的开发利用很容易侵犯公民的隐私，也使黑客能够恶意利用公民隐私的技术门槛大大降低。在大数据应用环境下，数据呈现动态特征，面对数据库中属性和表现形式的不断随机的变化，基于静态数据集的传统数据隐私保护技术面临挑战。各领域对于用户隐私保护有多方面要求和特点，但由于数据之间复杂的关联性和敏感性，以及大部分现有隐私保护模型和算法都是仅针对传统的关系型数据，使其不能直接移植到大数据的应用中。

4）海量数据的安全存储问题

随着结构化数据和非结构化数据量的持续增长以及分析数据来源的多样化，以往的存储系统已经无法满足大数据应用的需要。对于占数据总量80％以上的非结构化数据，通常采用NoSQL存储技术完成对大数据的抓取、管理和处理。虽然NoSQL数据存储易扩展、高可用、性能好，但是仍存在一些问题。例如，访问控制和隐私管理模式问题、技术漏洞和成熟度问题、授权与验证的安全问题、数据管理与保密问题等。而结构化数据的安全防护也存在漏洞，例如物理故障、人为误操作、软件问题、病毒、木马和黑客攻击等因素都可能严重威胁数据的安全性。大数据所带来的存储容量问题、延迟、并发访问、安全问题、成本问题等，对大数据的存储系统架构和安全防护提出挑战。

5）大数据生命周期变化促使数据安全进化

传统数据安全往往是围绕数据生命周期部署的，传统数据的生命周期即数据的产生、存储、使用和销毁的过程。随着大数据应用越来越多，数据的拥有者和管理者相分离，原来的数据生命周期逐渐转变成数据的产生、传输、存储和使用。

由于大数据的规模没有上限，且许多数据的生命周期极为短暂，因此，传统安全产品要想继续发挥作用，则需要及时解决大数据存储和处理的动态化、并行化特征，动态跟踪数据边界，管理对数据的操作行为。

6）大数据的信任安全问题

大数据的最大障碍不是在多大程度上取得成功，而是让人们真正相信大数据、信任大数据，这包括对别人数据的信任和自我数据被正确使用的信任。例如，近年来工资“被增长”、CPI“被下降”、房价“被降低”、失业率“被减少”，却由于百姓的切身感受与统计数据之间的差异以及国家和地方之间GDP数据严重不符等，导致了市场对统计数据的质疑。

大数据的信任安全问题不仅是指要相信大数据本身，还包括要相信可以通过数据获得的成果。但是，要让人们相信和信任通过大数据模型获得的洞察信息却并不容易，且要证明大数据本身的价值比成功完成一个项目更加困难。因此，构建对大数据的安全信任至关重要，这需要政府机构、企事业单位、个人等多方面共同建设和维护好大数据可信任的安全环境。

2. 解决大数据自身的安全问题

大数据安全不同于关系型数据安全，大数据无论是在数据体量、结构类型、处理速度、价值密度方面，还是在数据存储、查询模式、分析应用方面都与关系型数据有着显著差异。

大数据意味着数据及其承载系统的分布式，单个数据和系统的价值相对降低，空间和时间的大跨度、价值的稀疏，使得外部人员寻找价值攻击点更不容易。但是，在大数据环境下完全的去中心化很难。只要存在中心就可能成为被攻击的穴道，而对于低密度价值的提炼过程也是吸引攻击的内容。

针对这些问题，传统安全产品所使用的监控、分析日志文件、发现数据和评估漏洞的技术在大数据环境中并不能有效运行。很多传统安全技术方案中，数据的大小会影响到安全控制或配套操作能否正确运行。多数网络安全产品不能进行调整，无法满足大数据领域，也不能完全理解其面对的信息。而且，在大数据时代会有越来越多的数据开放，交叉使用，在这个过程中如何保护用户隐私是最需要考虑的问题。

为解决大数据自身的安全问题，需要重新设计和构建大数据安全架构和开放数据服务，从网络安全、数据安全、灾难备份、安全风险管理、安全运营管理、安全事件管理、安全治理等各个角度考虑，部署整体的安全解决方案，保障大数据计算过程、数据形态、应用价值的安全。

5.4.3 云计算安全问题

云计算拥有庞大的计算能力与丰富的计算资源，它在改变IT世界的同时也催发新的安全问题。在给人们带来更多便利的同时，也给恶意攻击者带来更多发动攻击的机会。云计算存在的安全问题主要有以下几方面。

(1) 云计算的强大计算能力让密码破解变得简单、快速。同时，云计算里的海量资源给了恶意软件更多传播的机会。

(2) 云端聚集了大量用户的数据，虽然可利用虚拟机予以隔离，但对于恶意攻击者而言，云端数据仍极具诱惑，一旦虚拟防火墙被攻破，就会诱发连锁反应，所有存储在云端的数据都面临被窃取的威胁。

(3) 数据迁移技术在云端的应用也给恶意攻击者窃取用户数据创造了机会，恶意攻击者可以冒充合法数据进驻云端，挖掘其所在区域里前面用户的残留数据痕迹。

(4) 在技术方面，按照Google的理念，如果云计算得以实现的话，那么未来人们在本地硬盘上几乎不保存数据，所有的数据都在“云”里，一旦发生由于技术方面的因素导致的服务中断，那么用户只能束手无策。

(5)“云”对外部来讲其实是不透明的。云计算的服务提供商并没有对用户给出许多细节的具体说明，如其所在地、员工情况、所采用的技术以及运作方式，等等。当计算服务是由一系列的服务商来提供(即计算服务可能被依次外包)时，每一家接受外包的服务商基本上是以不可见的方式为上一家服务商提供计算处理或数据存储的服务，这样，每家服务商使用的技术其实是不可控的，甚至有可能某家服务商会以用户未知的方式越权访问用户数据。

(6) 虽然每一家云计算方案提供商都强调使用加密技术(如SSL，Secure Sockets Layer，安全套接层)来保护用户数据，但即使数据采用SSL技术进行加密，也仅仅是指数据在网络上是加密传输的，数据在处理和存储时的安全问题仍然没有解决。尤其是在数据处理的时候，由于这时数据肯定已解密，如何保护，很难解决，即使采用进程隔离类的技术在一定程度解决了，也很难赢得用户的信任。

从上面讨论不难发现，云计算的安全问题无疑是云计算应用最大的瓶颈和顾虑。下面将概要介绍云计算安全的技术手段和非技术手段。

5.4.4 云计算安全的技术手段

1. 云安全架构

从IT网络和安全专业人士的视角出发，可以用统一分类的一组简洁的、公用的词汇来描述云计算对安全架构的影响。在这个统一分类的方法中，云服务和架构可以被分解并映射到某个包括安全性、可操作性、可控制性、可进行风险评估和管理的诸多要素的补偿模型中去，进而符合合规性标准。

云计算模型之间的关系和依赖性对于理解云计算的安全非常关键，IaaS 是所有云服务的基础，PaaS 一般建立在 IaaS 之上，而 SaaS 一般又建立在 PaaS 之上。

IaaS 涵盖了从机房设备到硬件平台等所有的基础设施资源层面。PaaS 位于 IaaS 之上，增加了一个层面用以与应用开发、中间件能力及数据库、消息和队列等功能集成。PaaS 允许开发者在平台之上开发应用，开发的编程语言和工具由 PaaS 提供。SaaS 位于底层的 IaaS 和 PaaS 之上，能够提供独立的运行环境，用以交付完整的用户体验，包括内容、展现、应用和管理能力。图 5－7 描述了云模型、安全控制模型和合规模型的映像。

云安全架构的一个关键特点是云服务提供商所在的等级越低，云服务用户自己所要承担的安全能力和管理职责就越多。表 5－1 概括了云计算安全领域中的数据安全、应用安全和虚拟化安全等问题涉及的关键内容。

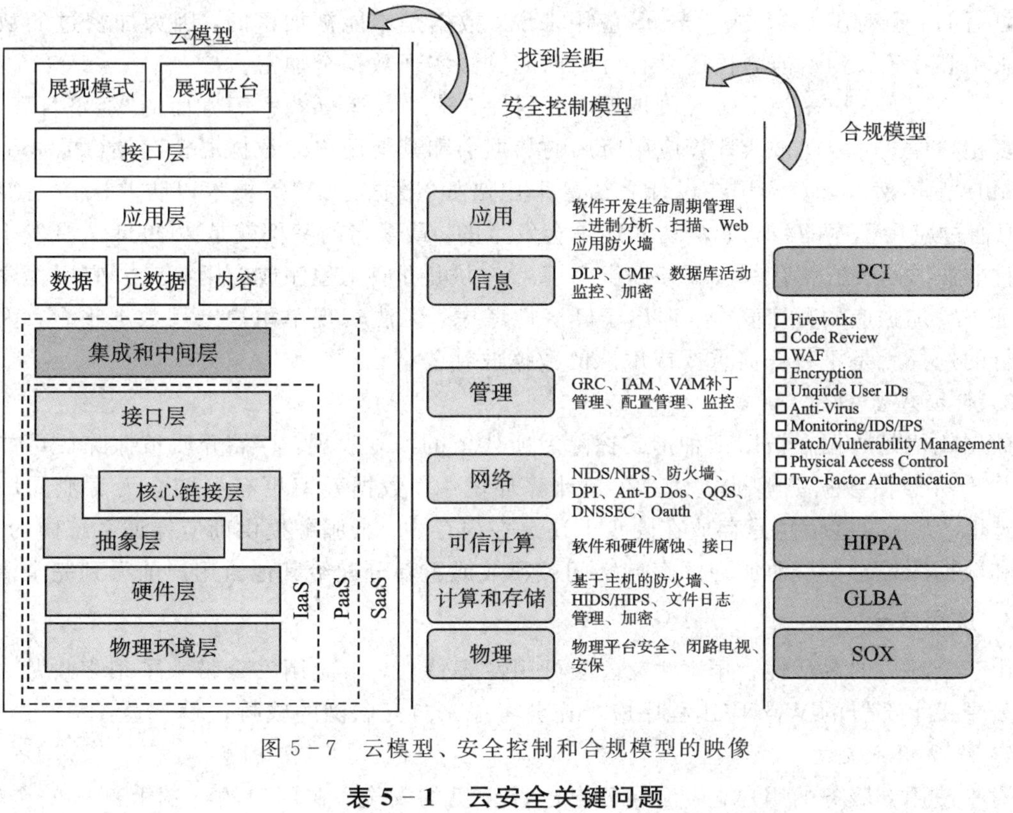

图 5－7　云模型、安全控制和合规模型的映像

表 5－1　云安全关键问题

云安全层次	云安全内容
数据安全	数据传输、数据隔离、数据残留
应用安全	终端用户安全、SaaS 安全、PaaS 安全、IaaS 安全
虚拟化安全	虚拟化软件、虚拟服务器

下面将重点阐述云计算安全领域中的数据安全、应用安全和虚拟化安全等问题的应对策略和技术。

2. 数据安全

云用户和云服务提供商应避免数据丢失和被窃，无论使用哪种云计算服务模式(SaaS、IaaS、PaaS)，数据安全都变得越来越重要。

1) 数据传输安全

在使用公有云时，对于传输中数据的最大威胁是不采用加密算法。通过互联网传输数据，采用的传输协议也要能保证数据的完整性。采用加密数据和使用非安全传输协议的方法可以达到保密的目的，但无法保证数据的完整性。

2) 数据隔离安全

磁盘上的数据或生产数据库中的数据很重要(静止的数据)，这可以用来防止恶意的云服务提供商、恶意的邻居“租户”及某些类型应用的滥用。但是静止数据加密比较复杂，如果仅使用简单存储服务进行长期的档案存储，用户加密自己的数据后发送密文到云数据存储商那里是可行的。但对于 PaaS 或者 SaaS 应用来说，数据是不能被加密的，因为加密过的数据会妨碍索引和搜索。到目前为止还没有可商用的算法实现数据全加密。

PaaS 和 SaaS 应用为了实现可扩展、可用性、管理及运行效率等方面的“经济性”，基本采用多租户模式，因此被云计算应用所用的数据会和其他用户的数据混合存储(如 Google 的 BigTable)。虽然云计算应用在设计之初已采用诸如“数据标记”等技术以防非法访问混合数据，但通过应用程序的漏洞非法访问还是会发生的，最著名的案例就是 2009 年 3 月发生的谷歌文件非法共享。虽然有些云服务提供商请第三方审查应用程序或应用第三方应用程序的安全验证工具加强应用程序安全，但出于经济性考虑，无法实现单租户专用数据平台，因此唯一可行的选择就是不将任何重要或敏感的数据放到公有云中。

3) 数据残留安全

数据残留是数据在被以某种形式擦除后所残留的物理表现，存储介质被擦除后可能留有一些物理特性使数据能够被重建。在云计算环境中，数据残留更有可能会无意泄露敏感信息，因此，无论这些信息是存放在硬盘上还是在内存中，云服务提供商应保证系统内的文件、目录和数据库记录等资源所在的存储空间被释放或重新分配给其他云用户前得到完全清除。

3. 应用安全

由于云环境的灵活性、开放性及公众可用性等特性，给应用安全带来了很多挑战。提供商在云主机上部署的 Web 应用程序应当充分考虑来自互联网的威胁。

1) 终端用户安全

对于使用云服务的用户，应该保证自己计算机的安全。在用户的终端上部署安全软件，包括反恶意软件、个人防火墙及 IPS 类型的软件。目前，浏览器已经普遍成为云服务应用的客户端，但不幸的是所有的互联网浏览器毫无例外地存在软件漏洞，这些软件漏洞加大了终端用户被攻击的风险，从而影响云计算应用的安全。因此，云用户应该采取必要的措施保护浏览器免受攻击，在云环境中实现端到端的安全。云用户还应使用自动更新功能，定期完成浏览器打补丁和更新工作。

随着虚拟化技术的广泛应用，许多用户现在喜欢在个人计算机上使用虚拟机来区分工作

(公事与私事)。有人使用 VMware Player 来运行多重系统(如使用 Linux 作为基本系统),通常这些虚拟机甚至没有达到补丁级别。这些系统被暴露在网络上更容易被黑客利用而成为“流氓虚拟机”。对于企业用户,应该从制度上规定连接云计算应用的个人计算机禁止安装虚拟机,并且要对个人计算机进行定期检查。

2) SaaS 应用安全

SaaS 应用提供给用户的能力是使用服务商运行在云基础设施之上的应用,用户使用各种客户端设备通过浏览器来访问应用。用户并不管理或控制底层的云基础设施,如网络、服务器、操作系统、存储,甚至其中的单个应用能力,除非是某些有限用户的特殊应用配置项。SaaS 模式决定了提供商对整套应用的管理和维护,因此 SaaS 提供商应最大限度地确保提供给客户的应用程序和组件的安全,客户通常只需负责操作层的安全功能,包括用户和访问管理,所以选择 SaaS 提供商需要特别慎重。目前对于提供商评估的做法通常是根据保密协议,要求提供商提供有关安全实践的信息。该信息应包括设计、架构、开发、黑盒与白盒应用程序安全测试和发布管理。有些客户甚至请第三方安全厂商进行渗透测试(黑盒安全测试),以获得更为翔实的安全信息,不过渗透测试通常费用很高而且也不是所有提供商都同意这种测试。

还有一点需要特别注意,SaaS 提供商提供的身份验证和访问控制功能在通常情况下是客户管理信息风险唯一的安全控制措施。大多数服务包括谷歌都会提供基于 Web 的管理用户界面,最终用户可以分派读取和写入权限给其他用户。然而这个特权管理功能可能不先进,细粒度访问可能会有弱点,也可能不符合组织的防问控制标准。

用户应尽量了解云特定访问控制机制,并采取必要步骤,保护在云中的数据;应实施最小化特权访问管理,以消除威胁云应用安全的内部因素。

所有有安全需求的云应用都需要用户登录,有许多安全机制可提高访问安全性,如通行证或智能卡,而最为常用的方法是可重用的用户名和密码。如果使用强度最小的密码(如需要的长度和字符集过短)和不作密码管理(过期、历史)很容导致密码失效,而这恰恰是攻击者获得信息的首选方法。因此,云服务提供商应能够提供高强度密码;定期修改密码,且时间长度必须基于数据的敏感程度;不能使用旧密码等可选功能。

在目前的 SaaS 应用中,提供商将客户数据(结构化和非结构化数据)混合存储是普通的做法,通过唯一的客户标识符,在应用中的逻辑执行层可以实现客户数据逻辑上的隔离,但是当云服务提供商的应用升级时,可能会造成这种隔离在应用层执行过程中变得脆弱。因此,客户应了解 SaaS 提供商使用的虚拟数据存储架构和预防机制,以保证多租户在一个虚拟环境所需要的隔离。SaaS 提供商应在整个软件生命开发周期加强在软件安全性上的措施。

3) PaaS 应用安全

PaaS 应用提供给用户的能力是在云基础设施之上部署用户创建或采购的应用,这些应用是由服务提供商支持的编程语言或工具开发的,用户并不管理或控制底层的云基础设施,包括网络、服务器、操作系统和存储等,但是可以控制其部署的应用程序和应用配置环境。PaaS 应用安全包括两个层次:PaaS 平台自身的安全、客户部署在 PaaS 平台上应用的安全。

SSL 是大多数云安全应用的基础,目前众多黑客社区都在研究 SSL,相信 SSL 在不久的将来将成为一个主要的传播媒介。PaaS 提供商必须明白当前的形势,并采取可能的办法来应对 SSL 攻击,避免应用被暴露在默认攻击之下。用户必须要确保自己有一个变更管理项目,在 PaaS 提供商指导下进行正确应用配置或打配置补丁，及时确保 SSL 补丁和变更程序能够迅速发挥作用。

PaaS 提供商通常都会负责平台软件包括运行引擎的安全，如果 PaaS 应用使用了第三方应用、组件或 Web 服务，那么第三方应用提供商则需要负责这些服务的安全。因此用户需要了解应用到底依赖于哪个服务，在采用第二方应用、组件或 Web 服务的情况下用户对第三方应用提供商作风险评估。目前，云服务提供商接口平台的安全使用信息会被黑客利用而拒绝共享，尽管如此，客户应尽可能地要求云服务提供商增加信息透明度以利于风险评估安全管理。

在多租户 PaaS 的服务模式中，最核心的安全原则就是多租户应用隔离。云用户应确保自己的数据只能有自己的企业用户和应用程序访问。提供商维护 PaaS 平台运行引擎的安全，在多租户模式下必须提供"沙盒"架构，平台运行引擎的"沙盒"特性可以集中维护客户部署在 PaaS 平台上应用的保密性和完整性。云服务提供商负责监控新的程序缺陷和漏洞，以避免这些缺陷和漏洞被用来攻击 PaaS 平台和打破"沙盒"架构。

云用户部署的应用安全要与 PsaS 应用开发商配合，开发人员需要熟悉平台的 API、部署和管理执行控制软件模块。开发人员必须熟悉平台特定的安全特性，这些特征被封装成安全对象和 Web 服务。开发人员通过调用这些安全对象和 Web 服务实现在应用内配置认证和授权管理。对于 PaaS 的 API 设计，目前没有标准可用，这对云计算的安全管理和云计算应用可移植性带来了难以估量的后果。

PaaS 应用还面临着配置不当的威胁，在云基础架构中运行应用时，应用在默认配置下安全运行的概率几乎为零。因此，用户最需要做的事就是改变应用的默认安装配置，这需要熟悉应用的安全配置流程。

4）IaaS 应用安全

云提供商（如亚马逊 EC2、GoGrid 等）将客户在虚拟机上部署的应用看做是一个黑盒子，IaaS 提供商完全不知道客户应用的管理和运维。客户的应用程序和运行引擎，无论运行在何种平台上，都由客户部署和管理，因此客户负有云主机之上应用安全的全部责任，客户不应期望 IaaS 提供商的应用安全帮助。

4. 虚拟化安全

基于虚拟化技术的云计算引入的风险主要有两个方面：一个是虚拟化软件的安全，另一个是使用虚拟化技术的虚拟服务器的安全。

1）虚拟化软件的安全

虚拟化软件层直接部署于裸机之上，提供能够创建、运行和销毁虚拟服务器的能力。实现虚拟化软件安全的方法不止一种，实际上，有几种方法都可以通过不同层次的抽象来实现相同的结果，如操作系统虚拟化、全虚拟化或半虚拟化。在 IaaS 云平台中，云主机的客户不能访问此软件层，完全由云服务提供商来管理。

由于虚拟化软件层是保证客户的虚拟机在多租户环境下相互隔离的重要层次，可以使客户在一台计算机上安全地同时运行多个操作系统，所以必须严格限制任何未经授权的用户访问虚拟化软件层。云服务提供商应建立必要的安全控制措施，限制对于 Hypervisor 和其他形式的虚拟化层次的物理和逻辑访问控制。

虚拟化层的完整性和可用性对于保证基于虚拟化技术构建的公有云的完整性和可用性是

最重要的，也是最关键的。一个有漏洞的虚拟化软件会把所有的业务域暴露给恶意的入侵者。

2）虚拟服务器的安全

虚拟服务器位于虚拟化软件之上，对于物理服务器的安全原理与实践也可以被运用到虚拟服务器，当然也需要兼顾虚拟服务器的特点。下面将从物理机选择、虚拟服务器安全和日常管理三方面对虚拟服务器的安全进行阐述。

（1）物理机选择。应选择具有 TPM 安全模块的物理服务器，TPM 安全模块可以在虚拟服务器启动时检测用户密码，如果发现密码及用户名的 Hash 序列不对，就不允许启动此虚拟服务器。因此，对于新建的用户来说，选择这些功能的物理服务器来作为虚拟机应用是很有必要的。如果有可能，应使用新的带有多核的处理器，并支持虚拟技术的 CPU，这就能保证 CPU 之间的物理隔离，从而减少许多安全问题。

（2）虚拟服务器安全。安装虚拟服务器时，应为每台虚拟服务器分配一个独立的硬盘分区，以便将各虚拟服务器之间从逻辑上隔离开来。虚拟服务器系统还应安装基于主机的防火墙、杀毒软件、IPS(IDS)及日志记录和恢复软件，以便将它们相互隔离，并同其他安全防范措施一起构成多层次防范体系。

对每台虚拟服务器应通过 VLAN 和不同的 IP 网段的方式进行逻辑隔离。对需要相互通信的虚拟服务器之间的网络连接应当通过 VPN 的方式来进行，以保护它们之间网络传输的安全。实施相应的备份策略，包括对它们的配置文件、虚拟机文件及其中的重要数据都要进行备份，备份也必须按一个具体的备份计划来进行，应当包括完整、增量或差量备份方式。

（3）日常管理。在防火墙中，尽量对每台虚拟服务器进行相应的安全设置，进一步对它们进行保护和隔离。将服务器的安全策略加入系统的安全策略当中，并按物理服务器安全策略的方式来对等。从运维的角度来看，对于虚拟服务器系统，应当像对一台物理服务器一样进行系统安全加固，包括系统补丁、应用程序补丁、所允许运行的服务、开放的端口等。同时严格控制物理主机上运行虚拟服务的数量，禁止在物理主机上运行其他网络服务。如果虚拟服务器需要与主机进行连接或共享文件，应当使用 VPN 方式进行，以防止由于某台虚拟服务器被攻破后影响物理主机。文件共享也应当使用加密的网络文件系统方式进行，同时需要特别注意主机的安全防范工作，消除影响主机稳定和安全性的因素，防止间谍软件、木马和黑客的攻击，因为一旦物理主机受到侵害，所有在其中运行的虚拟服务器都将面临安全威胁，或者直接停止运行。

除以上之外，还要对虚拟服务器的运行状态进行严密的监控，实时监控各虚拟机当中的系统日志和防火墙日志，以此来发现存在的安全隐患。最后，对不需要运行的虚拟机应当立即关闭。

5.4.5　云计算安全的非技术手段

云计算的趋势已经不可逆转，但企业真正要部署云计算时，却依然顾虑重重。这种顾虑不是没有道理的。2011 年 4 月，云计算服务提供商 Amazon 公司爆出史上最大死机事件，导致包括回答服务 Quora、新闻服务 Reddit 和位置跟踪服务 FourSquare 在内的一些知名网站均受到了影响。同年 5 月，一桩规模最大的用户数据外泄案又在索尼发生，大约有 2460 万索尼网络服务用户的个人信息疑遭黑客窃取。

数据保护和隐私也正是云安全面临的一个最大挑战，保证云计算环境下的信息安全绝非只是技术创新那么简单。今天，你可以放心地把钱存在银行，却不敢放心地将自己的数据放到遥远的“云”端。要保证云计算的安全，涉及很多新的技术问题，但更涉及政策方面的问题。

不少专家认为，要做好云计算安全，需要寻找这样一种机制：在这一机制下，提供云计算服务分厂商会面临第三方的监督，这个第三方和用户并没有利益关系，且受到相关法律、法规的制约。只有在这种情况下，云计算的应用企业才可以获得中立的第三方的担保。也只有在这个时候，用户才可能放心地将数据放到云端，就像放心地把钱存到银行一样。

要做好云计算安全，缺失的不只是机制，存储和保护数据等标准也同样有待健全。在云计算环境下，机制和标准的缺失现象在发达国家和地区也同样存在。美国网络服务公司 Internet Services 安全总监但·蔡乐表示：“无论是政府还是监管机构都没有对运营方制定任何规则。”而在日本和新加坡等国家，企业在部署云计算中都已经开始让律师和审计师参与其中。

因此，从云计算安全的角度来看，非技术的手段也许比技术的手段更为棘手和迫在眉睫。

第 6 章　云计算应用

6.1　云计算与物联网

6.1.1　物联网概述

1. 物联网的概念

物联网(Internet of things，IOT)是继计算机、互联网和移动通信之后的又一次信息产业的革命性发展。目前，物联网被正式列为国家重点发展的战略性新兴产业之一。物联网产业具有产业链长、涉及多个产业群的特点，其应用范围几乎覆盖了各行各业。

物联网，顾名思义就是物物相连的互联网。这有两层意思：其一，物联网的核心和基础仍然是互联网，是在互联网基础上延伸和扩展的网络；其二，其用户端延伸和扩展到了任何物品与物品之间，进行信息交换和通信，也就是物物相息。物联网通过智能感知、识别技术与普适计算等通信感知技术，广泛应用于网络的融合中，也因此被称为继计算机、互联网之后世界信息产业发展的第三次浪潮。物联网是互联网的应用拓展，与其说物联网是网络，不如说物联网是业务和应用。因此，应用创新是物联网发展的核心，以用户体验为核心的创新是物联网发展的灵魂。

2. 物联网的网络架构

物联网网络架构由感知层、网络层和应用层组成，如图 6-1 所示。

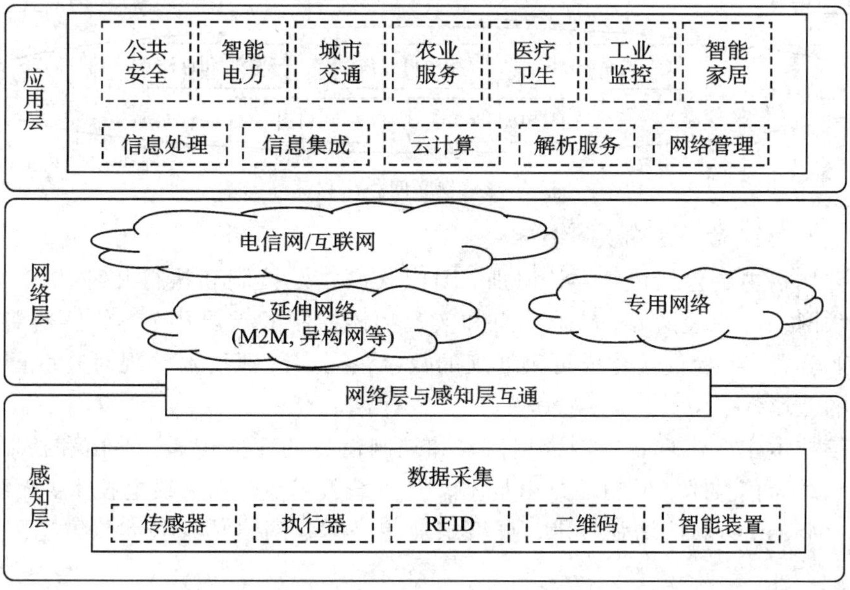

图 6-1　物联网网络架构

感知层实现物理世界的智能感知、信息采集处理和自动控制，并通过通信模块将物理实体连接到网络层和应用层。

网络层主要实现信息的传递、路由和控制，包括延伸网、接入网和核心网，网络层可依托公众电信网和互联网，也可以依托行业专用通信网络。

应用层包括应用基础设施/中间件和各种物联网应用。应用基础设施/中间件为物联网应用提供信息处理、计算等通用基础服务设施、能力及资源调用接口，以此为基础实现物联网在众多领域的各种应用。

3. 物联网技术体系

物联网涉及感知、控制、网络通信、微电子、计算机、软件、嵌入式系统、微机电等技术领域，因此，物联网涵盖的关键技术也非常多，为了系统分析和理解物联网的技术体系，现将物联网技术分为感知关键技术、网络通信关键技术、应用关键技术、支撑技术和共性技术，如图 6－2 所示。

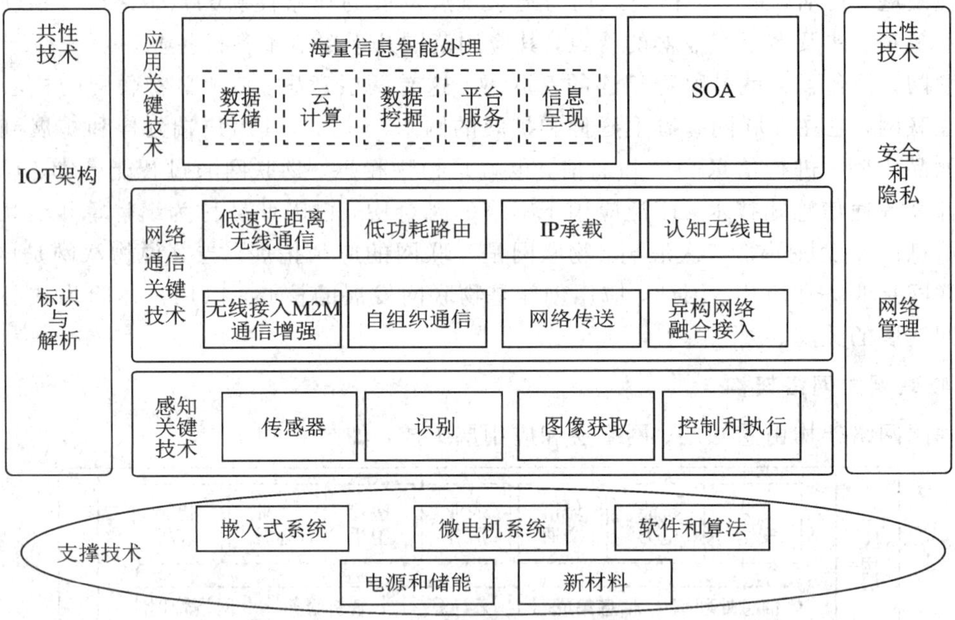

图 6－2　物联网技术体系

1）感知、网络通信和应用关键技术

感知关键技术主要包括传感器、识别、图像获取以及控制和执行几种技术。其中，传感器技术是物联网感知物理世界、获取信息和实现物体控制的首要环节，传感器将物理世界中的物理量、化学量、生物量转化成可供处理的数字信号。识别技术实现对物联网中物体标识和位置信息的获取。

网络通信技术主要实现物联网数据信息和控制信息的双向传递、路由和控制，重点包括低速近距离无线通信技术、低功耗路由技术、IP 承载技术、认知无线电技术、无线接入 M2M (Machine to Machine)通信增强技术、自组织通信技术、网络传送技术、异构网络融合接入技术。

应用关键技术主要包括海量信息智能处理和 SOA 两种技术。海量信息智能处理综合运用高性能计算、人工智能、数据库和模糊计算等技术，对收集的感知数据进行通用处理，重点涉及数据存储、并行计算、数据挖掘、平台服务、信息呈现等。SOA（Service-oriented Architecture)面向服务的体系架构是一种松耦合的软件组件技术，它将应用程序的不同功能模块化，并通过标准化的接口和调用方式联系起来，实现快速可重用的系统开发和部署。SOA 可提高物联网架构的扩展性，提升应用开发效率，充分整合和复用信息资源。

2）支撑技术

物联网支撑技术包括嵌入式系统、微机电系统（Micro-Electro-Mechanical Systems，MEMS)、软件和算法、电源和储能、新材料等技术。

嵌入式系统能满足物联网对设备功能、可靠性、成本、体积、功耗等的综合要求，可以按照不同应用定制裁剪的嵌入式计算机技术，是实现物体智能的重要基础。软件和算法是实现物联网功能，决定物联网功能、决定物联网行为的主要技术，重点包括各种物联网计算系统的感知信息处理、交互与优化、软件与算法、物联网计算系统体系结构与软件平台研发等。

微机电系统可实现对传感器、执行器、处理器、通信模块、电源系统等的高度集成，是支撑传感器节点微型化、智能化的重要技术。

电源和储能技术是物联网关键支撑技术之一，包括电池技术、能量储存、能量捕获、恶劣情况下的发电、能量循环、新能源等技术。

新材料技术主要指应用于传感器的敏感组件实现的技术。传感器敏感材料包括湿敏材料、气敏材料、热敏材料、压敏材料、光敏材料等。新敏感材料的应用可以使传感器的灵敏度、尺寸、精度、稳定性等特性得到改善。

3）共性技术

物联网共性技术涉及网络的不同层面，主要包括 IOT 架构、标识和解析、安全和隐私、网络管理等技术。

IOT 架构技术目前处于概念发展阶段。物联网需具有统一的架构、清晰的分层，支持不同系统的互操作性，适应不同类型的物理网络，适应物联网的业务特性。

标识和解析技术是对物理实体、通信实体和应用实体赋予的或其本身固有的一个或一组属性，并能实现正确解析的技术。物联网标识和解析技术涉及不同标识体系、不同体系的互操作、全球解析或区域解析、标识管理等。

安全和隐私技术包括安全体系架构、网络安全技术、“智能物体”的广泛部署对社会生活带来的安全威胁、隐私保护技术、安全管理机制和保证措施等。

网络管理技术的重点包括管理需求、管理模型、管理功能、管理协议等。为实现对物联网广泛部署的“智能物体”的管理，需要进行网络功能和适用性分析，开发适合的管理协议。

4. 物联网标准体系

物联网标准是国际物联网技术竞争的制高点。由于物联网涉及不同专业技术领域、不同行业应用部门，物联网的标准既要涵盖面向 RFID(Radio Frequency Identification，射频识别)应用的基础公共技术，也要涵盖满足行业特定需求的技术标准；既包括国家标准，也包括行业标准。

物联网标准体系相对庞杂，从物联网总体、感知层、网络层、应用层、共性关键技术标准体系等 5 个层次可初步构建标准体系。物联网标准体系涵盖架构标准、应用需求标准、通信协议、标识标准、安全标准、应用标准、数据标准、信息处理标准、公共服务平台类标准。每类标准还可能会涉及技术标准、协议标准、接口标准、设备标准、测试标准、互通标准等方面。

物联网总体性标准包括物联网导则、物联网总体架构、物联网业务需求等标准。

感知层标准体系主要涉及传感器等各类信息获取设备的电气和数据接口标准、感知数据模型标准、描述语言和数据结构的通用技术标准、RFID标签和读写器接口与协议标准、特定行业和应用相关的感知层技术标准等。

网络层标准体系主要涉及物联网网关标准、短距离无线通信标准、自组织网络标准、简化IPv6协议标准、低功耗路由、无线接入M2M增强和核心网标准、M2M平台标准、网络资源虚拟化标准、网络异构融合的标准等。

应用层标准体系包括应用层架构、信息智能处理技术及行业、云计算技术等标准。应用层架构是重点面向对象的服务架构，其标准包括SOA体系架构、面向上层业务应用的流程管理、业务流程之间的通信协议、元数据标准及SOA安全架构标准。信息智能处理技术标准包括云计算、数据存储、数据挖掘、海量智能信息处理和呈现等标准。云计算技术标准重点包括开放式虚拟化架构(资源管理与控制)、云计算互操作、云计算安全架构等标准。

共性关键技术标准体系包括标识和解析、服务质量、安全、网络管理技术等标准。标识和解析标准体系包括编码、解析、认证、加密、隐私保护、管理以及多标识互通标准。安全标准重点包括安全体系架构、安全协议、支持多种网络融合的认证和加密技术、用户和应用隐私保护、虚拟化和匿名化、面向服务的自适应安全技术等标准。

6.1.2　物联网中的云计算

云计算是物联网发展的基石，它从两个方面促进物联网的实现。

首先，云计算是实现物联网的核心，运用云计算模式使物联网中以兆计算的各类物品的实时动态管理和智能分析变得可能。物联网通过将射频识别技术、传感技术、纳米技术等新技术充分运用在各行业之中，将各种物体充分连接，并通过无线网络将采集到的各种实时动态信息送达计算机处理中心进行汇总、分析和处理。建设物联网的三大基石包括：传感器等电子元器件；传输的通道，比如电信网；高效的、动态的、可以大规模扩展的技术资源处理能力。其中第三个基石，即高效的、动态的、可以大规模扩展的技术资源处理能力，正是通过云计算模式帮助来实现的。

其次，云计算促进物联网和互联网的智能融合，从而构建智慧地球。物联网和互联网的融合，需要更高层次的整合，需要“更透彻的感知、更安全的互联互通、更深入的智能化”。这同样也需要依靠高效的、动态的、可以大规模扩展的技术资源处理能力，而这正是云计算模式所擅长的。同时，云计算的创新型服务交付模式，简化服务的交付，加强物联网和互联网之间及其内部的互联互通，可以实现新商业模式的快速创新，促进物联网和互联网的智能融合。把物联网和云计算放在一起，实在是因为物联网和云计算的关系非常密切。物联网的四大组成部分是感应识别、网络传输、管理服务和综合应用，其中网络传输和管理服务就会利用到云计算，特别是管理服务这一项。因为这里有海量的数据存储和计算的要求，使用云计算可能是最省钱的一种方式。换句话说，如果将物联网当作一台主机，云计算就是它的CPU。

1. 云计算与物联网的结合方式

云计算与物联网各自具备很多优势，如果把云计算与物联网结合起来，可以看出，云计算其实就相当于一个人的大脑，而物联网就是其眼睛、鼻子、耳朵和四肢等。云计算与物联网的结合方式可以分为以下几种：

一是单中心，多终端。此类模式中，分布范围较小的各物联网终端(传感器、摄像头或3G 手机等)，把云中心或部分云中心作为数据/处理中心，终端所获得的信息、数据统一由云中心处理及存储，云中心提供统一界面给使用者操作或查看。

这类应用非常多，如小区及家庭的监控、某一高速路段的监测、幼儿园小朋友监管以及某些公共设施的保护等都可以用此类模式。这类主要应用的云中心可提供海量存储和统一界面、分级管理等功能，对日常生活能提供较好的帮助。一般此类云中心以私有云居多。

二是多中心，大量终端。对于很多区域跨度加大的企业、单位而言，多中心、大量终端的模式较适合。譬如，一个跨多地区或者多国家的企业，因其分公司或分厂较多，要对其各公司或工厂的生产流程进行监控、对相关的产品进行质量跟踪等。

当然同理，有些数据或者信息需要及时甚至实时共享给各个终端的使用者时，也可采取这种方式。举个简单的例子，如果北京地震中心探测到某地 10 分钟后会有地震，只需要十几秒就能将探测情况的报告信息发出，可尽量避免不必要的损失。中国联通的“互联云”思想就是基于此思路提出的。这个模式的前提是云中心必须包含公有云和私有云，并且它们之间的互联没有障碍。这样，对于有些机密的事情，比如企业机密等可较好地保密而又不影响信息的传递与传播。

三是信息、应用分层处理，海量终端。此模式是具体根据应用模式和场景，对各种信息、数据进行分类处理，然后选择相关的途径给相应的终端。这种模式可以针对用户的范围广、信息及数据种类多、安全性要求高等特征来打造。当前，客户对各种海量数据的处理需求越来越多，针对此情况，可以根据客户需求及云中心的分布进行合理的分配。

对需要大量数据传送，但是安全性要求不高的，如视频数据、游戏数据等，可以采取本地云中心处理或存储。对于计算要求高、数据量不大的，可以放在专门负责高端运算的云中心里。而对于数据安全要求非常高的信息和数据，可以放在具有灾备中心的云中心里。

2. 云计算与物联网结合面临的问题

技术总能带给人们很多的想象空间，作为当前较为先进的技术理念，物联网与云计算的结合存在着很多可能性，也面临着很多需要解决的问题。

1）规模问题

规模化是云计算与物联网结合的前提条件。只有当物联网的规模足够大之后，才有可能和云计算结合起来，比如行业应用：智能电网、地震台网监测等，均需要用到云计算。而对一般性的、局域的、家庭网的物联网应用，则没有必要结合云计算。但如何使两者发展至相应规模，尚待解决。

2）安全问题

无论是云计算还是物联网，都有海量的物、人相关的数据。若安全措施不到位，或者数据管理存在漏洞，将使人们的生活无所遁形，使人们面临黑客、病毒的威胁，甚或被恐怖分子轻易跟踪、定位。这势必带来对个人隐私的侵犯和企业机密泄露等问题，破坏了信息合法有序的使用要求，可能导致人们的生活、工作陷入瘫痪，社会秩序混乱。因此，这就要求政府、企业、科研院所等各有关部门运用技术、法律、行政等各种手段，以解决安全问题。

3）网络连接问题

云计算和物联网都需要持续、稳定的网络连接，以传输大量数据。如果在低效率网络连接的环境下，则不能很好工作，难以发挥应有的作用。因此，如何解决不同网络(有线网络、无线网络)之间的有效通信，建立持续、大容量、高可靠的网络连接，还需要深入研究。

4）标准化问题

标准是对任何技术的统一规范，由于云计算和物联网都是由多设备、多网络、多应用通过互相融合形成的复杂网络，需要把各系统都通过统一的接口、通信协议等标准联系在一起。这将是在两者发展中需要不断发展、有效健全的问题。

总之，物联网是指把所有物品通过射频识别等信息传感设备与互联网连接起来，实现智能化识别和管理，云计算是指利用互联网的分布性等特点来进行计算和存储。前者是对互联网的极大拓展，而后者则是一种网络应用模式，两者存在着较大的区别。

但是，对于物联网来说，本身需要进行大量而快速的运算，云计算带来的高效率的运算模式正好可以为其提供良好的应用基础。没有云计算的发展，物联网也就不能顺利实现，而物联网的发展又推动了云计算技术的进步，因为只有真正与物联网相结合，云计算才算是真正意义上从概念走向应用，两者缺一不可。

6.1.3　典型应用

1. 智能电网云

随着智能电网技术的发展和全国性互联电网的形成，未来电力系统中数据和信息将变得更加复杂，数据和信息量将呈几何级数增长，各类信息间的关联也将更加紧密。同时，由于当前电力系统的计算能力已难以适应新应用的需求，电力系统在线分析和控制所要求的计算能力也将大幅度提高。总之，日益增长的数据量对电网公司信息系统的数据处理能力提出了新的要求。在这种情况下，电网企业已经不可能采用传统的投资方式，靠更换大量的计算设备和存储设备来解决问题，而是要采用新技术，充分挖掘出现有电力系统硬件设施的潜力，提高其适用性和利用率。

基于上述构想，可以将云计算引入电力系统，构建面向智能电网的云计算体系，形成电力系统的私有云——智能电网云。智能电网云充分利用电力系统自身的物理网络，整合现有的计算能力和存储资源，以满足日益增长的数据处理能力、电网实时控制和高级分析应用的计算需求。智能电网云以透明的方式向用户和电力系统应用提供各种服务，它是对虚拟化的计算和存储资源池进行动态部署、动态分配/重分配、实时监控的云计算系统，从而向用户或电力系统应用提供满足 QoS(Quality of Service，服务质量)要求的计算服务、数据存储服务及平台服务。

智能电网云计算环境可以分为 3 个基本层次，即物理资源层、平台层和应用层。

物理资源层包括各种计算资源和存储资源，整个物理资源层也可以作为一种服务向用户提供，即 IaaS。IaaS 不仅向用户提供虚拟化的计算资源、存储，还要保证用户访问时的网络带宽等。

平台层是智能电网云计算环境中最关键的一层。作为连接上层应用和下层资源的纽带，其功能是屏蔽物理资源层中各种分布资源的异质特性并对它们进行有效管理，以向应用层提供一致、透明的接口。

作为整个智能电网云计算系统的核心层，平台层主要包括智能电网高级应用和实时控制程序设计和开发环境、海量数据的存储管理系统、海量数据的文件系统及实现智能电网云计算的其他系统管理工具，如智能电网云计算系统中资源的部署、分配、监控管理、安全管理、分布式并发控制等。平台层主要为应用程序开发者设计，开发者不用担心应用运行时所需要的资源，平台层提供应用程序运行及维护所需要的一切平台资源，即PaaS。

应用层是用户需求的具体体现，是通过各种工具和环境开发的特定智能电网应用系统。它是面向用户提供的软件应用服务及用户交互接口等，即SaaS。

在智能电网云计算环境中，资源负载在不同时间的差别可能很大，而智能电网应用服务数量的巨大导致出现故障的概率也随之增长，资源状态总是处于不断变化中。此外，由于资源的所有权也是分散的，各级电网都拥有一定的计算资源和存储资源，不同的资源提供者可以按各自的需要对资源施加不同的约束，从而导致整个环境很难采用统一的管理策略。因此，若采用集中式的体系结构，即在整个智能电网云环境中只设置一个资源管理系统，那么很容易造成瓶颈并导致单故障点，从而使整个环境在可伸缩性、可靠性和灵活性方面都存在一定的问题，这对于大规模的智能电网云计算并不合适。

解决此问题的思路是引入分布式的资源管理体系结构，采用域模型。采用该模型后，整个智能电网云计算环境分为两级：第一级是若干逻辑上的单元，称为管理域，它是由某级电网拥有的若干资源，如高性能计算机、海量数据库等构成的一个自治系统，且每个管理域拥有自己的本地资源管理系统，负责管理本域内的各种资源；第二级则是这些管理域相互连接而构成的整个智能电网云计算环境。

管理域代表了集中式资源管理范围和分布式资源管理的基本单位，体现了两种机制的良好融合。每个域范围内的本地资源管理系统集中组织和管理该域内的资源信息，保证在域内的系统行为和管理策略是一致的。多个管理域通过相互协作，以服务的形式提供可供整个智能电网云计算环境中的资源使用者访问的全局资源，每个域的内部结构对资源使用者而言则是透明的。

智能电网将先进网络通信技术、信息处理技术和现代电网技术进行了融合，代表了未来电力工业发展的趋势。因此，将云计算技术引入智能电网领域，充分挖掘现有电力系统计算能力和存储设施，以提高其适应性和利用率，无疑具有重要的研究价值和意义。

尽管智能电网云概念的提出较好地利用了电力系统现有的硬件资源，但在解决资源调度、可靠性及域间交互等方面的问题时，仍面临许多挑战。对这些问题进行广泛而深入的研究，无疑会对智能电网云计算技术的发展产生深远的影响。

2. 智能交通云

交通信息服务是智能交通系统(Intelligent Transportation System，ITS)建设的重点内容，目前，我国都会级城市交通信息服务系统的基础建设已初步形成，但普遍面临着整合利用交通信息来服务于交通管理和出行者的问题。如何对海量的交通信息进行处理、分析、挖掘和利用，将是未来交通信息服务的关键问题，而云计算技术以其自动化IT资源调度、快速部署及优异的扩展性等优势，将成为解决这一问题的重要技术手段。

1）国内外智能交通的发展状况

近年来，随着我国城市化进程的加快和社会经济的快速发展，各类机动车的保有量急剧增多，传统的依靠加大基础设施投入的方法已经不能解决人们日益增长的交通出行需求。

日本是世界上率先展开ITS研究的国家之一，在1973年日本通产省开始开发汽车综合控制系统(Comprehensive Automobile Control System，CASC)，目前日本ITS研究与应用开发工作要围绕3个方面进行，即提供实时道路交通信息的汽车信息和通信系统(Vehicle Information Communication System，VICS)、电子不停车收费系统(Electronic Toll Collection，ETC)和先进的公路系统(Advanced Highway System，AHS)。新加坡在ITS的发展方面走在世界前列，其智能交通信号控制系统实现了自适应和整体协调。韩国的智能公交调度及信息服务系统TAGO，让首尔市的交通井然有序。首尔市的智能交通在交通管理、交通监测和公共交通等领域都得到了充分的应用和发展，其交通服务水平属于亚洲高水平。

2）交通数据的特点

交通数据的特点主要有以下几方面：

(1) 数量大。交通服务要提供全面的路况，需组成多维、立体的交通综合监测网络，实现对城市交通状况、交通流信息、交通违法行为等的全面监测，特别是在交通高峰期需要采集、处理及分析大量的实时监测数据。

(2) 应用负载波动大。随着城市机动车水平的不断提高，城市道路交通状况日趋复杂，交通流特征呈现随时间变化大、区域关联性强的特点，需要根据实时的交通流数据及时、全面地采集、处理和分析。

(3) 信息实时处理要求高。市民对公众出行服务的主要需求之一就是对交通信息发布的时效性要求高，需将准确的信息及时提供给不同需求的主体。

(4) 有数据共享需求。交通行业信息资源的全面整合与共享是智能交通系统高效运行的基本前提，智能交通相关子系统的信息处理、决策分析和信息服务是建立在全面、准确、及时信息基础之上的。

(5) 有高可用性、高稳定性要求。交通数据需面向政府、社会和公众提供交通服务，为出行者提供安全、畅通、高品质的行程服务，还需对智能交通手段进行充分利用，以保障交通运输的高安全、高时效和高准确性，这势必要求ITS应用系统具有高可用性和高稳定性。

如果交通数据系统采用烟筒式系统建设方式，将存在生产建设成本较高、建设周期较长、IT管理效率较低、管理人员工作量繁重等同题。随着ITS应用的发展，服务器规模日益庞大，将带来高能耗、数据中心空间紧张、服务器利用率低或者利用率不均衡等状况，不仅会造成资源浪费，还会造成IT基础架构对业务需求反应不够灵敏，不能有效地调配系统资源适应业务需求等问题。

云计算通过虚拟化等技术，整合服务器、存储、网络等硬件资源，优化系统资源配置比例，实现应用的灵活性，同时提升资源利用率，降低总能耗，降低运维成本。因此，在智能交通系统中引入云计算有助于系统的实施，如图6-3所示(资料来源：www.it168.com)，且这一架构亦适应于其他的应用系统。

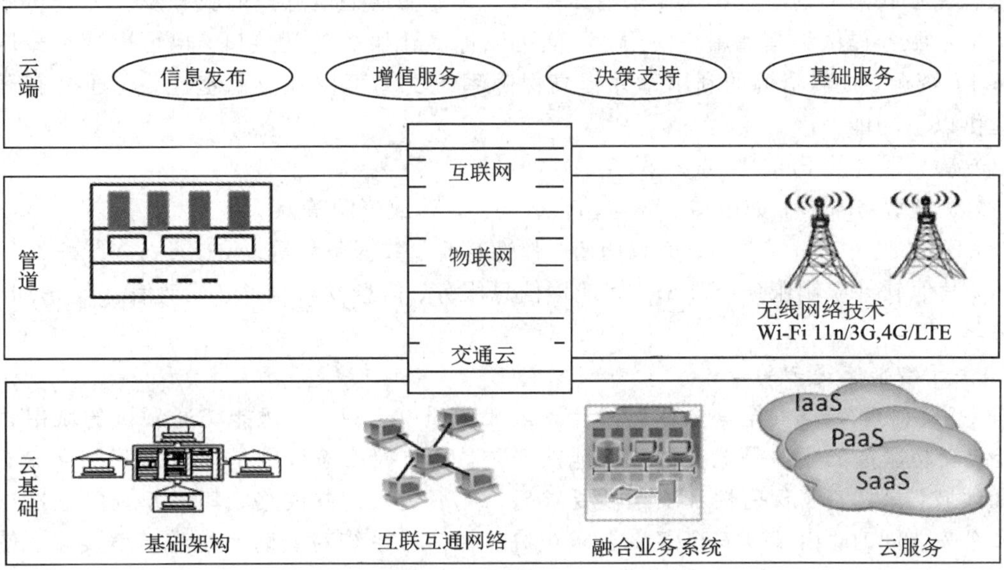

图 6-3　云计算与物联网

3）智能交通的数据中心云计算化（私有云）

交通云专网中的智能交通数据中心的主要任务是为智能交通各个业务系统提供数据接收、存储、交换、分析等服务，不同的业务系统随着交通数据流的压力而使应用负载波动大，智能交通数据交换平台中的各子系统也会有相应的波动，为了提高智能交通数据中心硬件资源的利用率，并保障系统的高可用性及稳定性，可在智能交通数据中心采用私有基础设施云平台。交通私有云平台主要提供以下功能：

（1）基础架构虚拟化，提供服务器、存储设备虚拟化服务。

（2）虚拟架构查看及监控，查看虚拟资源使用状况及远程控制（如远程启动、远程关闭等）。

（3）统计和计量。

（4）服务品质协议（Service Level Agreement，SLA）服务，如可靠性、负载均衡、弹性扩容、数据备份等。

4）智能交通的公共信息服务平台、地理信息系统云计算化（公有云）

在智能交通业务系统中，有一部分互动信息系统、公众发布系统及交通地理信息系统运行在互联网上，是以公众出行信息需求为中心，整合各类位置及交通信息资源和服务，形成统一的交通信息来源，为公众提供多种形式、便捷、实时的出行信息服务。该系统还为企业提供相关的服务接口，补充公众之间及公众与企业、交通相关部门、政府的互动方式，以更好地服务于大众用户。

公众出行信息系统主要是提供常规信息、基础信息、出行信息等的动态查询服务及智能出行分析服务。该服务不但要直接为大众用户所使用，也为运营企业提供服务。

基于交通的地理信息系统（GIS-T）也可以作为主要服务通过公有云平台，向广大市民提供交通常用信息、地理基础信息、出行地理信息导航等的智能导航服务。该服务直接为市民所用，也同时为交通运营企业对针对 GIS-T 的二次开发提供丰富的接口调用服务。

所有在互联网上的应用都属于公有云平台，智能交通把信息查询服务及智能分析服务作为一个平台服务提供给其他用户使用，不但可以标准化服务访问接口，也可以随负载压力动态调整 IT 资源，提高资源的利用率并提高保障系统的高可用性及稳定性。交通公有云平台主要提供以下功能：

(1) 基于平台的 PaaS 服务。

(2) 资源服务部署，如申请、分配、动态调整、释放资源等。

(3) SLA 服务，如可靠性、负载均衡、弹性扩容、数据备份等。

(4) 其他软件应用服务(SaaS)，如地理信息服务、信息发布服务、互动信息服务、出行诱导服务等。

5) 关于智能交通云的争议

有专家认为，数据安全是全球对云计算最大的质疑。例如，智能交通领域的城市轨道交通，传统安防服务的主体是地铁运营和地铁安防，其监控覆盖范围是地铁运营所涵盖的有限站点和区域，录像资料保密性和安全性要求高，且不接入公共网络，其服务对象是地铁运营人员和公安。同时，由于其安全级别要求更高，如信号系统对安防系统有特殊要求，使得安防系统在设计时就必须特别地考虑这一点。系统即使扩容也受制于地铁站点的数量，不会无限制地扩容。对于这种相对封闭的系统来说，“云计算”显然没有太多的价值。

专家还认为其他如城市治安监控、金融、高速公路等传统的安防行业，由于整个系统的建设和设计初衷会考虑到保障整体系统的可控性、稳定性及系统间的联动、封闭的反馈环自动化控制等要求，注定会融入一个相对封闭的大系统而非“云”系统，因此也不适合采用“云计算”的模式。

总之，对智能交通，无可否认的是云计算会在其中扮演着重要的角色，但如何扮演，是第一主角还是配角，这些都是值得讨论和研究的问题。

3. 医疗健康云

云计算在医疗健康领域的应用亦被寄予厚望，也因此产生了所谓的医疗健康云的概念。医疗健康云是在云计算、物联网、3G 通信及多媒体等新技术基础上，结合医疗技术，旨在提高医疗水平和效率，降低医疗开支、实现医疗资源共享、扩大医疗范围，以满足广大人民群众日益提升的健康需求的一项全新的医疗服务。云医疗目前也是国内外云计算落地行业应用中最为热门的领域之一。

1) 医疗健康云的优势

(1) 数据安全。利用云医疗健康信息平台中心的网络安全措施，断绝了数据被盗走的风险；利用存储安全措施，使得医疗信息数据定期进行本地及异地备份，提高了数据的冗余度，使得数据的安全性大幅提升。

(2) 信息共享。医疗健康云可将多个省市的信息整合到一个环境中，有利于各个部门的信息共享，从而提升服务质量。

(3) 动态扩展。利用云医疗中心的云环境，可对云医疗系统的访问性能、存储性能、灾备性能等进行无缝扩展升级。

(4) 布局全国。借助云医疗的远程可操控性，可形成覆盖全国的云医疗健康信息平台，医疗信息在整个云内共享，惠及更多的群众。

(5) 前期费用较低。这是因为几乎不需要在医疗机构内部部署技术(即“可负担”)。

2）医疗健康云需要考虑的问题

将云计算用于医疗机构时，必须考虑以下问题：

（1）系统必须能够适应各部门的需要和组织的规模。

（2）架构必须鼓励以更开放的方式共享信息和数据源。

（3）资本预算紧张，所以任何技术更新都不能给原本就不堪重负的预算环境带来过大的负担。

（4）随着更多的病人进入系统，更多的数据变得数字化，可扩展性必不可少。

（5）由于医生和病人将得益于远程访问系统和数据的功能，可移植性不可或缺。

（6）安全和数据保护至关重要。

纵观所有医疗信息技术，采用云计算面临的最大阻力也许来自对病人信息的安全和隐私方面的担心。医疗行业在数据隐私方而有一些具体的要求，已成为《健康保险可携性及责任性法案》（HIPPA）的隐私条例，政府通过这些条例为个人健康信息提供保护。

同样，许多医疗信息技术系统处理的是生死攸关的流程和规程（如急诊室筛查决策支持系统或药物相互作用数据库）。面向医疗行业的云计算必须拥有最高级别的可用性，并提供万无一失的安全性，那样才能得到医疗市场的认可。

因此，一般的 IT 云计算环境可能不适合许多医疗应用。随着私有云计算的概念流行，医疗行业必须更进一步，建立专门满足医疗行业安全性和可用性要求的医疗云环境。

目前可以观察到两类医疗健康云，一类是面向医疗服务提供者的，如 IBM 和 Active Health 合作的 Collaborative Care，可以称为医疗云；另一类是面向患者的，如 Google Health、Microsoft Health Vault 及美国政府面向退伍军人提供的 Blue Button，暂且称其为健康云。

除了将现有的 IT 服务搬到云上外，将来更大的机会在于方便了医疗机构之间、医疗机构和患者之间信息的分享和服务的互操作，以及在此基础上开放结合第三方而成长的新业务。例如，对于像过渡期护理（Transitional Care）、慢性病预防与管理、临床科研等涉及多家医疗医药机构的合作、患者积极参与的情形，在医疗健康云上进行将如虎添翼。

6.2　云计算与移动互联网

6.2.1　移动互联网概述

移动互联网（Mobile Internet，MI）是一种通过智能移动终端，采用移动无线通信方式获取业务和服务的新兴业务，包含终端、软件和应用三个层面。终端层包括智能手机、平板电脑、电子书、MID 等；软件包括操作系统、中间件、数据库和安全软件等；应用层包括休闲娱乐类、工具媒体类、商务财经类等不同应用与服务。随着技术和产业的发展，未来，LTE（长期演进，4G 通信技术标准之一）和 NFC（近场通信，移动支付的支撑技术）等网络传输层关键技术也将被纳入移动互联网的范畴之内。

随着宽带无线接入技术和移动终端技术的飞速发展，人们迫切希望能够随时随地乃至在移动过程中都能方便地从互联网获取信息和服务。在全球信息产业中，移动通信和互联网是发展最为迅速和最具增长潜力的两大领域。目前，移动互联网的发展速度远远超过固定互联网（以固定个人计算机为终端的传统互联网）。移动互联网的主要应用包括手机游戏、移动搜索、移动即时通信、移动电子商务等，且社交网络应用和定位导航已成为应用热点。随着 4G

普及率的进一步提高和移动智能终端的快速发展，手机上网的Web方式将彻底取代WAP方式，因此需保持固定互联网到移动互联网的连续性和一致性，从而为用户带来更好的体验。

此外，移动互联网在商业模式上也迅速向固定互联网靠拢。目前，移动互联网的3种商业模式都源自于门户模式的成功实践：一是“平台＋服务”模式，定位于价值链控制力；二是“终端＋应用”模式，定位于用户需求整体解决方案；三是“软件＋门户”模式，定位于最佳产品服务。门户模式已成为运营商、终端厂商、信息服务提供商的战略选择。不同领域的企业均在基于自身业务体系和竞争优势的基础上，构建具有主导权的商业模式，以应对网络融合趋势给移动互联网发展带来的不确定性和竞争。

从互联网商业模式的演变来看，互联网企业不断追寻着用户的“足迹”，通过搜集和挖掘用户在应用过程中的行为，互联网将更为准确地理解用户，从而引导和创造客户需求以源源不断地获得收益。由于移动终端与客户的绑定，移动应用具有随身性、可鉴权、可身份识别等独特优势，可运营、可管理的用户群是移动通信业同时也是移动互联网发展拥有的基础资源。移动互联网在向着可运营、可管理的发展过程中，将不断开辟新的发展空间。这就需要通过“云”来追踪用户的足迹、分析用户的行为，从而将用户的选择反作用于服务提供者，促使其提供更具针对性也更有效率的服务，同时激发新的市场机会。

6.2.2　云计算助力移动互联网

1. 简介

由于近年来移动互联网的急速发展与成长，存储、计算机能量消耗、IT产业人员和硬件成本的不断提高，数据中心空间日益匮乏，原始的互联网系统与服务设计已经不能解决上述种种问题，移动互联网急需新的解决方案。同时，大型企业必须充分研究数据资源，才能支持其商业行为，数据的收集与分析必须建立在一种新的平台之上，这就是云计算平台。移动终端设备一般说来存储容量较小、计算能力不够，云计算将应用的“计算”与大规模的数据存储从终端转移到服务器端，从而降低了对移动终端设备的处理需求。这样移动终端主要承担与用户交互的功能，复杂的计算交由云端(服务器端)处理，终端不需要强大的运算能力即可响应用户操作，保证用户的良好使用体验，从而实现云计算支持下的SaaS。

云计算降低了对网络的要求，例如，用户需要查看某个文件时，不需要将整个文件传送给用户，而只需根据需求发送需要查看部分的内容。由于终端不感知应用的具体实现，扩展应用变得更加容易，应用在强大的服务器端实现和部署，并以统一的方式(如通过浏览器)在终端实现与用户的交互。

无论是苹果公司的MobileMe、微软公司的LiveMesh，还是Google公司的移动搜索，只要是以云计算为基础的移动互联网应用和服务，都具有信息存储的同步性和应用的一致性，从而保证了用户业务体验的无缝衔接。“云计算”渐渐成为一种主流服务，它已经使移动互联网呈现出更为广阔的应用前景。

2. 移动互联网的“端”“管”“云”

云生态系统将从“端”“管”“云”这3个层面展开。“端”指的是接入终端设备，“管”指的是信息传输管道，“云”指的是服务提供网络。具体到移动互联网而言，“端”指的是手机、MID等移动接入终端设备，“管”指的是(宽带)无线网络，“云”指的是提供各种服务和应用的网络。

电信运营商和网络设备制造商在“管”的方面优势明显，终端制造商对“端”的掌握力度最强，IT 和互联网企业则对“云”最为熟悉。参与移动互联网的企业要想在未来的竞争中处于有利甚至是主导地位，就必须依托已有基础延伸价值链，争取贯通“端”“管”“云”的产业价值链条。

尽管 IT 企业率先提出了云计算这一概念并暂时处于领先位置，但是拥有庞大网络和用户资源的移动运营商正在加速追赶，先期通过模仿与合作不断推出基于云的服务，未来则力图通过技术和业务创新重新获得竞争优势。但即使移动运营商能够占据主导地位，移动互联网市场也不再是一个封闭的圈子，而是成为开放式的大花园。也只有如此，移动互联网才能良性地发展，实现企业与用户的双赢。

从用户的角度来看，复杂的技术名词难以理解，需求被满足才是最实在的东西。用户只关心应用的功能，而不关心应用的实现方式，因此，以“云＋端”的方式向用户提供移动互联网服务既可以满足用户的随需而选，又可以实现处理器和存储设备的共享利用，对用户和应用提供商来说都是经济的。移动互联网在未来几年需要解决的主要问题就是，要在不改变用户互联网业务使用习惯的前提下，保证移动终端设备毫无障碍、随时随地以较高速度接入已经成熟发展的传统互联网业务与应用。只有这样，移动互联网才能实现真正的成熟与良性的发展。因此，终端、带宽和应用就成为移动互联网发展成功的 3 个关键因素。

3. 移动互联网云计算的优势

1）突破终端硬件的限制

虽然一些智能手机的主频已经达到 1 G，但是和传统的个人计算机相比还是相距甚远。单纯依靠手机终端进行大量数据处理时，硬件就成了最大的瓶颈。而在云计算中，由于运算能力及数据存储都是来自于移动网络中的“云”。所以，移动设备本身的运算能力就不再重要。通过云计算可以有效地突破手机终端的硬件瓶颈。

2）便捷的数据存取

云计算技术中的数据是存储在“云”上的，这一方面为用户提供了较大的数据存储空间；另一方面为用户提供了便捷的存取机制，使用户对云端的数据访问的速度完全可以达到和本地访问不相上下速度，这一点也方便了不同用户之间的数据分享。

3）智能均衡负载

针对负载变化较大的应用，采用云计算可以弹性地为用户提供资源，有效地利用多个应用之间周期的变化，智能均衡地应用负载可提高资源利用率，从而保证每个应用的服务质量。

4）降低管理成本

当需要管理的资源越来越多时，管理的成本也会越来越高。通过云计算来标准化和自动化管理流程，可简化管理任务，降低管理的成本。

5）按需服务，降低成本

在互联网业务中，不同客户的需求是不同的，通过个性化和定制化服务可以满足不同用户的需求，但是往往会造成服务负载过大。而通过云计算技术可以使各个服务之间的资源得到共享，从而降低服务的成本。

4. 移动互联网云计算的挑战

由于自身特性和无线网络及设备的限制，移动互联网云计算的实现也给人们带来了挑战，尤其是在多媒体互联网应用和身临其境的移动环境中，例如，在线游戏和 Augmented Reality 都需要较高的处理能力和最小的网络延迟。这些都很可能将继续由强大的智能终端和移动片本地化处理。对于一个给定的应用，要使其运行在云端，宽带无线网络一般需要更长的执行时间，而且网络延迟的难题可能会让人们觉得某些应用和服务不适合通过移动云计算来完成。总体而言，移动互联网云计算面临的较为突出的挑战主要有以下几方面。

1）可靠的无线连接

移动云计算将被部署在具有多种不同的无线电访问方式的环境中，如 GPRS、LTE、WLAN 等接入技术。但无论何种接入技术，移动云计算都要求无线连接具有以下特点：

(1) 需要一个“永远在线”的连接以保证云端控制信令信道的低速率传输。

(2) 需要一个“按需”可扩展链路带宽的无线连接。

(3) 需要考虑能源效率和成本，进行网络选择。

移动云计算最严峻的挑战可能是如何一直保证无线连接，以满足移动云计算在可扩展性、可用性、能源和成本效益方面的要求。因此，接入管理是移动云计算非常关键的一个方面。

2）弹性的移动业务

就最终用户而言，怎样提供服务并不重要。移动用户需要的是云移动应用商店。但是和下载到最终用户手机上的应用程序不同，这些应用程序需要在设备上或云端启动，并根据动态变化的计算环境或使用者的喜好在终端和云之间实现迁移。用户可以使用手机浏览器接入服务。总之，由于较低的 CPU 频率、小内存和低供电的计算环境，这些应用程序有很多限制。

3）标准化工作

尽管云计算有很多优势，但目前还是没有公认的开放标准可用于云计算。不同的云计算服务提供商之间仍不能实现可移植性和互操作性，这阻碍了云计算的广泛部署和快速发展。客户之所以不愿意以云计算平台代替目前的数据中心和 IT 资源，就是因为云计算平台依然存在一系列未解决的技术问题。

由于缺乏开放的标准，云计算领域存在如下问题：

(1) 有限的可扩展性。大多数 CCSP(Cloud Computing Service Provider)云计算服务提供商声称他们可以为客户提供无限的可扩展性，但实际上随着云计算的广泛使用和用户的快速增长，CCSP 很难满足所有用户的要求。

(2) 有限的可用性。其实，服务关闭的事件在 CCSP 中经常发生，包括 Amazon、Google 和微软。对于一个 CCSP 服务的依赖会导致当这个 CCSP 的应用程序发生故障时整个服务就会陷入瓶颈，因为一个 CCSP 的应用程序不能迁移到另一个 CCSP 的应用程序上。

(3) 服务提供者的锁定。便携性的缺失使得 CCSP 之间的数据、应用程序传输变得不可能，因此，客户通常会锁定在某个 CCSP 的服务。而 OCC(Open Cloud Consortium，开放云计算联盟)将使整个云计算市场公平化，允许小规模竞争者进入市场，从而促进市场的创新和活力。

(4) 封闭的部署环境服务。目前，应用程序/法扩展到多个 CCSP，因为两个 CCSP 之间没有互操作性。

6.3　云计算企业实践案例

6.3.1　Google 云计算方案

1. 简介

Google 拥有全球最强大的搜索引擎。除了搜索业务以外，Google 还有 Google Maps、Google Earth、Gmail、YouTube、Google Wave 等各种业务。这些应用的共性在于数据量巨大，而且要面向全球用户提供实时服务，因此 Google 必须解决海量数据存储和快速处理问题。Google 的诀窍在于它发展出简单而高效的技术，让多达百万台的廉价计算机协同工作，共同完成这些前所未有的任务，这些技术在诞生几年之后才被命名为 Google 云计算技术。

Google 云计算技术包括 Google 文件系统(Google File System，GFS)、分布式计算编程模型 MapReduce、分布式锁服务 Chubby 和分布式结构化数据存储系统 Bigtable 等。其中，GFS 提供了海量数据的存储和访问的能力，MapReduce 使得海量信息的并行处理变得简单易行，Chubby 保证了分布式环境下并发操作的同步问题，Bigtable 使海量数据的管理和组织十分方便。

2. GFS

GFS 是一个大型的分布式文件系统，它为 Google 云计算提供海量存储，并且与 Chubby、MapReduce 及 Bigtable 等技术结合得十分紧密，处于所有核心技术的底层。GFS 不是一个开源的系统，但从 Google 官方网站公布的技术文档可以了解 GFS 产生的背景、特点、系统框架和性能测试等。

当前主流分布式文件系统有 Red Hat 的 GFS、IBM 的 GPFS、Sun 的 Lustre 等。这些系统通常用于高性能计算或大型数据中心，对硬件设施条件要求较高。以 Lustre 文件系统为例，它只对元数据管理器 MDM(MetaData Manager)提供容错解决方案，而对于具体的数据存储节点 OST(Object Storage，目标存储)来说，则依赖其自身来解决容错的问题。例如，Lustre 推荐 OST 节点采用 RAID 技术或 SAN 存储区域网来容错，但由于 Lustre 自身不能提供数据存储的容错，一旦 OST 发生故障就无法恢复，因此对 OST 的稳定性就提出了相当高的要求，从而大大增加了存储的成本，而且成本会随着规模的扩大而线性增长。

Google GFS 的新颖之处并不在于它采用了多么令人惊讶的技术，而在于它采用廉价的商业机器构建分布式文件系统，同时将 GFS 的设计与 Google 应用的特点紧密结合，并简化其实现，使之可行，最终达到创意新颖、有用、可行的完美结合，同时也使存储的成本成倍下降。由于 GFS 中服务器数目众多，所以在 GFS 中服务器死机是经常发生的事情，甚至都不算是异常现象。那么如何在频繁的故障中确保数据存储的安全，保证数据存储服务的不间断是 GFS 最核心的问题。而 GFS 的精彩在于它采用了多种方法，从多个角度，使用不同的容错措施来确保整个系统的可靠性。

3. 并行数据处理 MapReduce

MapReduce 是 Google 提出的一个软件架构，是一种处理海量数据的并行编程模式，用于大规模数据集(通常大于 1 TB)的并行运算。Map(映射)、Reduce(化简)的概念和主要思想都是从函数式编程语言和向量编程语言借鉴来的。正是由于 MapReduce 有函数式和向量编程语言的共性，使得这种编程模式特别适合于非结构化和结构化的海量数据的搜索、挖掘、分析与机器智能学习等。

4. 分布式锁服务 Chubby

Chubby 是 Google 设计的提供粗粒度锁服务的一个文件系统，它基于松耦合分布式系统，解决了分布的一致性问题。不过值得注意的是，这种锁只是一种建议性的锁(Advisory Lock)而不是强制性的锁(Mandatory Lock)，这是为了使系统具有更大的灵活性。

GFS 使用 Chubby 来选取一个 GFS 主服务器，Bigtable 使用 Chubby 指定一个主服务器并发现、控制与其相关的子表服务器。除了最常用的锁服务之外，Chubby 还可以作为一个稳定的存储系统存储包括元数据在内的小数据。同时 Google 内部还使用 Chubby 进行名字服务(Name Server)。

5. 分布式结构化数据表 Bigtable

Bigtable 是 Google 开发的基于 GFS 和 Chubby 的分布式存储系统。Google 的很多数据，包括 Web 索引、卫星图像数据等在内的海量结构化和半结构化数据，都是存储在 Bigtable 中的。从实现上来看，Bigtable 并没有什么全新的技术，但是如何选择合适的技术并将这些技术高效、巧妙地结合在一起恰恰是最大的难点。Google 的工程师通过研究及大量的实践，完美地实现了相关技术的选择及融合。Bigtable 在很多方面和数据库类似，但它并不是真正意义上的数据库。

目前，包括 Google Analytics、Google Earth、个性化搜索、Orkut 和 RRS 阅读器在内的几十个项目都使用了 Bigtable。这些应用对 Bigtable 的要求及使用的集群机器数量都是各不相同的，但是从实际运行来看，Bigtable 完全可以满足这些不同需求的应用，而这一切都得益于其优良的构架及恰当的技术选择。与此同时，Google 还在不断地对 Bigtable 进行一系列的改进，通过技术改良和新特性的加入提高系统的运行效率及稳定性。

6.3.2　Amazon 云计算方案

1. 简介

专业 IT 企业提供的云计算多多少少会限制在自己提供的系统之上，Amazon 公司不是 IT 系统制定者而是应用者，所以 Amazon 平台是开放的。它提供了弹性虚拟平台，采用 Xen 虚拟化技术作为核心，提供了 AWS 这样一组服务，包括 EC2、S3、SimpleDB、SQS 在内都是它的产品，其系统是开源的。

2. Amazon Web Services

Amazon Web Services(AWS)是一组服务，它允许用户通过程序访问 Amazon 的计算基础设施，为用户提供远程计算能力和存储空间，Amazon 也因此成为云计算领域的先驱，尽管该服务在 Amazon 总收入中的占比仅为 2%，但增速却非常迅猛。

具体来说，AWS 支持 PaaS、IaaS 和 SaaS。AWS 的 Web 服务本身驻留在用户环境之外的云中，具备极高的可用性。用户可以在所有操作系统下使用 Amazon 提供的接口，手动或通过编程自动获取或增加所需要的虚拟机数量，这样的虚拟基础设施大大降低了当今 Web 环境中的“贫富差异”。用户可以在几分钟内快速地获得一个基础设施，而这在真实的 IT 工作室中可能会花费几周时间。更重要的是这个基础设施是弹性的，用户可以根据需求便捷地扩展和收缩。而且世界各地的公司都可以使用这个弹性的基础设施。

目前 AWS 按实际使用量付费，其收费机制较复杂(如 EC2 计算服务为 0.1～0.8 美元/小时，S3 存储服务每 GB 约 0.15 美元/月)，也有免费体验，可任意选择服务组合，服务耦合度低。

3. 弹性计算云 EC2

弹性计算云 EC2 可提供：IaaS 服务支持虚拟机的使用；用户根据需要设置虚拟机的硬件配置；提供弹性的、可与用户账号绑定的 IP 地址，当正在使用的实例出现故障时，用户只需将弹性 IP 地址重新映像到一个新的实例即可。

弹性计算云在易用性上稍差，需要 Amazon 提供模块供用户组建自己的程序。

用户自行提供运行程序所需的 AMI(Amazon 机器镜像)构建自己的服务器平台，一方面具有很好的灵活性，不仅允许用户对运行的实例 SSH 和类型自行配置，也允许用户选择实例运行的地理位置。另一方面具有很好的安全性，基于密钥对 EC2 的 SSH(Secure Shell)方式访问，可配置的防火墙机制，允许用户对其应用程序进行监控。因为弹性计算云 EC2 直接提供虚拟机服务，因此可以适用于任意的应用程序。

小知识

SSH 为 Secure Shell(安全外壳协议)的缩写，由 IETF(The Internet Engineering Task Force，国际互联网工程任务组)的网络工作小组(Network Working Group)所制定；SSH 为建立在应用层和传输层基础上的安全协议，是目前较可靠，专为远程登录会话和其他网络服务提供安全性的协议。利用 SSH 协议可以有效防止远程管理过程中的信息泄露问题。SSH 最初是 UNIX 系统上的一个程序，后来又迅速扩展到其他操作平台。SSH 在正确使用时可弥补网络中的漏洞。SSH 客户端适用于多种平台。几乎所有 UNIX 平台，包括 HP-UX、Linux、AIX、Solaris、Digital UNIX、Irix 以及其他平台，都可运行 SSH。

4. 简单存储服务 S3

Amazon S3 全名为 Amazon 简易储存服务(Amazon Simple Storage Service)，是 Amazon 公司利用 Amazon 网络服务系统所提供的网络线上储存服务，经由 Web 服务界面(包括 REST、SOAP、BitTorrent)提供给用户的能够轻松把档案储存到网络服务器上的服务。

从 2006 年 3 月开始，Amazon 公司在美国推出这项服务，2007 年 11 月扩展到欧洲地区。Amazon 公司为这项服务收取的费用是每个月每 10 亿字节 0.15 美元，如果需要额外的网络带宽与品质，则要另外付费。

Amazon S3 有如下特点：

(1) 用户能获得在亚马逊网站上运行自己的网站所使用的系统。简单存储服务允许上载、存储和下载 5 GB 大小的文件或对象。Amazon.com并没有限制用户可存储的项目数量。

(2) 用户数据存储在多个数据中心的冗余服务器上。简单存储服务采用一个简单的基于 Web 的界面并且使用密匙来验证用户身份。

(3) 用户可以选择保留自己的数据或公开数据。如果愿意的话，用户还可以在存储之前对数据进行加密。若用户的数据存储在简单存储服务上，Amazon.com就会跟踪其使用，以便进行计费，但并不以其他方式获取数据，除非法律要求这样做。

S3 架构在 Dynamo 之上，提供一个字节到数 GB 字节的支持，大概有 520 亿对象，它采用桶、对象两级模式结构，可手动或编程自动增加桶中的对象数量进行扩充，具有冗余存储、数据监听回传等容错能力，同时它使用身份认证（基于 HMAC-SHA1 的数字签名）和访问控制列表保证安全性，并采用负载均衡和数据恢复技术保证系统的可靠性。

5. 数据库服务 SimpleDB

Amazon SimpleDB 是一个分布式数据库，属于非关系型数据库，以 Erlang 撰写。它与 Amazon EC2 和 Amazon S3 一样是一项 Web 服务，属于 Amazon 网络服务的一部分。如同 EC2 和 S3 一样，SimpleDB 按照存储量、在互联网上的传输量和吞吐量收取费用。2008 年 12 月 1 日，Amazon 推出了新的定价策略，提供了免费 1 GB 的数据和 25 机器小时的自由层（Free Tire），将其中的数据转移到其他 Amazon 网络服务是免费的。

SimpleDB（与 Google 的 DataStore 类似）的主要宗旨就是阅读速度快。虽然并非全部的网站都需要快速进行资料检索，但至少绝大部分的网站有这样的需求，而且它们对资料检索速度的要求远远高于对资料存储的要求。Amazon 的自有网站就是一个典型的例子。人们在 Amazon 的网上浏览书籍和其他产品，一定希望很快就能打开相应的网页。此时，除了记录下浏览历史之外，基本上没有什么资料存储工作，人们可不想苦苦等待这些网页慢慢打开。又如，当用户在 Amazon 的论坛上发帖时，最后的帖子发布过程会有延迟——这段时间虽然很短，但用户还是可以发现，显然用户对这个现象表现出了相当的宽容。总的来说，对绝大部分人来说，让他们满意的应该是尽可能快的阅读速度及相对来说可能慢一些的书写速度。这些就是 SimpleDB（与 Google DataStore）提供的主要功能。

SimpleDB 支持域—条目—属性—值四级模式的系统结构，支持有限的 SQL，具有很强的可扩展性，查询结果只包含条目名称，不包括相应的属性值，响应时间不能超过 5 秒，否则报错；没有事务（Transaction）的概念，不支持 Join 操作，实际存储的数据类型单一（所有的数据都以字符串形式存储）。

6. SQS

Amazon SQS（Simple Queue Service）是一项快速可靠、可扩展且完全托管的消息队列服务。SQS 大大简化了云应用程序的组件的去耦合，使其具有较高的成本效益。使用 SQS 可以使用任意的吞吐量来传输任何容量的数据，同时避免丢失消息。

SQS 采用分布式构架实现，每一条消息都可能保存在不同的机器中，甚至保存在不同的数据中心里。这种分布式存储策略保证了系统的可靠性，同时也体现出其与中央管理队列的差异。消息和队列是 SQS 实现的核心，消息可以存储到 SQS 队列中的文本数据中，也可以由应用通过 SQS 的公共访问接口执行添加、读取、删除等操作。队列是消息的容器，提供了消息传递及访问控制的配置选项。

总之，SQS 是一种支持并发访问的消息队列服务，它支持多个组件并发的操作队列，如向同一个队列发送或者读取消息。消息一旦被某个组件处理，则该消息将被锁定，并且被隐藏，其他组件不能访问和操作此消息，但此时队列中的其他消息仍然可以被各个组件访问。

6.3.3　IBM 云计算 BlueCloud 方案

1. 简介

BlueCloud 方案是由 IBM 云计算中心开发的企业级云计算解决方案。该方案可以对企业现有的基础架构进行整合，通过虚拟化技术和自动化技术构建企业自己拥有的云计算中心，实现企业硬件资源和软件资源的统一管理、统一分配、统一部署、统一监控和统一备份，打破应用对资源的独占，从而帮助企业实现云计算理念。

IBM 的 BlueCloud 计算平台是一套软、硬件平台，将互联网上使用的技术扩展到企业平台上，使得数据中心使用类似于互联网的计算环境。BlueCloud 大量使用了 IBM 先进的大规模计算技术，结合了 IBM 自身的软、硬件系统及服务技术，支持开放标准与开放源代码软件。BlueCloud 的技术特性为整合其所有软件及硬件服务，核心技术为网格技术、分布式存储、动态负载等。

2. 云计算架构

IBM 在 IaaS、PaaS、SaaS 这 3 个层面都有方案推出，公有云、私有云、混合云一个不落。2009 年年初，IBM 发布了“智慧的地球”这一理念：智慧地球、智慧城市、智慧通信、智慧医疗……一切都是智慧的，IBM 智慧的云计算也是其智慧战略的重要组成部分，其云智慧正不断向云计算领域延伸。

IBM 的 BlueCloud 方案提供了先进的企业基础架构管理平台，它能够实现硬件和软件资源的统一管理、统一分配、统一部署、统一监控和统一备份，从而降低成本，加速企业创新。

基于对中国市场的了解和 IBM 全球的资源，IBM 推出了能够帮助企业提供 6＋1 种情景的云环境解决方案，如图 6－4 所示，包括软件开发测试云、SaaS 云、创新协作云、高性能计算云、IDC 云、基础架构云(企业云)6 种应用场景，和一个能够快速部署的云计算环境，也就是 CloudBurst，并结合 IBM 在各个行业累积的经验，使其能帮助各类企业和机构解决其所需计算资源的问题。

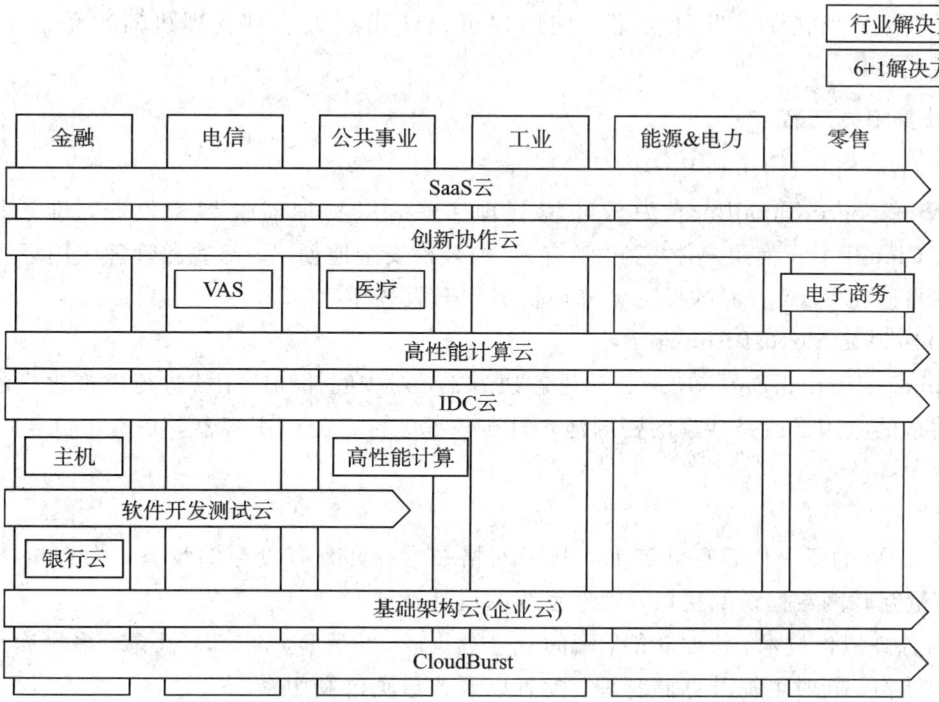

图 6－4　IBM 云计算 6＋1 解决方案

软件测试云将改变软件开发的传统方式，使软件交付活动具有更加高效的协作性并且富有乐趣，使开发团队的生产效率和创新能力提高到一个新的水平。

传统的 SaaS 需要非常多的硬件资源和维护费用。而 SaaS 云是想用就用的软件服务模式云计算，能够使用户以更低的成本、更快的速度得到软件，而且无需维护。SaaS 应用的全生命周期管理更将提升运营和维护的效率并降低成本。

随着全球化带来的机遇、挑战及可用人力资源的增加，很多企业把促进创新作为一种优先考虑的战略，创新协作云为企业提供了协作创新的门户及基于云计算的创意孵化环境。

高性能计算云能够为用户提供完全可以定制的高性能计算环境。用户可以根据自己的需求改变计算环境的操作系统、软件版本和节点规模，从而避免与其他用户的冲突。高性能计算云可以成为网格计算的支撑平台，提升计算的灵活性和便捷性。

传统的 IDC(Internet Data Center)主要提供带宽租用和机位租用服务，服务种类单一、竞争激烈。云计算 IDC 借助 IBM 云计算管理平台，可以提供更多种类的增值服务，并提升利润率。增值服务包括云计算虚拟基础架构服务、SaaS 软件订购服务等。

企业云通过采用硬件设备虚拟化、软件版本标准化、系统管理自动化和服务流程一体化等手段，把传统的数据中心建设成为一个以服务为中心的运行平台。资源的使用方式从专有独占方式转变成完全共享方式，运行环境可以自动部署并调整资源分配，实现资源随需掌控，从而帮助客户建立一个基于业务的资源共享、服务集中和自动化的开放数据中心。

此外，IBM 的 BlueCloud 还将为企业提供一个可快速部署的云计算平台。通过它，企业能够快速体验到云计算带来的优势。云计算管理能力与被管理的资源被内置在一组刀片中心中。通过使用内置的云计算管理平台，用户可以把刀片中心变成一个小型的云，使之可以动态提供用户所需的虚拟服务器，使用户可以使用大大超过物理机器数量的虚拟服务器。

3. 云计算相关产品

1) IBM WebSphere CloudBurst

IBM WebSphere CloudBurst 为云环境管理工具，以物理器件形式发布，即插即用，WebSphere CloudBurst 使用户能够在“私有云”中轻松安全地创建、部署和管理应用环境，同时让用户将自己在 SOA 方面的投资无缝地扩展到云服务环境。

2) WebSphere Virtual Enterprise

WebSphere Virtual Enterprise 为软件解决方案，对中间件和应用栈进行虚拟化，为应用创建一个共享的应用云或是共享的资源池，而不必考虑特定的应用容器，并实行负载均衡和资源调度。

3) XIV

XIV 为 IBM 的新一代云存储产品，基于网格技术，具有海量存储设备、大容量文件系统、高吞吐量互联网数据访问接口、管理系统的设计特征。

XIV 内置虚拟化技术、快照功能，瞬间克隆数据卷，可帮助用户部署可靠、多用途、可用的信息基础结构，同时可提升存储管理、配置以及改进资产利用率。

6.3.4　Oracle 云计算方案

1. 简介

Oracle 在云计算领域可谓煞费苦心，它先后收购了多家知名企业，然后通过 BEA 获取了先进的中间件(WebLogic)技术，通过 Sun 获取了先进的服务器和存储技术。最后，加上自家的 Oracle 数据库，Oracle 云计算的雏形就出来了。

2. Oracle 云计算战略

Oracle 的云计算战略广泛而全面，为客户采用云计算提供选择和实用的规划。Oracle 私有云和公有云提供企业级软/硬件产品和服务，如图 6－5 所示。

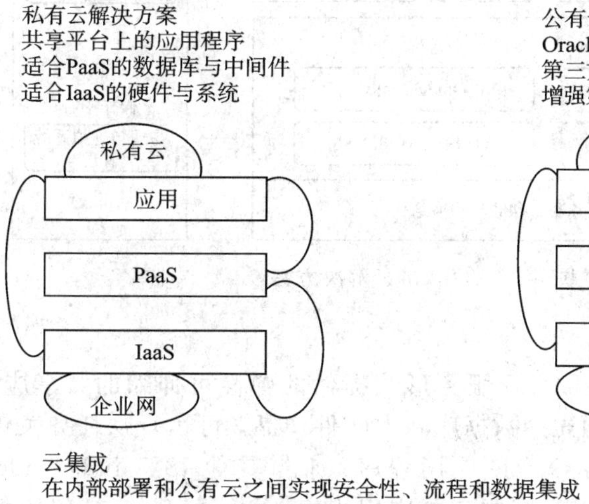

图 6－5　Oracle 云计算战略

1）私有云

私有云包括一系列广泛、横向和行业特定的 Oracle 应用程序，这些应用程序在基于标准的、共享的、可灵活伸缩的云平台上运行。

私有云用于私有 PaaS 的 Oracle 中间件和数据库，支持客户整合现有应用程序并且更加高效地构建新应用程序。

Oracle 的服务器、存储和网络硬件与虚拟化和操作系统软件相结合，共同用于私有 IaaS，支持客户在共享硬件上整合应用程序。

2）公有云

Oracle 公有云服务拥有统一的自助用户界面，可以配置、监测和管理所有服务。目前，Oracle 公有云作为一项服务，有可自助、基于订购的 4 项 Oracle 融合应用软件及 Oracle 融合中间件(Java)、Oracle 数据库产品、数据服务及安全服务等 8 项服务。其中 4 项 Oracle 融合应用软件包括 Fusion CRM(融合客户关系管理)、Fusion HCM(融合人力资本管理)、Fusion Talent 和 Fusion Financials(融合财务)。

3）云之间的集成

Oracle 支持跨公有云和私有云集成一系列的身份和访问管理产品，同时还支持 SOA 和流程集成及数据集成。图 6-6 说明了 Oracle 全面的云解决方案。

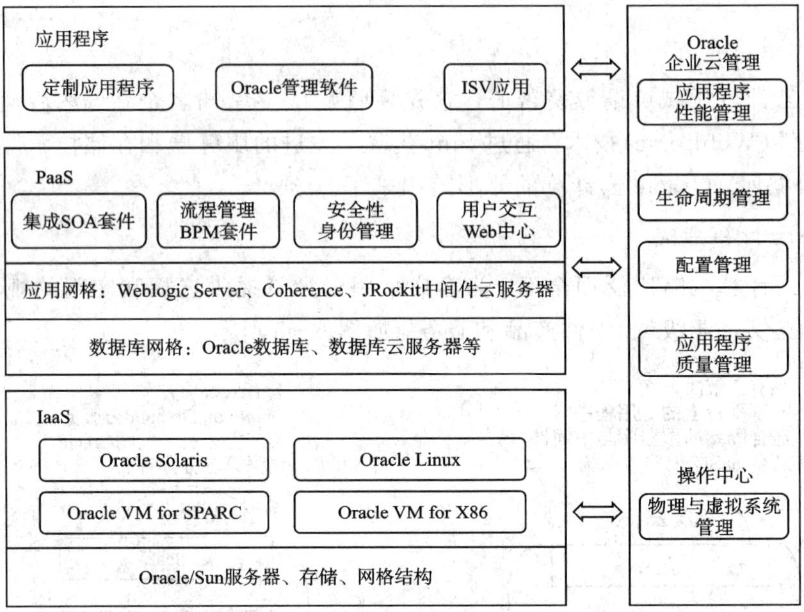

图 6-6　Oracle 云解决方案

3. Oracle PaaS

Oracle PaaS 是一种以公有或私有云服务形式提供的弹性可伸缩的共享应用程序平台。Oracle PaaS 是基于 Oracle 行业领先的数据库和中间件产品，可运行从任务关键型应用程序的所有负载，这些应用程序包括 Oracle 应用程序、来自其他 ISV(Independent Software Vendors，独立软件开发商)的应用程序或定制应用程序。Oracle PaaS 让组织可以在一个共享的通用架构上整合现有应用程序，并构建利用该平台提供的共享服务的新应用程序。Oracle PaaS 平台通过跨多个应用程序的共享平台的标准化和更高利用率带来成本节省。Oracle PaaS 还通过更快的应用程序开发(利用基于标准的共享服务)和按需弹性可伸缩性提供更大的敏捷性。

Oracle PaaS 包括基于 Oracle 数据库和 Oracle 数据库云服务器(Exadata)的数据库即服务以及基于 Oracle WebLogic 和 Oracle 中间件云服务器(Exalogic)的中间件即服务。Exadata 和 Exalogic 等设计系统均是软硬件预集成和优化的组合，它们以较低的总体拥有成本提供卓越的性能、效率、安全性和可管理性。它们非常高效，适用于数百应用程序在数据库和中间层的整合。两种服务器均可向横向和纵向弹性伸缩，并且具有完全容错能力。它们由 Oracle 而不是由客户在数据中心进行预集成和预配置，因而能够简化部署。另外，它们可减少硬件总数和环境复杂性，因而能够降低总体拥有成本。

客户当然也可以在其他硬件上运行 Oracle 数据库和 Oracle 融合中间件软件，但是 Exadata和 Exalogic 是全面的工程化系统，并且是私有和公有 PaaS 的思想基础。

除应用程序的运行基础外，Oracle Paas 还包含云开发、云管理、云安全性、云集成和云协作等功能。

1) 云开发

编程人员可以使用熟悉的开发环境(如 JDeveloper、NetBeans 和 Eclipse)来构建新的云应用程序，业务分析人员可以使用基于 Web 的工具(如 WebCenter Page Composer、BI Composer和 BPM Composer)来配置和扩展现有应用程序。

2) 云管理

Oracle Enterprise Manager 提供对所有技术层(从应用程序到平台再到基础架构)的管理，其管理跨越整个云生命周期，包括建立云、在云上部署应用程序、基于策略伸缩云及计量云使用以进行公有云计费或私有云付费。Enterprise Manager 还提供通用功能，用于测试云应用程序、监视云、对云打补丁及管理员为了全面管理云服务需要执行其他任务。

3) 云安全性

Oracle 提供同类最佳的产品来管理云安全性的所有方面，包括用于管理用户身份的 Oracle身份管理和用于保护信息的 Oracle 数据库安全选件。

4) 云集成

由于云中的应用程序并不总是独立的，因此经常需要跨公有云、私有云和传统非云架构进行集成。为此，Oracle 提供 Oracle SOA Suite 和 Oracle BPMSuite 用于进行流程集成，提供 Oracle Data Integration 和 GoldenGate 用于进行数据集成，并且提供 Oracle Identity and Access Management 用于进行联合用户供应和一次性登录。

5) 云协作

Oracle Web Center 为用户彼此交互和协作提供了一个门户，其中包括社交网络。

4. Oracle IaaS

只有 Oracle 提供了 IaaS 所需的完整性选择，包括计算服务器、存储、网络结构、虚拟化软件、操作系统和管理软件。与提供部分解决方案的其他供应商不同，Oracle 提供所需的所有基础架构硬件和软件组件以支持繁多的应用程序需求。

Oracle 针对 IaaS 提供以下产品：一系列机柜式、机架式和刀片式安装的 SPARC 和 X86 服务器；包括闪存、磁盘和磁带在内的存储，聚合的网络结构，包括 Oracle VM for X86、Oracle VM for SPARC 和 Oracle Solaris Containers 在内的虚拟化选件，Oracle Solaris 和 Oracle Linix 操作系统以及 Oracle Enterprise Manager。

Oracle 强健、灵活的云基础架构支持资源池化、弹性可伸缩性、快速应用程序部署和高可用性。这种架构能够提供与计算、存储和网络技术相集成的应用程序感知虚拟化和管理，这一独特能力让公有和私有 IaaS 的快速部署和高效管理成为可能。

6.3.5　微软云计算 Windows Azure 方案

1. 简介

微软的云计算战略包括三大部分，目的是为自己的客户和合作伙伴提供 3 种不同的云计算经营模式。

1) 微软运营

微软运营是微软自己构建和运营公有云的应用和服务，同时向个人消费者和企业客户提供云服务。例如，微软向最终使用者提供的 Online Services 和 Windows Live 等服务。

2) 伙伴运营

ISV/SI(Service Integrator，业务集成商)等合作伙伴可基于 Windows Azure Platform 开

发 ERP、CRM 等各种云计算应用，并在 Windows Azure Platform 上为最终使用者提供服务。另一个选择是，微软运营在自己云计算平台中的 Business Productivity Online Suite (BPOS)产品也可交由合作伙伴进行托管运营。BPOS 主要包括 Exchange Online、SharePoint Online、Office Communication Online 和 LiveMeeting Online 等服务。

3）客户自建

客户可以选择微软的云计算解决方案构建自己的云计算平台。微软可以为用户提供包括产品、技术、平台和运维管理在内的全面支持。

2. 微软云计算战略特点

和其他公司的云计算战略不同，微软的云计算战略有 3 个典型特点，即软件＋服务、平台战略和自由选择。

1）软件＋服务

在云计算时代，一个企业是否就不需要自己部署任何的 IT 系统，一切都从云中计算平台获取呢？或者反过来，企业还是像以前一样，全部的 IT 系统都由自己部署，不从云中获取任何服务呢？

很多企业认为有些 IT 服务适合从云中获取，如 CRM、网络会议、电子邮件等；但有些系统不适合部署在云中，如自己的核心业务系统、财务系统等。因此，微软认为理想的模式将是“软件＋服务”(见图 6－7)，即企业既会从云中获取必需的服务，也会自己部署相关的 IT 系统。

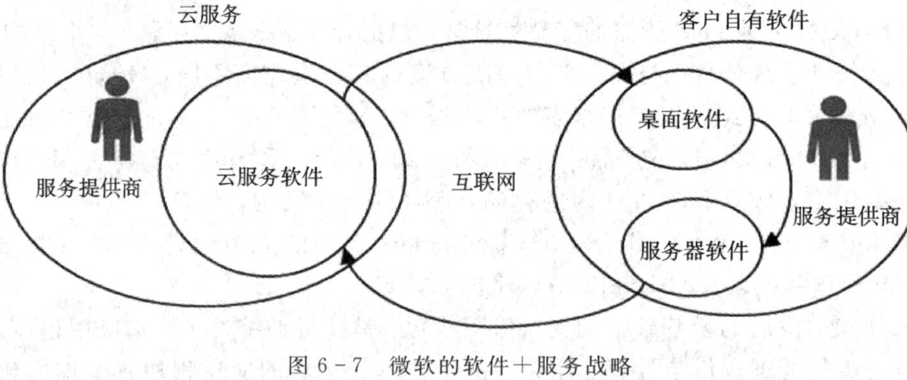

图 6－7　微软的软件＋服务战略

“软件＋服务”可以简单描述为如下两种模式：

(1) 软件本身架构模式是软件加服务。例如，杀毒软件本身部署在企业内部，但是杀毒软件的病毒库更新服务是 IT 互联网进行的，即从云中获取。

(2) 企业的一些 IT 系统由自己构建，另一部分向第三方租赁、从云中获取服务。例如，企业可以直接购买软硬件产品，在企业内部自己部署 ERP 系统，而同时通过第三方云计算平台获取 CRM、电子邮件等服务，而不是自己建设相应的 CRM 和电子邮件系统。

“软件＋服务”的好处在于，既充分继承了传统软件部署方式的优越性，又大量利用了云计算的新特性。

2）平台战略

为客户提供优秀的平台一直是微软的目标。在云计算时代，平台战略也是微软的重点。

在云计算时代，有 3 个平台非常重要，即开发平台、部署平台和运营平台。Windows

Azure Platform 是微软的云计算平台，其在微软的整体云计算解决方案中发挥关键作用。它既是运营平台，又是开发、部署平台；既可运行微软的自有应用，也可以开发部署用户和 ISV 的个性化服务；既可以作为 SaaS 等云服务的应用模式的基础，又可以与微软线下的系列软件产品相互整合和支撑。事实上，微软基于 Windows Azure Platform，在云计算服务和线下客户自有软件应用方面都拥有了更多样化的应用交付模式、更丰富的应用解决方案、更灵活的产品服务部署方式和商业运营模式(见图 6-8)。

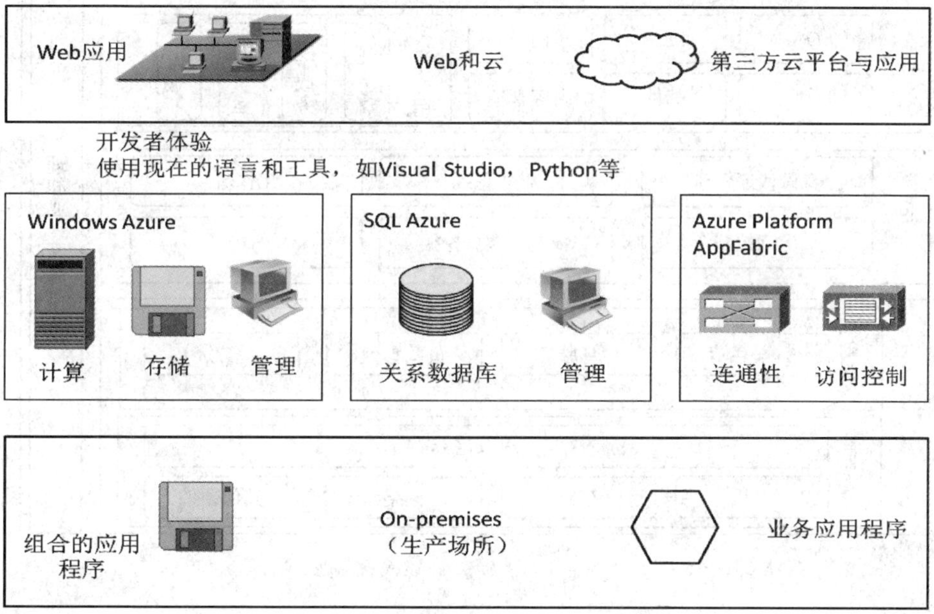

图 6-8　微软公有云计算平台 Windows Azure Platform

3）自由选择

为用户提供自由选择的机会是微软云计算战略的第三大典型特点。这种自由选择表现在以下 3 个方面：

(1) 用户可以自由选择传统软件或云服务两种方式：自己部署 IT 软件，采用云服务，或者两者都用。无论是用户选择哪种方式，微软的云计算都能支持。

(2) 用户可以选择微软的不同云服务。

(3) 无论用户需要的是 SaaS、PaaS 还是 IaaS，微软都有丰富的服务供其选择。微软拥有全面的 SaaS 服务，包括针对消费者的 Live 服务和针对企业的 Online 服务；也提供基于 Windows Azure Platform 的 PaaS 服务；还提供数据存储、计算等 IaaS 服务和数据中心优化服务。用户可以基于任何一种服务模型选择使用云计算的相关技术、产品和服务。

3. 微软云计算参考框架

总体而言，微软云计算可以采用图 6-9 所示的参考框架。

同时，微软提供两种云计算部署类型，即公有云和私有云。

公有云由微软自己运营，为客户提供部署和应用服务。在公有云中，Windows Azure Platform 是一个高度可扩展的服务平台，提供基于微软数据中心的随用随付费的灵活的服务模式。

私有云部署在客户的数据中心内部，基于客户个性化的性能和成本要求、面向服务的内部应用环境。这个云平台基于成熟的 Windows Server 和 System Center 等系列产品，并且能够与现有应用程序兼容。

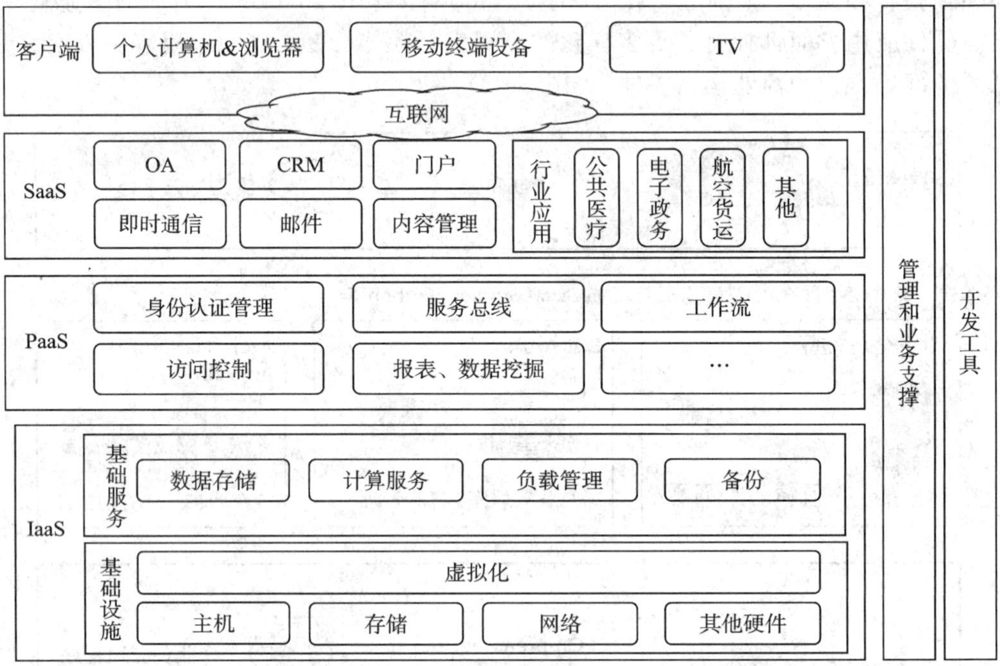

图 6-9　微软云计算参考构架

6.3.6　Platform 云计算方案

1. 简介

Platform Computing(以下简称 Platform)是全球领先的集群、网格、云中间件和云管理平台提供商，致力于帮助客户以经济、高效的方式管理、分配和使用计算资源，为企业的业务创新和发展提供全面支持。

作为网格计算和云计算领域的先行者，Platform 拥有业界领先的企业级分布式计算技术，其核心产品 Platform LSF、Platform Symphony、Platform ISF 等已经在高性能计算和云计算领域得到了广泛的应用，帮助客户管理、调度和高效且灵活地使用计算资源，提高 IT 响应速度并大幅度降低成本。目前，Platform 公司的集群、网格计算和云计算解决方案已经广泛用于电子、汽车、化工、金融、医药、生命科学、电信、政府、教育、航天、航空等领域。在全球，Platform 拥有 2000 多家对 IT 系统要求最为苛刻的客户，包括通用汽车、摩根大通、BP、AMD、惠普等。

Platform 在 HPC 方面有很强的技术力量，建立在网格计算管理软件的基础上，该公司有两大比较知名的 HPC 管理软件，即作业负载管理软件 LSF 和资源管理软件 ISF，Platform 公司针对两类人群推出了两种 HPC 云计算的解决方案，一种是针对 HPC 系统管理员的 Cloud Connect 方案，用以解决计算资源管理调配的问题，另一种是针对 HPC 终端用户的 On Demand 方案，用以解决直接使用云资源进行高性能计算的问题。

对于 Cloud Connect 方案，Platform 提供了如下 3 种实现方法。

第一种是通过 ISF 上的策略设定，当负载增加时，向 Amazon 等公有云服务商申请资源。

第二种和第一种机制类似，不同的是第二种从服务商那获取的不是单个的机器，而是一个完整的集群系统。

第三种是由 ISF 来实现资源的动态管理，即可以从基于虚拟化的私有云资源池中向 LSF 提供所需的内存、CPU 资源，也可以从 Amazon 等公有云那租用资源。

对于针对终端用户的 On Demand 方案，其本质是利用云计算来实现一种 HPC SaaS 应用服务。

2. Platform ISF 计算服务

Platform ISF(Infrastructure Sharing Facility)是开放的云基础架构的管理平台，它将企业内部的数据中心转变成敏捷的、最具成本效益的私有云。Platform ISF 采用了独特的以应用为核心的方法，可以将自助服务、IaaS 的运行管理自动地集成在一起，在共享的异构资源池之上形成复杂的多层次应用(见图 6-10)。

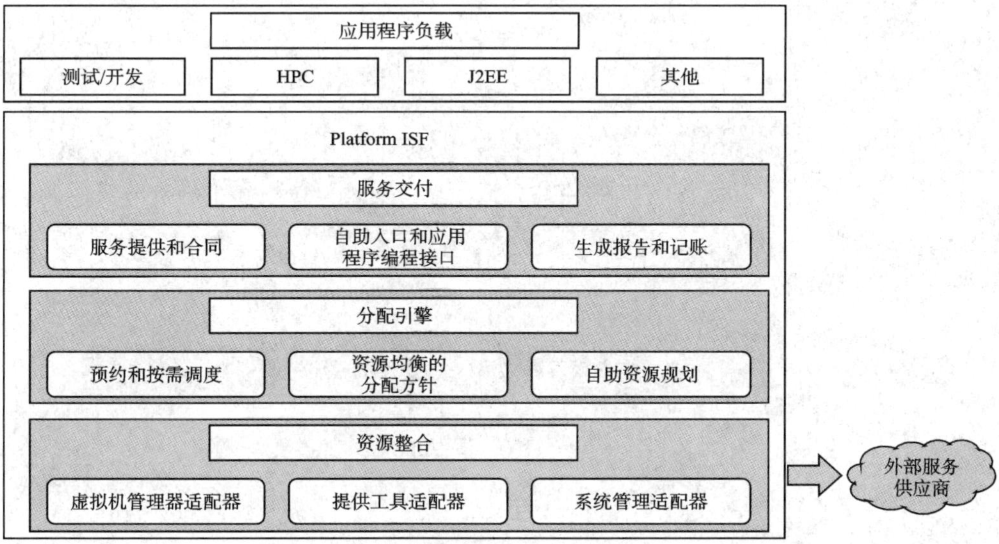

图 6-10　Platform 计算服务

利用 Platform ISF，可以实现以下目标：

(1) 不用为满足峰值计算而过度配置基础设施，从而降低投资成本和运营费用，并提高利用率。

(2) 自动配置应用环境，将工作负载部署在合适的系统中，以及时、经济、高效的方式满足服务水平需求。

Platform 在设计、部署和管理大规模共享计算环境方面积累了丰富的经验，客户可以依照以下 3 个步骤来开启云计算之旅。

(1)评估。了解自己的业务、内部客户和主要的使用场景。弄清楚哪些应用或基础架构服务需要优先考虑和实现，是否掌握了相关的技术，是否有合适的专业人员来设计解决方案。Platform 建议用户首选运行概念验证过程，了解在企业内部实现私有云的可能性。

(2) 部署。采用业界领先的技术和培训服务，分阶段地部署私有云解决方案。Platform

可以确保客户在30天内完成部署并开始使用。

(3) 效果评估。按照事先定义的衡量标准，监控和分析关键数据点，确认目标都已实现。Platform ISF提供了详细的报告供客户进行效果评估和分析。

Platform ISF提供的平台类型为IaaS，提供端到端的私有云管理软件供客户使用，具有可配置程度高的特点。它将分布式和异构IT资源整合，从众多异构服务器、存储设备及互连中创建一台共享计算机，支持主要行业的标准硬件。它支持的操作系统包括Linux和Windows。底层虚拟化技术可以采用VMware ESX、Xen、Citrix XenServer、Microsoft Hyper-V和Red Hat KVM。同时，它还提供了很多即开即用的第三方工具(如目录服务、安全、监控和报警)。用户通过应用程序接口(API)自动调配资源，可在几分钟(≤15分钟)之内请求和获得物理服务器和虚拟机。Platform ISF收集全部资源使用数据，提供报告和生成账单信息，云管理员可以选择将使用数据反馈到特定场所的生成报告和索回工具之中。

第三篇 实 践 篇

虚拟化技术

Hadoop 和 Spark 平台

HDFS 和 MapReduce

分布式文件系统 HDFS

分布式数据仓库 Hive

大数据挖掘计算平台 Mahout

第 7 章　虚拟化技术

随着集群计算、网格计算以及云计算的技术发展和生产系统的部署，虚拟化技术得到了工业界与学术界越来越多的关注，虚拟化技术通过对实际物理硬件抽象，虚拟出计算资源、网络资源，从而达到对昂贵、紧缺硬件资源的共享，大大降低了 IT 企业的成本，给 IT 产业带来诸多益处。

7.1　虚拟化技术简介

虚拟化技术是一种计算机体系结构技术，最早起源于 20 世纪 80 年代，通常指多个虚拟机共享一个实际物理 PC，通过虚拟机软件(如 KVM、Vmware 及 VirtualBox 等)在物理 PC 上抽象虚拟出多个可以独立运行各自操作系统的实例，对硬件资源(CPU、内存、外设等)或软件资源在不同层面进行虚拟化，从而在多用户之间共享资源并提高资源利用率和应用程序灵活程度。

虚拟化技术主要分为以下几类：

(1) 平台虚拟化：主要针对 PC 硬件和 OS 进行虚拟化。

(2) 资源虚拟化：指对计算机中的特定资源，比如网络、存储、内存等进行虚拟化。

(3) 应用程序虚拟化：主要指仿真技术和模拟技术。

平台虚拟化是通过虚拟机管理软件，提供一个抽象、虚拟、统一的计算机使用环境，该环境屏蔽了物理硬件的实际物理特性。一般把虚拟机中运行的 OS 称为客户操作系统(Guest OS)，而把物理机器上运行的操作系统称为主机操作系统(Host OS)。平台虚拟化又可进一步分为全虚拟化、超级虚拟化和硬件辅助虚拟化。

全虚拟化是指虚拟机模拟了完整的底层硬件，包括处理器、物理内存、时钟、外设等，使得为原始硬件设计的操作系统或其他系统软件完全不作任何修改就可以在虚拟机中运行。操作系统与真实硬件之间的交互可以看成是通过一个预先规定的硬件接口进行的。全虚拟化 VMM 以完整模拟硬件的方式提供全部接口(同时还必须模拟特权指令的执行过程)。举例而言，x86 体系结构中，对于操作系统切换进程页表的操作，真实硬件通过提供一个特权 CR3 寄存器来实现该接口，操作系统只需执行“mov pgtable，%%cr3”汇编指令即可。全虚拟化 VMM 必须完整地模拟该接口执行的全过程。如果硬件不提供虚拟化的特殊支持，那么这个模拟过程将会十分复杂：一般而言，VMM 必须运行在最高优先级来完全控制主机系统，而 Guest OS 需要降级运行，从而不能执行特权操作。当 Guest OS 执行前面的特权汇编指令时，主机系统产生异常(General Protection Exception)，执行控制权重新从 Guest OS 转到 VMM 手中。VMM 事先分配一个变量作为影子 CR3 寄存器给 Guest OS，将 pgtable 代表的客户机物理地址(Guest Physical Address)填入影子 CR3 寄存器，然后 VMM 还需要 pgtable 翻译成主机物理地址(Host Physical Address)并填入物理 CR3 寄存器，最后返回到 Guest OS 中。随后 VMM 还将处理复杂的 Guest OS 缺页异常(Page Fault)。比较著名的全虚拟化 VMM 有 Microsoft Virtual PC、

VMware Workstation、Sun Virtual Box、Parallels Desktop for Mac 和 QEMU。

超虚拟化是指修改 Guest OS 部分访问特权状态的代码以便直接与 VMM 交互的技术。在超虚拟化虚拟机中，部分硬件接口以软件的形式提供给客户机操作系统，这可以通过 Hypercall(VMM 提供给 Guest OS 的直接调用，与系统调用类似)的方式来提供。例如，Guest OS 把切换页表的代码修改为调用 Hypercall 来直接完成修改影子 CR3 寄存器和翻译地址的工作。由于不需要产生额外的异常和模拟部分硬件执行流程，超虚拟化可以大幅度提高性能，比较著名的 VMM 有 Denali、Xen。

硬件辅助虚拟化是指借助硬件(主要是主机处理器)的支持来实现高效的全虚拟化。例如有了 Intel-VT 技术的支持，Guest OS 和 VMM 的执行环境自动地完全隔离开来，Guest OS 有自己的“全套寄存器”，可以直接运行在最高级别。因此在上面的例子中，Guest OS 能够执行修改页表的汇编指令。Intel-VT 和 AMD-V 是目前 x86 体系结构上可用的两种硬件辅助虚拟化技术。

7.2 虚拟化技术架构

虚拟机软件在传统操作系统基础之上引入客户操作系统。客户操作系统彼此独立，同时也独立于主机操作系统，所有客户操作系统与主机操作系统同时运行在同一个硬件上。如图 7-1 所示，虚拟机中应用程序及客户操作系统都运行于被虚拟机管理层抽象虚拟化的 CPU、内存和 I/O 资源上。

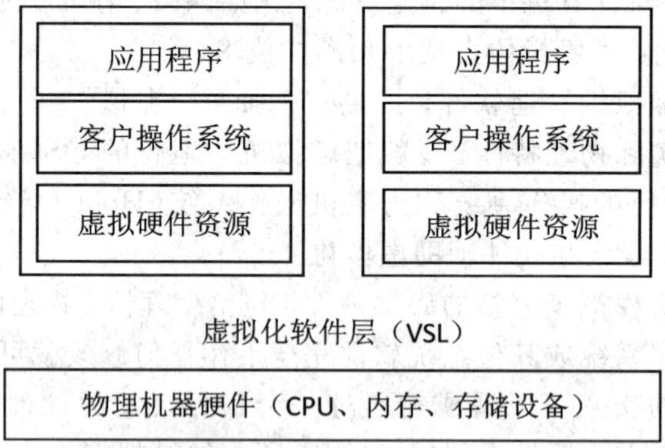

图 7-1 虚拟机后计算机系统结构

虚拟化软件层(VSL)用于将一个实际主机的物理硬件抽象虚拟化为各个虚拟机共享的虚拟资源。VSL 可以在物理主机的不同层次上插入虚拟化层来创建虚拟机抽象。通常虚拟化层包括应用程序层、用户 API 层、操作系统层、指令体系结构层和硬件抽象层，下面主要介绍指令体系结构层和硬件抽象层的虚拟化。

7.2.1 指令体系结构层虚拟化

在指令体系结构层，虚拟化软件通过在已有物理主机的指令体系结构基础之上虚拟化一个特定的不同于自身的指令体系结构，比如，虚拟化软件可以在 64 位 Intel 架构的物理主机上虚拟出一个 386 的 CPU 指令系统，这样就可以在已有指令体系结构主机上运行遗留的、为不同指令体系结构CPU编写的二进制代码。虚拟化软件基本的虚拟方式是将虚拟客户机的指令系统解释为主机的指令系统，这就需要在编译器层面增加一个特定的指令翻译层。

7.2.2　硬件抽象层虚拟化

硬件抽象层虚拟化通过对CPU、内存、硬盘等硬件计算资源抽象虚拟化，为虚拟机产生一个虚拟硬件环境。虚拟出来的客户机操作系统及其应用程序的特权指令首先陷入到虚拟化软件中，其用户模式和内核模式切换是由物理硬件来完成的，这就需要引入特殊的运行模式和指令，该模式和指令有别于CPU传统的特权指令和非特权指令。对x86体系的处理器来说，Intel公司提供了VT-x和VT-i技术来简化CPU虚拟化并改善性能。

1. 处理器虚拟化

处理器虚拟化是指在虚拟化软件运行时，CPU支持在用户模式下运行客户机操作系统的特权指令和非特权指令，当客户机操作系统执行特权指令时，虚拟化软件会提供一个模拟物理CPU内核模式运行机制的陷入功能，并为不同客户机操作系统提供统一硬件访问接口，保证系统的正确性和稳定性。AMD在x86处理器中除了内核模式和用户模式外，还添加了新的模式，称为特权模式，即环1。该模式规定hypervisor指令运行在特权模式下，所有客户操作系统的特权指令和敏感指令都会自动陷入到hypervisor中，控制权会提交给hypervisor，当hypervisor完成客户机操作系统指令后会将控制权传回给客户机操作系统内核。

2. 内存虚拟化

内存虚拟化是指在虚拟执行环境中，共享物理内存及给虚拟机动态分配内存。现代操作系统都提供了虚拟内存支持，通过MMU和TLB完成虚拟内存到物理内存的映射。内存虚拟化意味着在操作系统虚拟内存管理基础之上，需要添加一个客户机操作系统虚拟内存到虚拟机物理内存的映射管理工作，并将虚拟机物理内存再映射到实际机器的物理内存。该两级映射机制保证了客户机操作系统不能直接访问物理硬件内存。客户机操作系统的页表在虚拟化软件(或虚拟机管理软件)中都有一个影子页表与其相对应，该影子页表随着系统中进程数目的增加会极度膨胀，导致内存开销增大及性能降低。

Vmware使用影子页表进行虚拟内存到实际物理内存的地址映射工作，但其使用TLB硬件将虚拟内存直接映射到机器内存从而避免了两级地址转换。客户机操作系统虚拟内存更新后，Vmware会及时更新影子页表。Intel针对影子页表的低效率问题，开发了基于硬件的EPT(扩展页表技术)来加以改进。

3. I/O设备虚拟化

I/O设备虚拟化是指管理虚拟设备和共享的实际物理硬件之间的I/O功能的映射关系。I/O虚拟化方法分为全设备虚拟化、半虚拟化和直接虚拟化三种。

全设备虚拟化是指把一些常用的真实设备的所有功能和结构都通过软件模拟出来，客户操作系统的外设访问请求会陷入虚拟化软件中，再由虚拟化软件与I/O设备交互，其访问速度会慢于物理实际I/O设备。

半虚拟化主要由Xen采用，它是指分离驱动模型。I/O设备的驱动分为前端驱动和后端驱动，前端驱动运行在Domain U中，后端驱动运行在Domain 0中。前端和后端通过一块共享内存交互。前端驱动响应客户机操作系统的I/O请求，后端驱动将客户机操作系统的I/O

请求映射到真实的 I/O 设备并复用不同虚拟机的 I/O 数据。

直接虚拟化是指虚拟机直接访问设备硬件，可以获得较高的性能，且 CPU 开销较低。当前的直接虚拟化主要集中在大规模主机的网络方面。

7.3　虚拟机软件介绍

7.3.1　基于 VirtualBox 的虚拟化技术

VirtualBox 是一款开源的虚拟机软件，使用 Qt 编写，它由德国 Innotek 公司开发，Sun Microsystems 公司出品。在 Sun 被 Oracle 收购后正式更名为 Oracle VM VirtualBox。Innotek以 GNU General Public License(GPL)发布了 VirtualBox，并提供二进制版本及 OSE 版本的代码。VirtualBox 支持的虚拟系统包括 Windows(从 Windows 3.1 到 Windows 10、Windows Server 2012)、Mac OS X、Linux、OpenBSD、Solaris、IBM OS2 等操作系统。与 VMware 及 Virtual PC 相比较，VirtualBox 独到之处包括远端桌面协定(RDP)、iSCSI 及支持 USB 等。

VirtualBox 支持 Intel VT-x 与 AMD AMD-V 硬件虚拟化技术。硬盘被模拟在一个称为虚拟磁盘映像(Virtual Disk Images)的特殊容器，此格式不兼容于其他虚拟机平台运行。此外 VirtualBox 可以读写 VMware VMDK 与 VirtualPC VHD。ISO 映像可以被挂载成 CD/DVD装置，例如下载的 Linux 发行版 DVD 映像可以直接使用在 VirtualBox，而不需烧录在光盘上，亦可直接在虚拟机上挂载实体光驱。VirtualBox 默认提供一个支持 VESA 兼容的虚拟显卡，与一个供 Windows、Linux、Solaris、OS/2 客户端系统使用的驱动程序(guest addition)，以提供更好的效能与功能。如果虚拟机的视窗被缩放时，会动态地调整分辨率。在 4.1 版本更支持 WDDM 兼容的虚拟显卡，令 Windows Vista 及 Windows 7 可以使用 Windows Aero。在声卡方面，VirtualBox 虚拟一个 Intel ICH AC97 声卡与 SoundBlaster 16 声霸卡。在以太网接口卡方面，VirtualBox 虚拟了数张网络卡：如 AMD PCnet PCI Ⅱ、AMD PCnet-Fast Ⅲ、Intel Pro/1000 MT Desktop、Intel Pro/1000 MT Server、Intel Pro/1000 T Server 等。

图 7-2 所示为 VirtualBox 官方网站，图 7-3 所示为 VirtualBox 软件主界面。

图 7-2　VirtualBox 官方网站

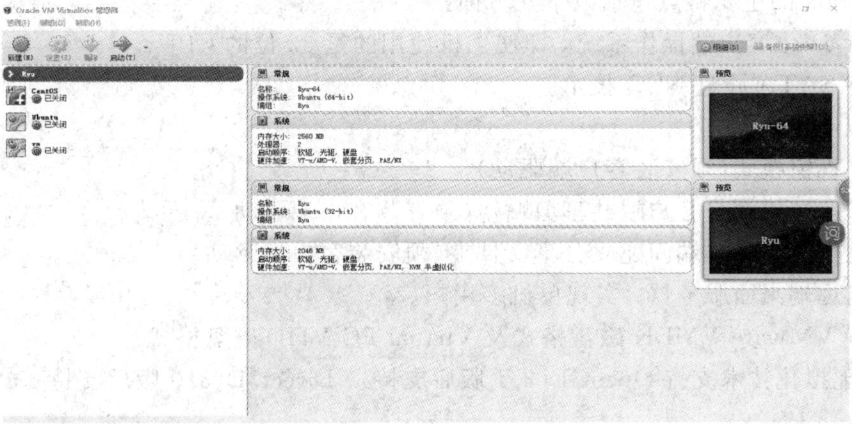

图 7-3　VirtualBox 软件主界面

VirtualBox 提供了多种网络接入模式，主要为 NAT 模式、Bridged Adapter（网桥）模式、Internal（内网）模式和 Host-only Adapter（主机）模式。

(1) NAT 模式：最简单的实现虚拟机上网的方式，无需配置，默认选择即可接入网络。虚拟机访问网络的所有数据都是由主机提供的，访问速度较慢，和主机之间不能互相访问。

(2) Bridged Adapter 模式：即网桥模式，可以为虚拟机模拟出一个独立的网卡，有独立的 IP 地址，所有网络功能和主机一样，并且能够互相访问，实现文件的传递和共享。

(3) Internal 模式：即内网模式，虚拟机与外网完全断开，只实现虚拟机与虚拟机之间的内部网络模式，和主机之间不能互相访问，就相当于在虚拟机之间架设了一个独立的局域网。

(4) Host-only Adapter 模式：即主机模式，是所有接入模式中最复杂的一种，需要有比较扎实的网络基础知识才能应用。

以上几种模式所实现的功能，通过虚拟机及网卡的设置都可以被实现。

图 7-4 所示为 VirtualBox 虚拟机设置界面。

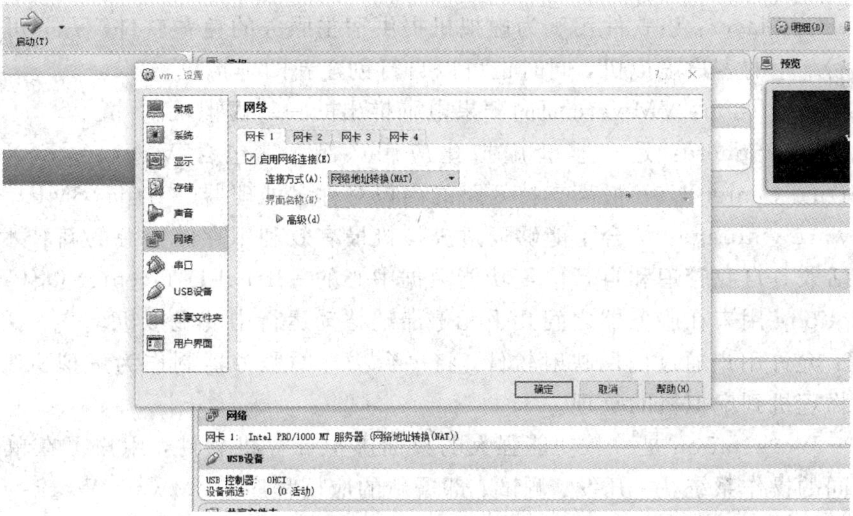

图 7-4　VirtualBox 虚拟机设置界面

VirtualBox 的主要特点包括以下几方面：

- 支持 64 位客户端操作系统，即使主机使用的是 32 位的 CPU。
- 支持 SATA 硬盘 NCQ 技术。
- 虚拟硬盘快照。
- 无缝视窗模式(须安装客户端驱动)。
- 能够在主机端与客户端共享剪贴簿(须安装客户端驱动)。
- 在主机端与客户端间建立分享文件夹(须安装客户端驱动)。
- 内建远端桌面服务器，实现单机多用户。
- 支持 VMware VMDK 磁盘格式及 Virtual PC VHD 磁盘格式。
- 3D 虚拟化技术支持 OpenGL(2.1 版后支持)、Direct3D(3.0 版后支持)、WDDM(4.1 版后支持)。
- 最多虚拟 32 颗 CPU(3.0 版后支持)。
- 支持 VT-x 与 AMD-V 硬件虚拟化技术。
- 支持 iSCSI 和 USB、USB2.0。

7.3.2 基于 VMware 的虚拟化技术

VMware 是一个“虚拟 PC”软件公司，提供服务器、桌面虚拟化的解决方案，使用户可以在一台机器上同时运行两个或更多 Windows、Dos、Linux 系统。其优点有：多个客户机操作系统可以在主系统的平台上运行与切换，和标准 Windows 应用程序一样；每个客户机操作系统都可以配置虚拟的分区、不影响真实硬盘的数据；可以通过网卡将几台虚拟机用网卡连接为一个虚拟局域网，为研究实验和程序开发、部署提供网络环境。VMware 不但提供了虚拟主机服务，也提供了最新的 NFV，即网络功能虚拟化服务。

VMware 软件提供了众多的虚拟化平台，主要包括以下几类：

- VMware 工作站(VMware Workstation)：该软件包含一个用于英特尔 x86 兼容计算机的虚拟机套装，其允许多个 x86 虚拟机同时被创建和运行。
- VMware Player：该软件用于为虚拟机提供宿主服务的免费软件产品，可运行由其他 VMware 产品产生的客户虚拟机，同时也可以自行创建新的虚拟机。
- VMware Fusion：VMware 面向苹果电脑推出的一款虚拟机软件。
- VMware vSphere：是一整套虚拟化应用产品，它包含 VMware ESX Server 4、VMware Virtual Center 4.0、最高支持 8 路的虚拟对称多处理器(Virtual SMP)和 VMotion。
- VMware vStorage：结合了能够通过虚拟机最有效利用存储资源的新技术，以及能够实现高度灵活兼具自我管理和自行修复功能数据中心的 Virtual Datacenter OS(VDC-OS)。
- VMotion：用来在服务器之间几乎无停滞地移动运行中的虚拟机。
- P2V：允许用户通过使用映射软件，将一台物理的服务器制作为虚拟机映射，从而创造出一个从物理机到虚拟机的重现。

VMware Workstation 是一款功能强大的桌面虚拟计算机软件，用户可在单一的桌面上同时运行不同的操作系统，并开发、测试、部署新的应用程序。VMware Workstation 允许操作系统(OS)和应用程序(Application)在一台虚拟机内部运行。虚拟机是独立运行主机操作系统的离散环境。通过 VMware Workstation，用户可以在一个窗口中加载一台虚拟机即客户机，客户机可以运行自己的操作系统和应用程序。用户可以在运行于桌面上的多台虚拟机之间切换，通过一个网络共享虚拟机(例如一个公司局域网)，挂起和恢复虚拟机以及退出虚拟机，这一切不会影响主机操作和任何操作系统或者其他正在运行的应用程序。

VMware WorkStation 的主要特性包括以下几点：

- 支持多达 16 个的虚拟 CPU、8 TB SATA 磁盘和 64 GB RAM。
- 新的虚拟 SATA 磁盘控制器。
- 支持 20 个虚拟网络。
- USB3 流支持更快的文件复制。
- 改进型应用和 Windows 虚拟机启动时间。
- 固态磁盘直通。

VMware Workstation 的主要网络模式包括以下几类：

- 桥接模式：在这种模式下，VMWare 虚拟出来的操作系统就像是局域网中的一台独立的主机，它可以访问网内任何一台机器。
- 主机模式：在这种模式下，所有的虚拟系统是可以相互通信的，但虚拟系统和真实的网络是被隔离开的。
- NAT 模式：就是让虚拟系统借助 NAT(网络地址转换)功能，通过宿主机器所在的网络来访问公网。也就是说，使用 NAT 模式可以实现在虚拟系统里访问互联网。

7.3.3　基于 KVM 的硬件虚拟化技术

KVM(Kernel-based Virtual Machine)，一个开源的系统虚拟化模块，自 Linux 2.6.20 之后集成在 Linux 的各个主要发行版本中。它使用 Linux 自身的调度器进行管理，所以相对于 Xen，其核心源码很少。

这种技术有许多优势，通过添加虚拟化功能到一个标准的 Linux 内核，虚拟环境能从所有正在 Linux 内核上运行的工作中受益。在这种模式下，每个虚拟机都是一个常规的 Linux 进程，通过 Linux 调度程序进行调度。通常，一个标准的 Linux 进程都有两个执行模式：内核模式和用户模式。对于应用程序而言，用户模式是默认模式，当它需要一些来自内核的服务时就进入内核模式，如往磁盘上写入时。KVM 添加了第三个模式：客户模式(有自己的内核和用户模式)。

具体来说，客户模式进程是运行在虚拟机内的，它非常像正常模式(无虚拟实例)，有它自己的内核和用户空间变量。在客户模式下可以使用正常的 kill 和 ps 命令。即因为无虚拟实例，KVM 虚拟机表现为一个正常的进程，能像其他进程一样被关掉。在客户模式下，KVM 利用硬件虚拟技术虚拟处理器的形态，使虚拟机的内存管理由内核直接处理，目前的版本 I/O在用户空间处理，主要通过 QEMU(一套模拟处理器的自由软件)完成。

一个典型的 KVM 安装包括以下部件：

(1) 一个管理虚拟硬件的设备驱动，这个驱动通过一个字符设备/dev/kvm 陈列它的功能。

(2) 一个模拟 pc 硬件的用户空间部件，目前，这在用户空间中使用，它是一个稍微改动过的 QEMU 进程。

7.3.4　基于Xen的虚拟化系统

Xen是一个基于x86架构、发展最快、性能最稳定、占用资源最少的开源虚拟化技术。Xen可以在一套物理硬件上安全地执行多个虚拟机，与Linux是一个完美的开源组合。Novell SUSE Linux Enterprise Server最先采用了Xen虚拟技术。Xen特别适用于服务器应用整合，可有效节省运营成本，提高设备利用率，最大化地利用数据中心的IT基础架构。

在Xen环境中，主要有两个组成部分。一是虚拟机监控器(VMM)，也叫Hypervisor。Hypervisor层在硬件与虚拟机之间，是必须最先载入到硬件的第一层。Hypervisor载入后，就可以部署虚拟机了。二是虚拟机，在Xen中称为"Domain"。在所有虚拟机中，扮演着很重要角色的是Domain 0，它是运行在Xen管理程序之上，具有直接访问硬件和管理其他客户操作系统特权的客户操作系统。通过Domain 0，管理员可以利用一些Xen工具来创建其他虚拟机(Xen术语称为Domain U)。Domain U是运行在Xen管理程序之上的普通客户操作系统或业务操作系统，不能直接访问硬件资源(如：内存，硬盘等)，但可以独立并行的存在多个。

具体来说，Domain 0负责一些专门的工作，可以享有最高优先级。由于Hypervisor中不包含任何与硬件对话的驱动，也没有与管理员对话的接口，这些驱动就由Domain 0来提供了。在Domain 0中，还会载入一个Xend进程。这个进程会管理所有其他虚拟机，并可以访问这些虚拟机的控制台。在创建虚拟机时，管理员使用配置程序与Domain 0直接对话。而Domain U是无特权Domain，在基于i386的CPU架构中，它们绝不会享有最高优先级。

Xen凭着独特的虚拟化性能优势得到了越来越广泛的应用，其应用领域包括：

(1) 服务器应用整合：在虚拟机范围内，在一台物理主机上虚拟出多台服务器，以安装多个不同的应用，充分利用服务器的物理性能，灵活进行服务器的应用迁移。

(2) 软件开发测试：用户可利用Linux的低成本优势非常灵活地搭建多个应用系统开发平台，由此节省了大量的开发成本，加快了开发进程。

(3) 集群运算：和单独地管理每个物理主机相比较，虚拟机管理更加灵活，同时在负载均衡方面更易于控制和隔离。

(4) 多操作系统配置：以开发和测试为目的，同时运行多个操作系统。

(5) 内核开发：在虚拟机的沙盒中，进行内核的测试和调试时，无需为了测试而单独架设一台独立的机器。

(6) 为客户操作系统提供硬件技术支持：可以开发新的操作系统，得益于现存操作系统的广泛硬件支持，比如Linux。

实验1　VMware虚拟机安装与配置

1. 实验简介

本实验主要介绍VMware软件中虚拟机的创建、系统参数的配置和CentOS操作系统的安装，旨在通过实践操作让学生掌握虚拟机创建、配置及Linux系统安装的方法，为后面的学习和实验打下基础。

2. 实验目的

(1) 熟悉并掌握VMware软件中虚拟机的创建和配置步骤。

(2) 熟悉并掌握 VMware 软件虚拟网络配置。

(3) 熟悉并掌握 CentOS 操作系统的安装。

3. 实验主要内容

1) 虚拟机创建及配置

如图 7-5 所示，在 VMware 软件主界面中选择“文件”菜单中“新建虚拟机”菜单项，进入虚拟机新建向导，通过虚拟机新建向导，对虚拟机 CPU、内存、虚拟磁盘大小及存放位置、虚拟机操作系统进行设置。

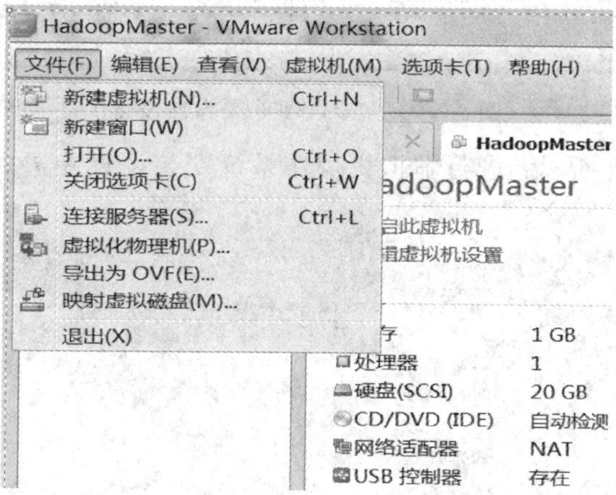

图 7-5　VMware 软件主界面

如图 7-6 所示，在创建虚拟机时，可以选择 VMware 典型(推荐)的虚拟机配置，也可选择自定义(高级)选项设置系统参数。对熟悉 VMware 的用户来说，通过自定义选项创建的虚拟机更符合用户的实际需要。本次实验选择的是自定义设置。

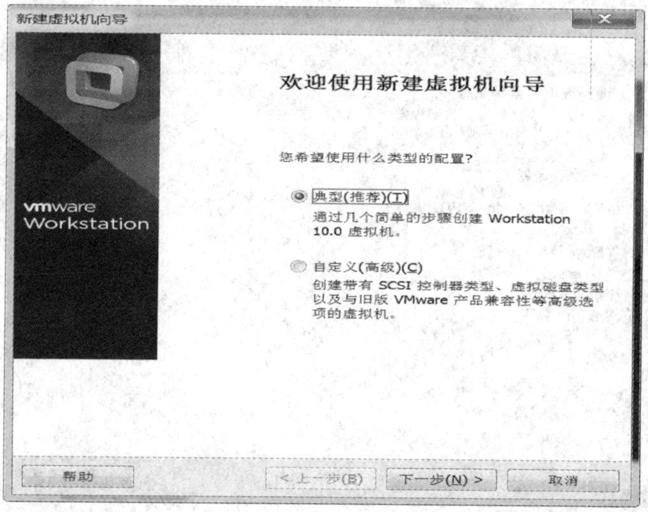

图 7-6　虚拟机创建向导

虚拟机硬件兼容性设置如图 7-7 所示。如果创建的虚拟机要在低版本的 VMware 软件上运行，需要对硬件兼容性进行配置，否则虚拟机不具有向下兼容性。

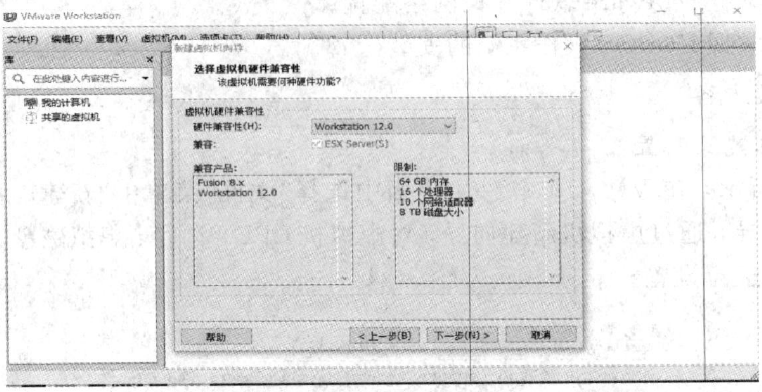

图 7-7 虚拟机硬件兼容性设置

如图 7-8 和图 7-9 所示，进行虚拟机操作系统安装设置并选择虚拟机操作系统类型。

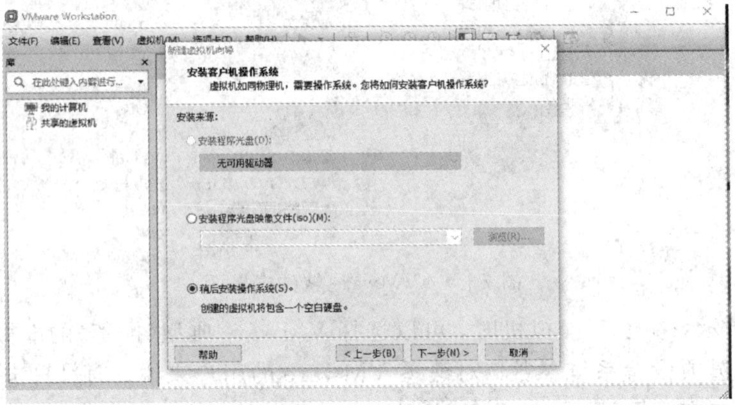

图 7-8 虚拟机操作系统安装设置

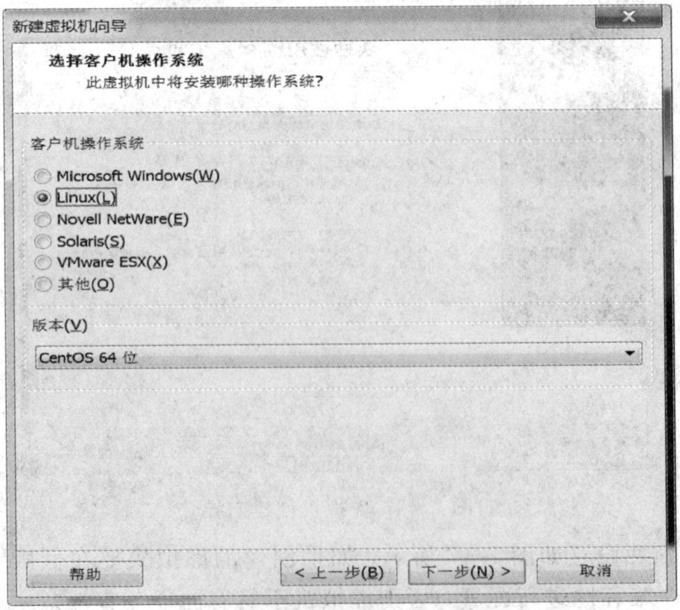

图 7-9 虚拟机操作系统类型

如图 7 - 10 所示，对虚拟机命名并设置存储位置，默认存储在系统盘 C 盘用户目录下。可根据需要修改存储目录。

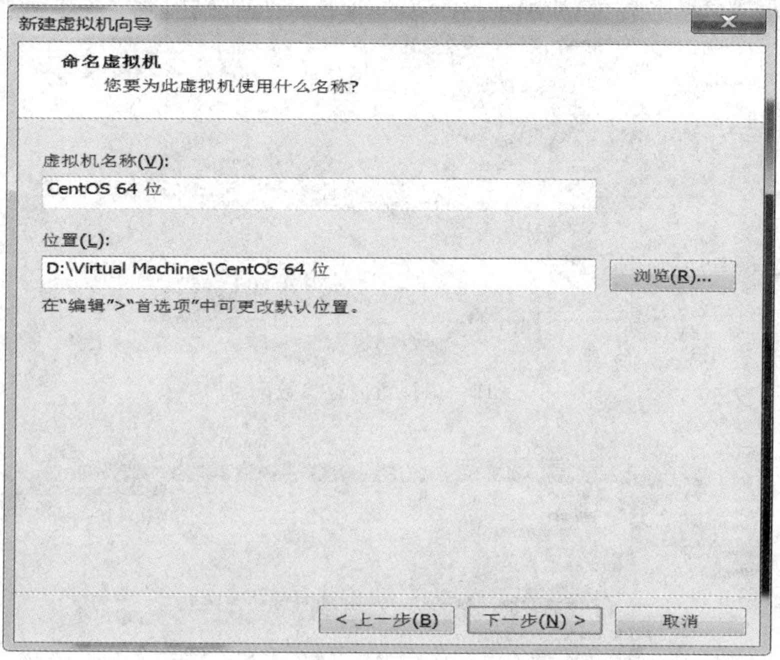

图 7 - 10　虚拟机命名及存储位置设置

如图 7 - 11 所示，对虚拟机处理器参数进行配置。

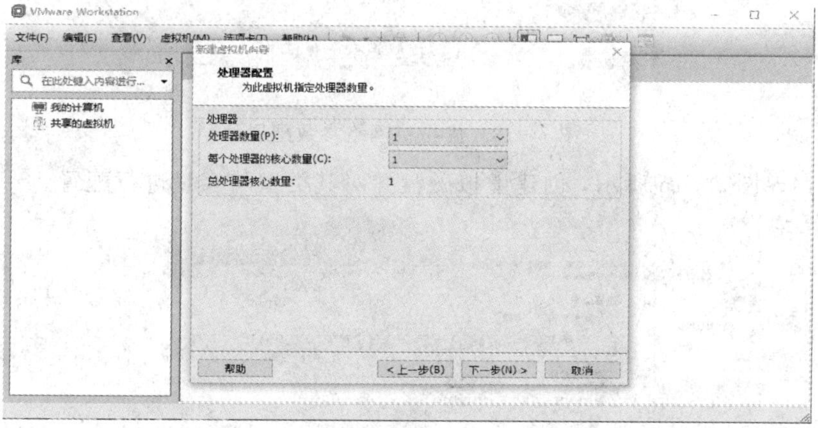

图 7 - 11　虚拟机处理器参数配置

如图 7 - 12 所示，对虚拟机内存参数进行配置。VMware 软件本身及虚拟机的运行都会占用大量内存，对物理机器的运行速度和性能有较大的影响。VMware 软件会根据 PC 内存大小及虚拟机运行内存需要，给出虚拟机内存推荐配置以及最大内存、最小内存。

如图 7 - 13 所示，对虚拟机网络参数进行配置。有四种配置可供选择：使用桥接网络、使用网络地址转换(NAT)、使用仅主机模式网络和不使用网络连接。如果需要共享主机 Internet 连接，需选择 NAT 模式。

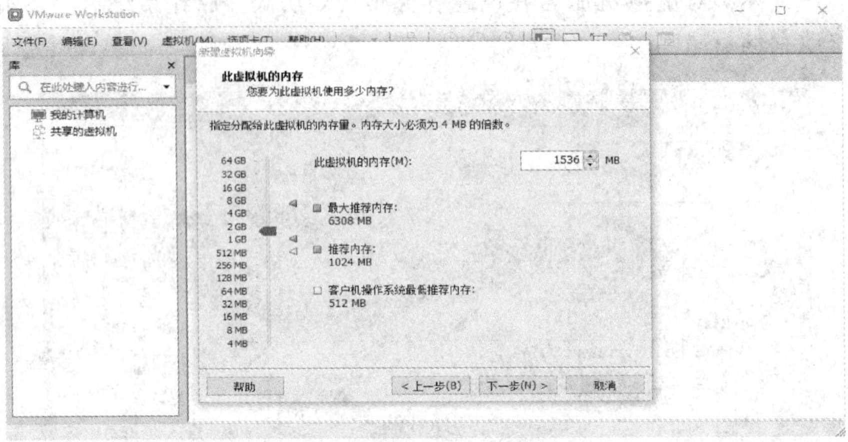

图 7－12　虚拟机内存参数配置

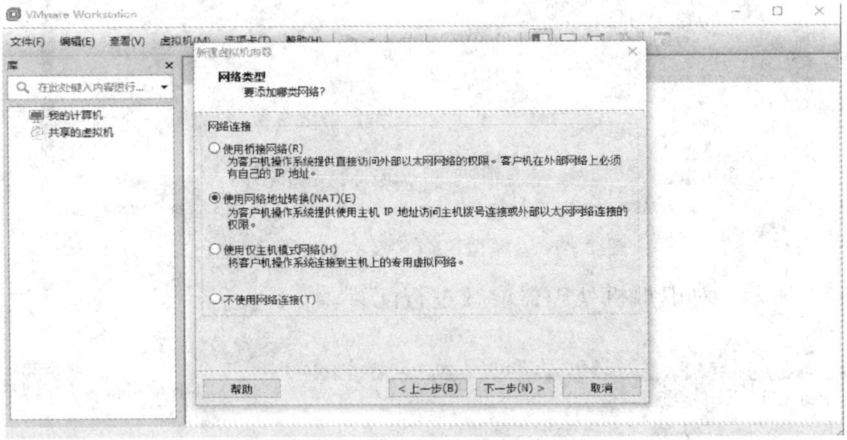

图 7－13　虚拟机网络参数配置

如图 7－14～图 7－16 所示，创建虚拟磁盘并对其类型与容量进行配置。

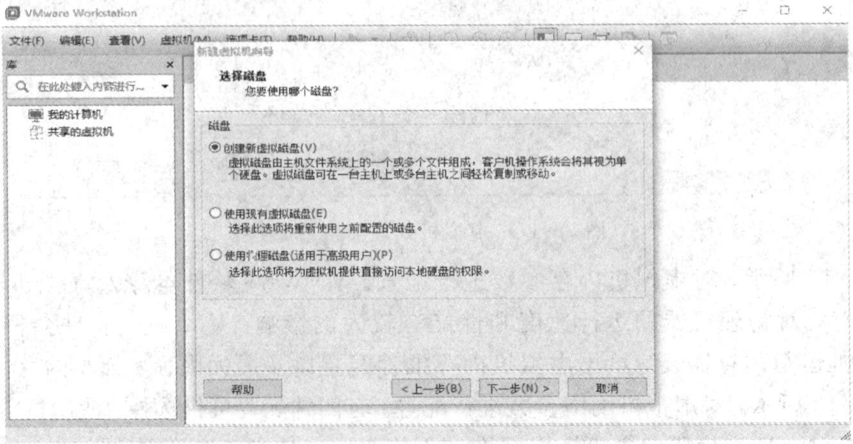

图 7－14　创建虚拟磁盘

VMware 会利用物理主机上的文件系统模拟出虚拟磁盘，同时也会提供直接使用物理磁盘的选择。选择该项应注意物理 PC 的磁盘上数据丢失的问题。

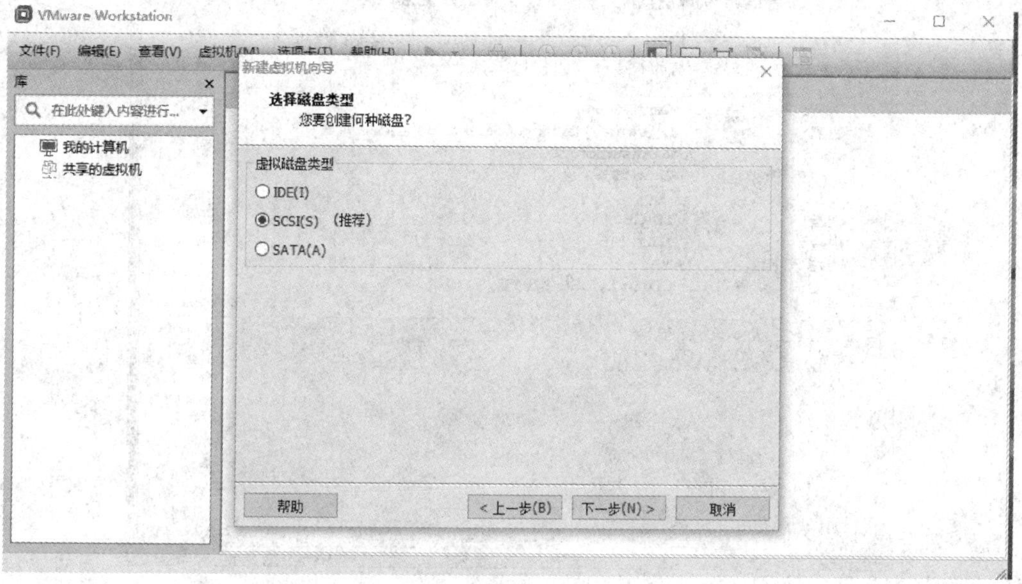

图 7 - 15　虚拟磁盘类型配置

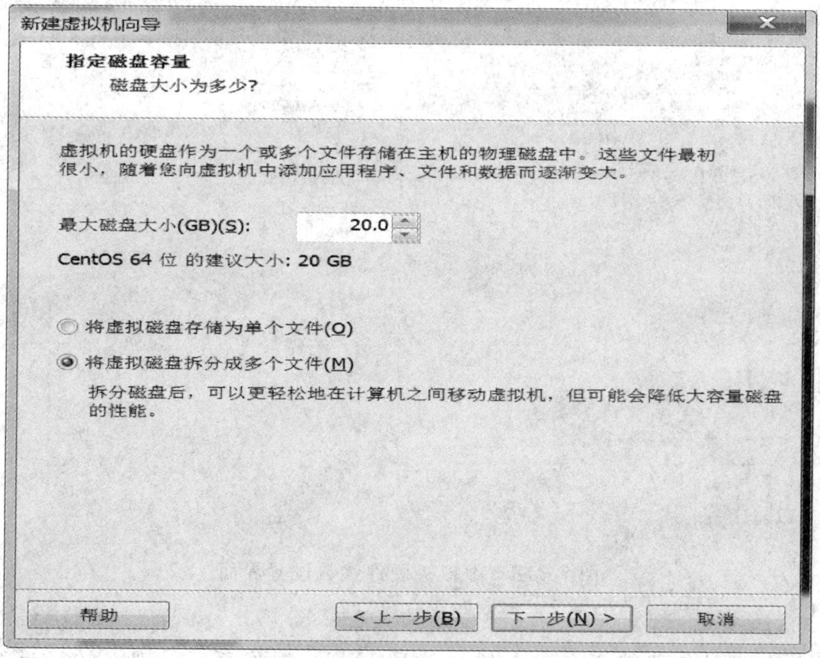

图 7 - 16　虚拟磁盘容量配置

如图 7 - 17 所示，可通过虚拟机管理界面查看虚拟机概况。如图 7 - 18 所示，可在虚拟机硬件参数设置页面对虚拟机其他硬件参数进行设置，如 USB 端口、声卡、显卡等。

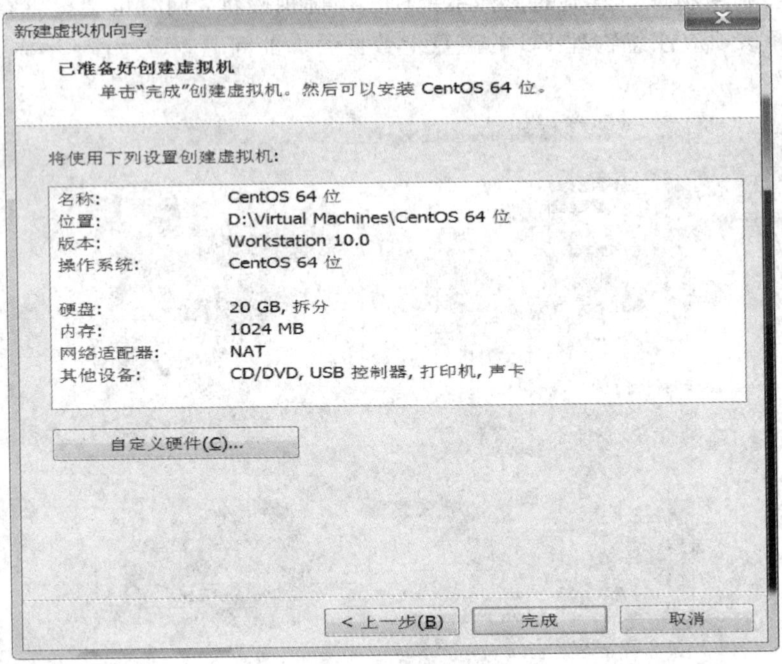

图 7-17　虚拟机管理界面

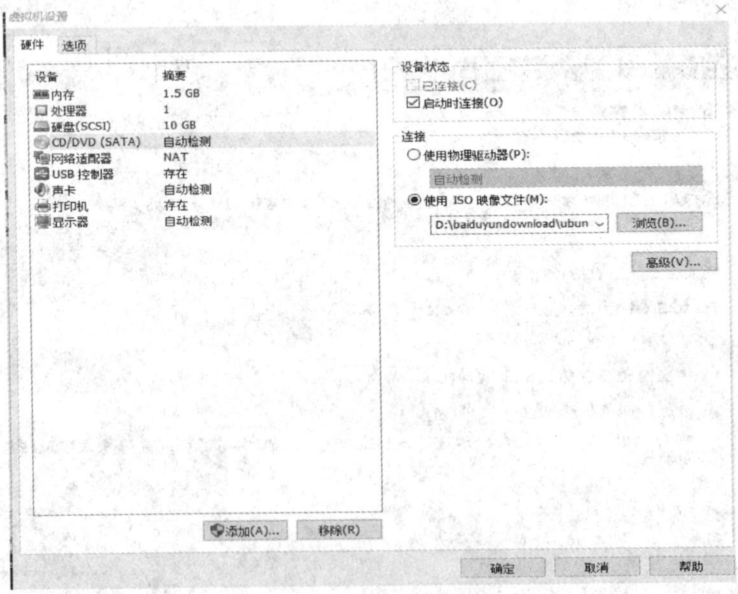

图 7-18　虚拟机硬件参数设置界面

2) Linux 系统安装

Linux 是一套可以免费使用和自由传播的类 UNIX 操作系统，现在的云计算开发平台或应用大多基于它。Ubuntu、CentOS 和 Linux mint 等均是流行的 Linux 发行版本。各版本的功能各有特色，指令系统也大同小异。本书的实验将主要在 CentOS 6.5 中完成。下面先创建后面实验所需要的虚拟机。

首先启动 VMWare，选择创建新的虚拟机，在新建虚拟机向导界面根据需要选择不同的安装来源，如图 7－19 所示。

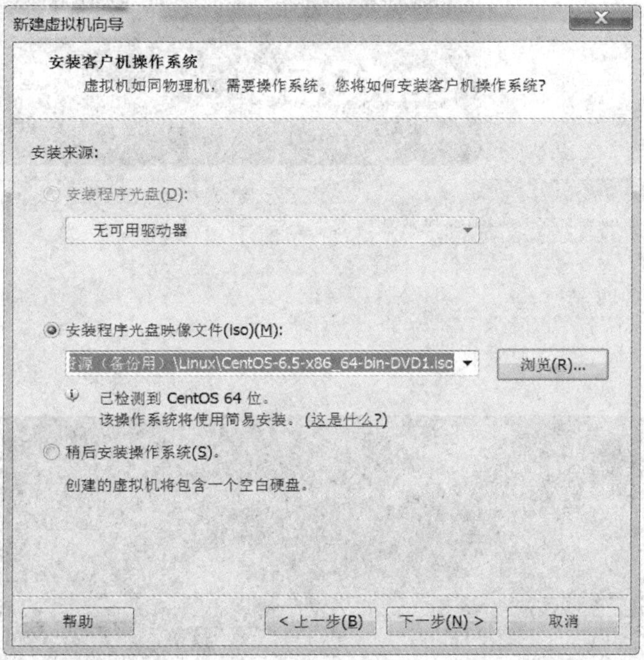

图 7－19　新建虚拟机向导界面

图 7－20～图 7－24 所示为 CentOS 系统的安装过程及系统启动后进入的桌面环境。

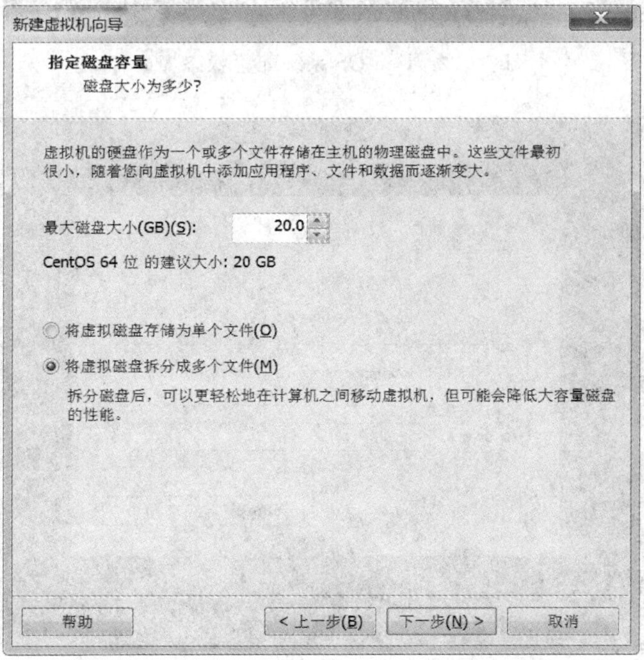

图 7－20　选定磁盘容量

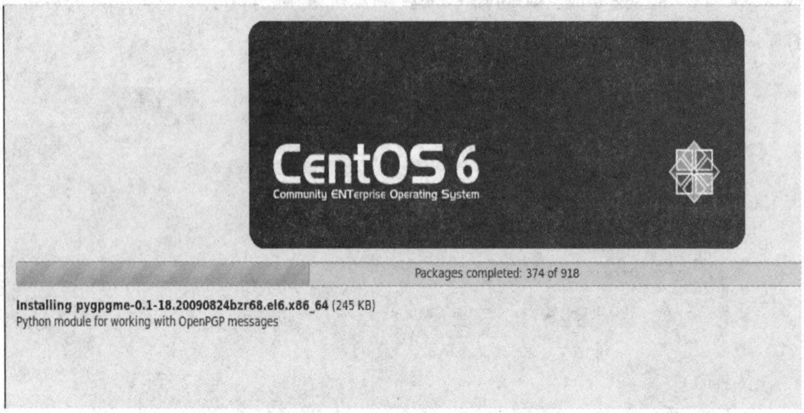

图 7－21　CentOS 安装界面

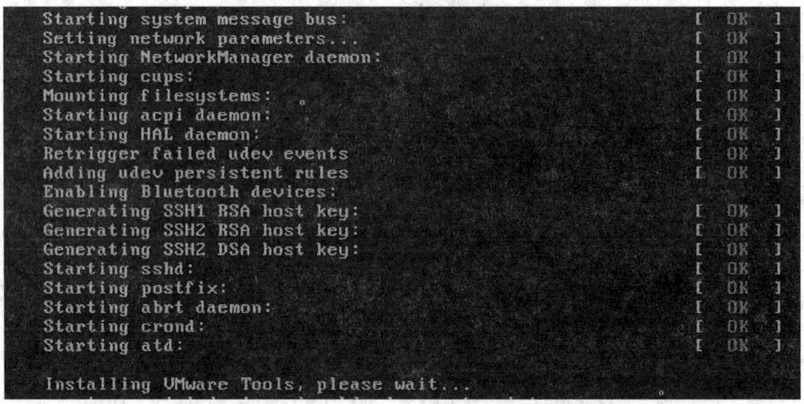

图 7－22　CentOS 系统配置状态界面

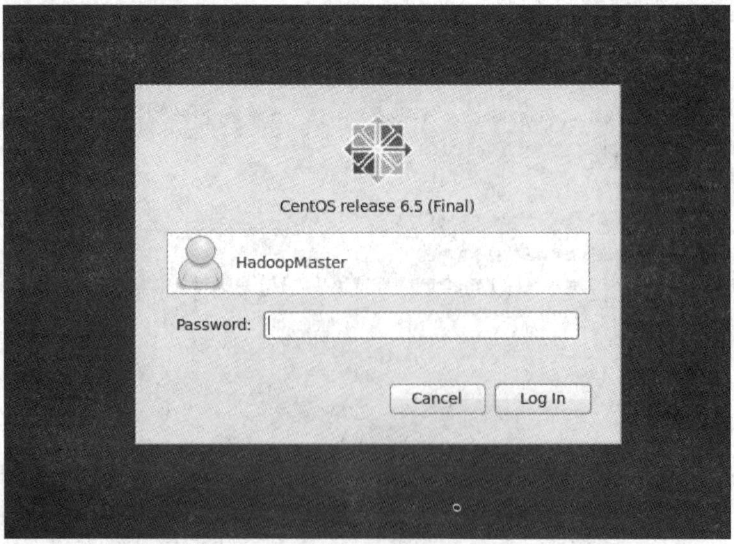

图 7－23　CentOS 系统启动登录界面

图 7 - 24　CentOS 系统桌面

在虚拟机创建完成后，可以根据需要通过克隆操作非常方便地创建新的虚拟机。为了配合后面的实验需要，我们就依据 Master 虚拟机克隆创建了 Slave 虚拟机，其过程如图 7 - 25～图 7 - 28所示。

图 7 - 25　选择克隆操作

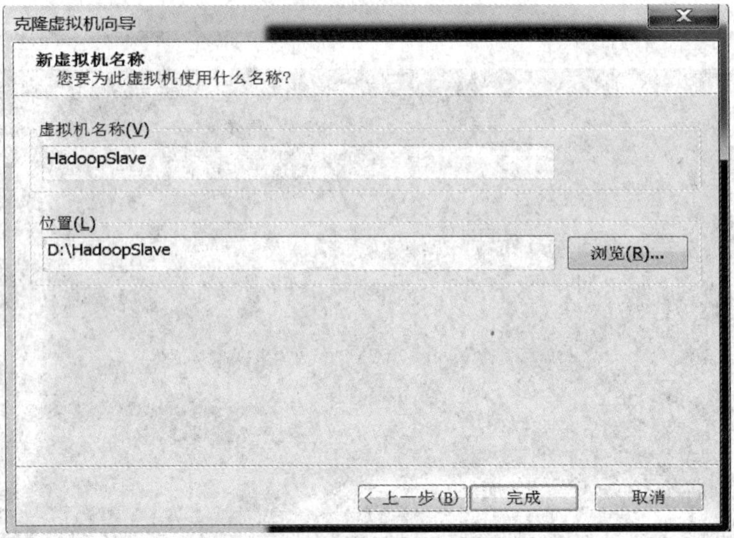

图 7-26　确定克隆虚拟机名称及存储位置

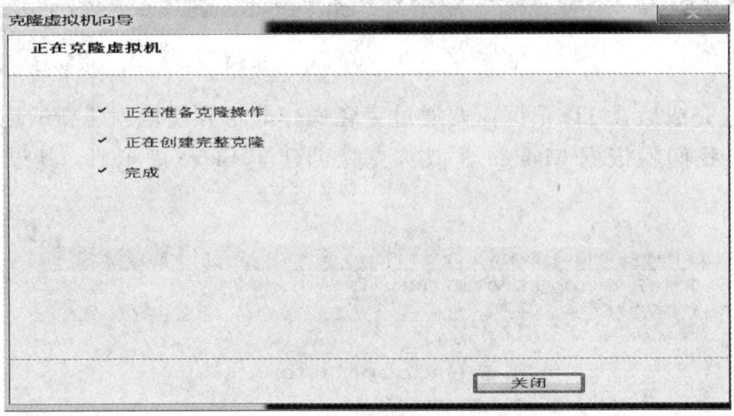

图 7-27　虚拟机克隆完成界面

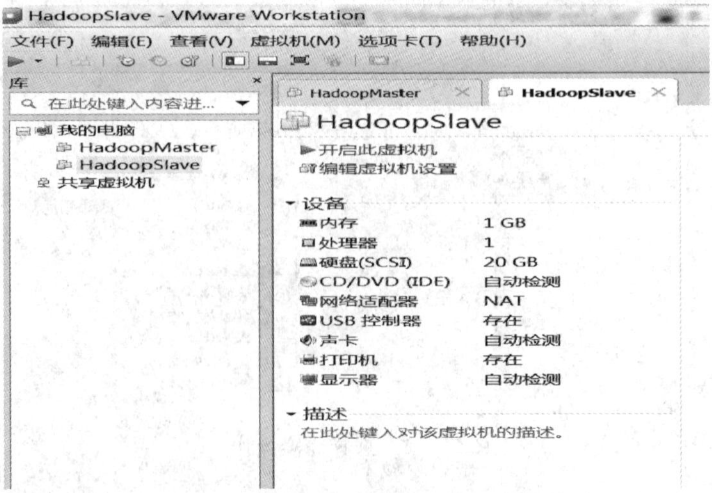

图 7-28　两台虚拟机搭建完成界面

4. 思考题

打开图 7-29 所示的 VMware 虚拟网络编辑器，分别将虚拟机的网络类型设为桥接模式、NAT 模式和仅主机模式，在报告中完成以下工作：

(1) 详述三种模式的配置步骤。

(2) 比较分析三种模式的特点及适用场景。

(3) 分析分别在这三种模式下主机 PC 与虚拟机之间网络的状态及可访问性。

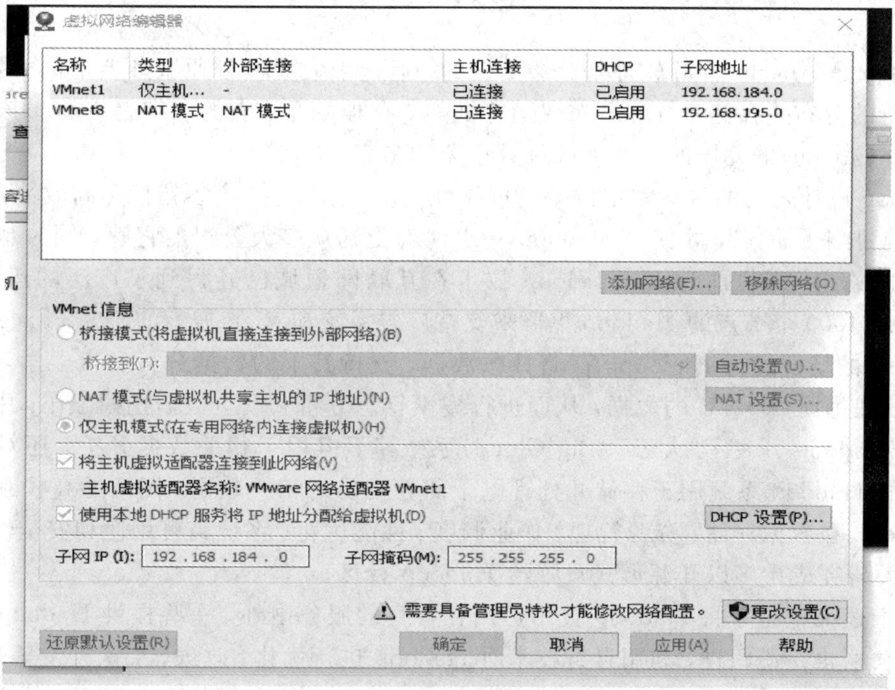

图 7-29　VMware 虚拟网络编辑器

第 8 章　Hadoop 和 Spark 平台

8.1　认识 Hadoop

Hadoop 是 Apache 开源软件基金会开发的，运行于大规模普通服务器上的大数据存储、计算、分析的分布式存储系统和分布式运算框架。有趣的是，它的名字是来源于该项目的创建者 Doug Cutting 的儿子的一个毛绒玩具小象的名字。

Hadoop 设计之初的目标就定位于高可靠性、高可拓展性、高容错性和高效性，正是这些设计上与生俱来的优点，才使得 Hadoop 一出现就受到众多大公司的青睐，同时也引起了研究界的普遍关注。到目前为止，Hadoop 技术在互联网领域已经得到了广泛的运用。例如，Yahoo 使用 4000 个节点的 Hadoop 集群来支持广告系统和 Web 搜索的研究；Facebook 使用 1000 个节点的集群运行 Hadoop，存储日志数据，支持其上的数据分析和机器学习；百度用 Hadoop 处理每周 200 TB 的数据，从而进行搜索日志分析和网页数据挖掘工作；中国移动研究院基于 Hadoop 开发了"大云"(Big Cloud)系统，不但用于相关数据分析，还对外提供服务；淘宝的 Hadoop 系统用于存储并处理电子商务交易的相关数据。国内的高校和科研院所基于 Hadoop 在数据存储、资源管理、作业调度、性能优化、系统高可用性和安全性方面进行研究，相关研究成果多以开源形式贡献给 Hadoop 社区。

除了上述大型企业将 Hadoop 技术运用在自身的服务中外，一些提供 Hadoop 解决方案的商业型公司也纷纷跟进，利用自身技术对 Hadoop 进行优化、改进、二次开发等，然后以公司自有产品形式对外提供 Hadoop 的商业服务。比较知名的有创办于 2008 年的 Cloudera 公司，它是一家专业从事基于 ApacheHadoop 的数据管理软件销售和服务的公司，它希望充当大数据领域中类似 RedHat 在 Linux 世界中的角色。该公司基于 Apache Hadoop 发行了相应的商业版本 Cloudera Enterprise，它还提供 Hadoop 相关的支持、咨询、培训等服务。在 2009 年，Cloudera 聘请了 Doug Cutting(Hadoop 的创始人)担任公司的首席架构师，从而更加加强了 Cloudera 公司在 Hadoop 生态系统中的影响力和地位。最近，Oracle 也表示已经将 Cloudera 的 Hadoop 发行版和 Cloudera Manager 整合到 Oracle Big Data Appliance 中。同样，Intel 也基于 Hadoop 发行了自己的版本 IDH。从这些可以看出，越来越多的企业将 Hadoop 技术作为进入大数据领域的必备技术。

Hadoop 主要有以下几个优点：

- 高可靠性。Hadoop 按位存储和处理数据的能力值得人们信赖。
- 高扩展性。Hadoop 是在可用的计算机集簇间分配数据并完成计算任务的，这些集簇可以方便地扩展到数以千计的节点中。
- 高效性。Hadoop 能够在节点之间动态地移动数据，并保证各个节点的动态平衡，因此处理速度非常快。
- 高容错性。Hadoop 能够自动保存数据的多个副本，并且能够自动将失败的任务重新分配。

• 低成本。与一体机、商用数据仓库以及 QlikView、Yonghong Z-Suite 等数据集市相比，Hadoop 是开源的，项目的软件成本因此会大大降低。

此外，Hadoop 带有用 Java 语言编写的框架，因此运行在 Linux 生产平台上是非常理想的。Hadoop 上的应用程序也可以使用其他语言编写，比如 C++。

8.2　Hadoop 的组成、体系结构和部署

8.2.1　Hadoop 的组成

Hadoop 由许多元素构成，其最底部是 Hadoop Distributed File System(HDFS)，用来完成 Hadoop 集群中所有存储节点的文件存储。HDFS 的上一层是 MapReduce 引擎，该引擎由 JobTrackers 和 TaskTrackers 组成。此外，数据仓库工具 Hive 和分布式数据库 Hbase 等基本涵盖了 Hadoop 分布式平台的主要核心技术。Hadoop 的各组成部分如图 8-1 所示。

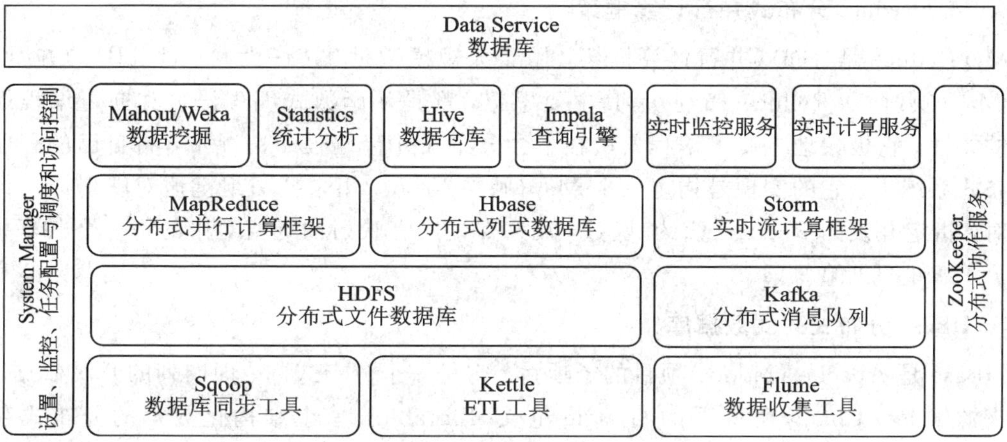

图 8-1　Hadoop 的各组成部分

1. Sqoop 数据库同步工具

Sqoop 项目开始于 2009 年，最早是作为 Hadoop 的一个第三方模块存在，后来为了让使用者能够快速部署，也为了让开发人员能够更快速地迭代开发，Sqoop 独立成为一个 Apache 项目。它主要用于在 Hadoop 与传统的数据库等之间进行数据的传递，可以将一个关系型数据库(例如 MySQL、Oracle、Postgres 等)中的数据导入到 Hadoop 的 HDFS 中，也可以将 HDFS 中的数据导入到关系型数据库中。

2. Kettle ETL 工具

Kettle 是 ETL(Extract Transform and Load)工具集，它允许用户管理来自不同数据库的数据，通过提供一个图形化的用户环境来描述想做什么。Kettle 中有两种脚本文件：transformation 和 job，transformation 完成针对数据的基础转换，job 则完成整个工作流的控制。

3. Flume 数据收集工具

Flume 是 Cloudera 提供的一个高可用、高可靠、分布式的海量日志采集、聚合和传输系

统。Flume 支持在日志系统中定制各类数据发送方，用于收集数据；同时，Flume 提供对数据进行简单处理，并写到各种数据接收方(可定制)的能力。

4. HDFS 分布式文件系统

HDFS 是 Apache Hadoop Core 项目的一部分，最开始是作为 Apache Nutch 搜索引擎项目的基础架构而开发的。HDFS 被设计成适合运行在通用硬件(commodity hardware)上的分布式文件系统。它是一个高度容错性的系统，适合部署在廉价的机器上，能提供高吞吐量的数据访问，非常适合大规模数据集上的应用。详细介绍见第 9 章。

5. Kafka 分布式消息队列

Kafka 是一种高吞吐量的分布式发布订阅消息系统，通过 Hadoop 的并行加载机制来统一线上和离线的消息处理，也通过集群机来提供实时的消费。它可以处理消费者规模网站中的所有动作流数据，而这些动作(如网页浏览、搜索和其他用户的行动)是分析现代网络上的许多社会功能的一个关键因素。

6. MapReduce 分布式并行计算框架

MapReduce 是分布式并行计算框架，用于大规模数据集(一般大于 1 TB)的并行运算。概念 Map(映射)和 Reduce(归约)是其主要思想，都是从函数式编程语言和向量编程语言里借来的特性。它极大地方便了编程人员在不会分布式并行编程的情况下，将自己的程序运行在分布式系统上。它的实现是指定一个 Map(映像)函数，用来把一组键值对映射成一组新的键值对，指定并发的 Reduce(归约)函数，用来保证所有映射的键值对中的每一个共享相同的键组。详细介绍见第 9 章。

7. HBase 分布式列式数据库

HBase 是 Apache Hadoop 项目的子项目。它是一个分布式的、面向列的开源数据库，该技术来源于 Fay Chang 所撰写的 Google 论文《Bigtable：一个结构化数据的分布式存储系统》。就像 Bigtable 利用了 Google 文件系统(File System)所提供的分布式数据存储一样，HBase 在 Hadoop 之上提供了类似于 Bigtable 的能力。HBase 不同于一般的关系数据库，它是一个适合于非结构化数据存储的数据库。还有一个不同是 HBase 中的数据存储是基于列的模式，而不是基于行的模式。详细介绍见第 10 章。

8. Storm 实时流计算框架

Storm 是一个免费开源、分布式、高容错的实时计算系统。Storm 令持续不断的流计算变得容易，弥补了 Hadoop 批处理所不能满足的实时要求。Storm 经常用于实时分析、在线机器学习、持续计算、分布式远程调用和 ETL 等领域。Storm 的部署管理非常简单，而且在同类的流式计算工具中，Storm 的性能也是非常出众的。

9. Mahout 数据挖掘

Mahout 是 Apache 的开源项目，提供一些可扩展的机器学习领域经典算法的实现，旨在帮助开发人员更加方便快捷地创建智能应用程序。Mahout 包含许多数据挖掘的算法实现，包括聚类、分类、推荐过滤、频繁子项挖掘等。此外，通过使用 Apache Hadoop 库，Mahout 可以有效地扩展到云中。

10. Hive 数据仓库

Hive 是基于 Hadoop 的一个数据仓库工具，可以将结构化的数据文件映射为一张数据库表，并提供简单的 SQL 查询功能，可以将 SQL 语句转换为 MapReduce 任务进行运行。Hive 的学习成本低，可以通过类 SQL 语句快速实现简单的 MapReduce 统计，而不必开发专门的 MapReduce 应用，十分适合数据仓库的统计分析。详细介绍见第 10 章。

11. Impala 查询引擎

Impala 是 Cloudera 公司主导开发的新型查询系统，它提供 SQL 语义，能查询存储在 Hadoop 的 HDFS 和 HBase 中的 PB 级大数据。已有的 Hive 系统虽然也提供了 SQL 语义，但由于 Hive 底层执行使用的是 MapReduce 引擎，所以其仍然是一个批处理过程，难以满足查询的交互性。相比之下，Impala 的最大特点就是它的快速。

12. Zookeeper 分布式协作服务

ZooKeeper 是一个分布式的、开放源码的应用程序的协调服务工具，它为分布式应用提供一致性服务，是 Google 的 Chubby 的一个开源的实现，是 Hadoop 和 Hbase 的重要组件。它提供的功能包括配置维护、域名服务、分布式同步、组服务等。

8.2.2　Hadoop 体系结构

HDFS 和 Mapreduce 是 Hadoop 体系结构的核心。HDFS 是分布式文件系统，它实现了数据在计算机集群组成的云上高效的存储和管理；MapReduce 是并行计算框架，能够让用户编写的 Hadoop 并行应用程序的运行十分简化，实现了分布式计算和任务处理。

具体来说，在 Hadoop 这个能够对大量数据进行分布式处理的软件框架中实现了 Google 的 MapReduce 编程模型和框架，能够把应用程序分割成许多个小的工作单元，并把这些单元放到任何集群节点上执行。在 MapReduce 中，一个准备提交执行的应用程序称为“作业(Job)”，而从一个作业划分出的运行于各个计算节点的工作单元称为“任务(Task)”。此外，Hadoop 提供的分布式文件系统(HDFS)主要负责各个节点的数据存储，并实现了高吞吐率的数据读写。

在分布式存储和分布式计算方面，Hadoop 使用主/从(Master/Slave)架构。在一个配置完整的集群上，想让 Hadoop 运作起来，需要在集群中运行一系列后台(deamon)程序。不同的后台程序扮演不同的角色，这些角色由 NameNode、DataNode、Secondary NameNode、JobTracker、TaskTracker 组成。其中 NameNode、Secondary NameNode、JobTracker 运行在 Master 节点上，而在每个 Slave 节点上，部署一个 DataNode 和 TaskTracker，以便这个 Slave 服务器运行的数据处理程序能尽可能直接处理本机的数据。对 Master 节点需要特别说明的是，在小集群中，Secondary NameNode 可以属于某个从节点；在大型集群中，NameNode 和 JobTracker 被分别部署在两台服务器上。

1. NameNode

NameNode 管理着文件系统的 Namespace。它通过 Namespace 镜像文件(Namespace Image)和操作日志文件(Edit Log)管理文件系统树(FileSystem tree)以及文件树中所有的文件和文件夹的元数据(Metadata)。NameNode 记录着每个文件中各个块所在的数据节点的位置信息，但是它并不持久化存储这些信息，因为这些信息会在系统启动时从数据节点重建。

2. DataNode

DataNode 是文件系统的工作节点，它们根据客户端或者是 NameNode 的调度来存储和检索数据，并且定期向 NameNode 发送它们所存储的块(block)的列表。集群中的每个服务器都运行一个 DataNode 后台程序，这个后台程序负责把 HDFS 数据块读写到本地的文件系统。当需要通过客户端读/写某个数据时，先由 NameNode 告诉客户端去哪个 DataNode 进行具体的读/写操作，然后，客户端直接与这个 DataNode 服务器上的后台程序进行通信，并且对相关的数据块进行读/写操作。

3. Secondary NameNode

Secondary NameNode 是一个用来监控 HDFS 状态的辅助后台程序。每个集群都有一个 Secondary NameNode，并且部署在一个单独的服务器上。Secondary NameNode 不同于 NameNode，它不接受或者记录任何实时的数据变化，但是，它会与 NameNode 进行通信，以便定期地保存 HDFS 元数据的快照。由于 NameNode 是单点的，通过 Secondary NameNode 的快照功能，可以将 NameNode 的宕机时间和数据损失降低到最小。同时，如果 NameNode 发生问题，Secondary NameNode 可以及时地作为备用 NameNode 使用。

4. JobTracker

JobTracker 后台程序用来连接应用程序与 Hadoop。用户代码提交到集群以后，由 JobTracker决定哪个文件将被处理，并且为不同的 Task 分配节点。同时，它还监控所有的 Task，一旦某个 Task 失败了，JobTracker 就会自动重新开启这个 Task，在大多数情况下这个 Task 会被放在不用的节点上。每个 Hadoop 集群只有一个 JobTracker，一般运行在集群的 Master 节点上。

5. TaskTracker

TaskTracker 与负责存储数据的 DataNode 相结合，其处理结构也遵循主/从架构。JobTracker位于主节点，统领 MapReduce 工作；而 TaskTrackers 位于从节点，独立管理各自的 task。每个 TaskTracker 负责独立执行具体的 task，而 JobTracker 负责分配 task。虽然每个从节点仅有一个唯一的 TaskTracker，但是每个 TaskTracker 可以产生多个 java 虚拟机(JVM)，用于并行处理多个 map 以及 reduce 任务。TaskTracker 的一个重要职责就是与 JobTracker交互。如果 JobTracker 无法准时地获取 TaskTracker 提交的信息，JobTracker 就判定 TaskTracker 已经崩溃，并将任务分配给其他节点处理。

8.2.3 Hadoop 的部署

总结 8.2.2 节，可以发现 Hadoop 从三个角度对主机进行角色的划分。第一，最基本的是将主机划分为 Master 和 Slave，即主机和从机；第二，从 HDFS 的角度，将主机划分为 NameNode和 DataNode(在分布式文件系统中，管理目录很重要，相当于 Master，而 NameNode就是目录管理者)；第三，从 MapReduce 的角度，将主机划分为 JobTracker 和 TaskTracker(一个 Job 经常被划分为多个 Task)。

Hadoop 有三种部署模式：单机模式、伪分布式模式和完全分布式模式。

1. 单机模式

单机模式是 Hadoop 的默认模式。当首次解压 Hadoop 的源码包时，Hadoop 无法了解硬件安装环境，便保守地选择了最小配置。在这种默认模式下所有三个 XML 文件均为空。当配置文件为空时，Hadoop 会完全运行在本地。因为不需要与其他节点交互，单机模式不使用 HDFS，也不加载任何 Hadoop 的守护进程。该模式主要用于开发调试 MapReduce 程序的应用逻辑。

2. 伪分布式模式

可以将伪分布式的 Hadoop 看做只有一个节点的集群，在这个集群中，这个节点既是 Master，也是 Slave；既是 NameNode，也是 DataNode；既是 JobTracker，也是 TaskTracker。

在伪分布中，需要简单修改 Hadoop 的配置文件，如：

- conf/hadoop-env. sh：配置 JAVA_HOME。
- core-site. xml：配置 HDFS 节点名称和地址。
- hdfs-site. xml：配置 HDFS 存储目录，复制数量。
- mapred-site. xml：配置 Mapreduce 的 Jobtracker 地址。

3. 完全分布式模式

完全分布式模式将构建一个 Hadoop 集群，实现真正的分布式。其体系结构由两层网络拓扑组成，形成多个机架(Rack)，每个机架会有 30～40 台的机器，这些机器共享具有 GB 级别带宽的网络交换机。

在配置 Hadoop 时，配置文件分为两类：

(1) 只读类型的默认文件：包括 core-default. xml、hdfs-default. xml、mapred-default. xml、mapred-queues. xml。

(2) 定位(site-specific)设置：包括 core-site. xml、hdfs-site. xml、mapred-site. xml、mapred-queues. xml。

除此之外，也可以通过设置 Hadoop-env. sh 来为 Hadoop 的守护进程设置环境变量(在 bin/文件夹内)。Hadoop 通过 org. apache. hadoop. conf. configuration 来读取配置文件。在 Hadoop 的设置中，其设置通过资源(resource)定位，每个资源由一系列 name/value 对以 XML 文件的形式构成，它以一个字符串命名或以 Hadoop 定义的 Path 类命名(这个类是用于定位文件系统内的文件或文件夹的)。以字符串命名的，Hadoop 会通过 classpath 调用此文件；以 Path 类命名的，Hadoop 会直接在本地文件系统中搜索。具体配置流程如下：

① 配置 etc/hosts 文件，使主机名解析为 IP 或者使用 DNS 服务解析主机名；

② 配置 ssh 密码连入：每个节点用 grid 登录，进入主工作目录，ssh-keygen-t rsa 生产公钥，然后将每个节点的公钥复制到同一个文件中，再将这个包含所有节点公钥的文件复制到每个节点的 authorized_keys 目录，每个节点之间彼此可以免密码连接；

③ 配置 NameNode，修改 site 文件；

④ 配置 Hadoop-env. sh；

⑤ 配置 Masters 和 Slaves 文件；

⑥ 向各个节点复制 Hadoop；

⑦ 格式化 NameNode；

⑧ 启动 Hadoop；

⑨ 用 JPS 检验各后台进程是否成功启动。

在 8.4 节实验中将通过虚拟机简单模拟 Hadoop 的部署过程。

8.3 认识 Spark

8.3.1 什么是 Spark

近几年来，大数据机器学习和数据挖掘的并行化算法研究成为大数据领域一个较为重要的研究热点。早几年国内外研究者和业界比较关注的是在 Hadoop 平台上的并行化算法设计。然而，Hadoop MapReduce 平台由于网络和磁盘读写开销大，难以高效地实现需要大量迭代计算的机器学习并行化算法。

Spark 是 Apache 下的开源项目，由加州大学伯克利分校 AMP 实验室(Algorithms, Machines and People Lab)开发，是一种与 Hadoop 相似的开源集群计算环境，但 Spark 启用了内存分布数据集，除了能够提供交互式查询外，它还可以优化迭代工作负载，可用来构建大型的、低延迟的数据分析应用程序，这使得 Spark 在某些工作负载方面表现得更加优越。近年来国内外开始关注如何在 Spark 平台上实现各种机器学习和数据挖掘并行化算法设计。

Spark 是在 Scala 语言中实现的，它将 Scala 用做其应用程序框架。与 Hadoop 不同，Spark 和 Scala 能够紧密集成，其中的 Scala 可以像操作本地集合对象一样轻松地操作分布式数据集。

尽管创建 Spark 是为了支持分布式数据集上的迭代作业，但是实际上它是对 Hadoop 的补充，可以在 Hadoop 文件系统中并行运行。通过名为 Mesos 的第三方集群框架可以支持此行为。

Spark 生态系统的目标就是将批处理、交互式处理、流式处理融合到同一个软件栈中。其运作的代价小，能提供节点故障和落后的容忍功能。

对于最终用户或开发者而言，Spark 的生态系统有如下特性：

(1) Spark 生态系统兼容 Hadoop 生态系统(兼容 HDFS 和 Yarn)。

(2) Spark 生态系统学习成本很低。

(3) Spark 性能表现优异。

(4) Spark 有强大的社区支持。

(5) Spark 支持多种语言接口编程(Java、Scala、Python、R)。

Spark 支持四种运行模式，分别是：

(1) 本地运行模式。所有 Spark 进程运行在同一个 Java 虚拟机(Java Virtual Machine, JVM)中。

(2) 集群单机模式。使用 Spark 自己内置的任务调度框架。

(3) 基于 Mesos。Mesos 是一个流行的开源集群计算框架。

(4) 基于 Yarn。Yarn 是一个与 Hadoop 关联的集群计算和资源调度框架，被认为是 Hadoop2。

8.3.2 Spark 框架

Spark 框架如图 8-2 所示。

(1) Shark：基本上就是在 Spark 的框架基础上提供和 Hive 一样的 HiveQL 命令接口，

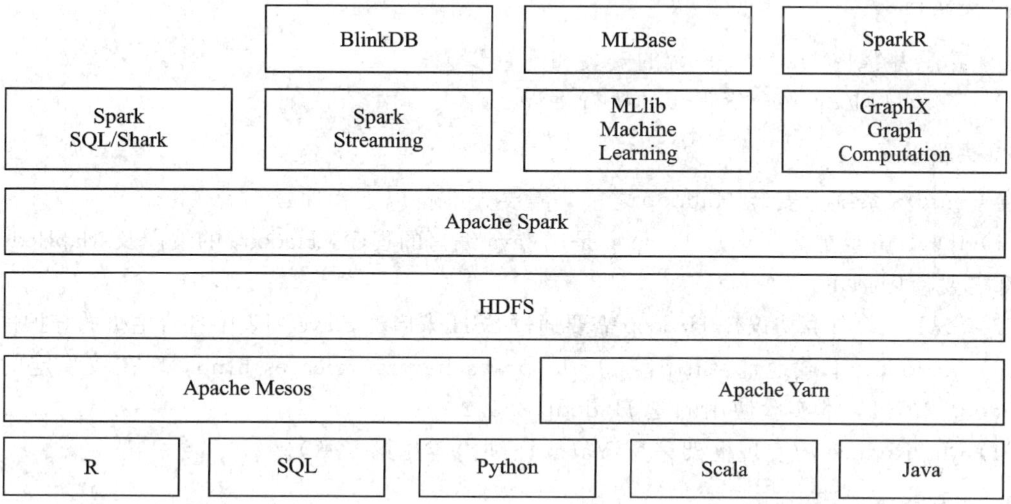

图 8－2　Spark 框架

为了最大程度地保持和 Hive 的兼容性，Shark 使用了 Hive 的 API 来实现 query Parsing 和 Logic Plan generation，最后的 PhysicalPlan execution 阶段用 Spark 代替 Hadoop MapReduce。通过配置 Shark 参数，Shark 可以自动在内存中缓存特定的 RDD，实现数据重用，进而加快特定数据集的检索。同时，Shark 通过 UDF 用户自定义函数实现特定的数据分析学习算法，使得 SQL 数据查询和运算分析能结合在一起，最大化 RDD 的重复使用。

(2) SparkR：一个为 R 提供了轻量级的 Spark 前端的 R 包。SparkR 提供了一个分布式的 data frame 数据结构，解决了 R 中的 data frame 只能在单机中使用的瓶颈。它和 R 中的 data frame 一样支持许多操作，比如 select、filter、aggregate 等(类似 dplyr 包中的功能)，这很好地解决了 R 的大数据级瓶颈问题。SparkR 也支持分布式的机器学习算法，比如使用 MLib 机器学习库。SparkR 为 Spark 引入了 R 语言社区的活力，吸引了大量的数据科学家在 Spark 平台上直接开始数据分析之旅。

(3) Spark Streaming：构建在 Spark 上处理 Stream 数据的框架，基本的原理是将 Stream 数据分成小的时间片断(几秒)，以类似 batch 批量处理的方式来处理这小部分数据。Spark Streaming 构建在 Spark 上，一方面是因为 Spark 的低延迟执行引擎(100 ms+)虽然比不上专门的流式数据处理软件，但也可以用于实时计算；另一方面相比基于 Record 的其他处理框架(如 Storm)，一部分窄依赖的 RDD 数据集可以从源数据重新计算达到容错处理目的。此外小批量处理的方式使得它可以同时兼容批量和实时数据处理的逻辑和算法，方便了一些需要历史数据和实时数据联合分析的特定应用场合。

实验 2　CentOS 环境下 Hadoop 的安装与配置

1. 实验简介

本实验主要介绍 CentOS 操作系统下 Hadoop 平台的安装和配置，使学生通过实践操作熟悉和掌握 Hadoop 平台的配置，并通过 PI 计算实验验证 Hadoop 执行。

2. 实验目的

(1) 熟悉并掌握 Hadoop 平台的安装和配置步骤；

(2) 了解 Hadoop 平台下程序的执行过程。

3. 实验准备

在 CentOS 系统上安装 Hadoop 之前，需要先准备以下程序：

(1) JDK1.6(或更高版本)。Hadoop 是用 Java 编写的程序，Hadoop 的编译及 MapReduce 的运行都需要使用 JDK。

(2) SSH(安全外壳协议)。Hadoop 需要通过 SSH 来启动 Slave 列表中各台主机的守护进程。

(3) Hadoop。下载地址：http://hadoop.apache.org/releases.html，现在较稳定的版本是 Hadoop 2.7.2，本实验使用的是 Hadoop 2.5.2。

(4) MapReduce 的实现框架采用 Yarn(详细内容见第 9 章)。

4. 实验主要内容

1) 启动两台虚拟客户机

启动 VMware Workstation，选择之前实验中已经安装好的虚拟机：HadoopMaster 和 HadoopSlave，通过"开启虚拟机"操作分别打开两台虚拟机，如图 8-3 所示。

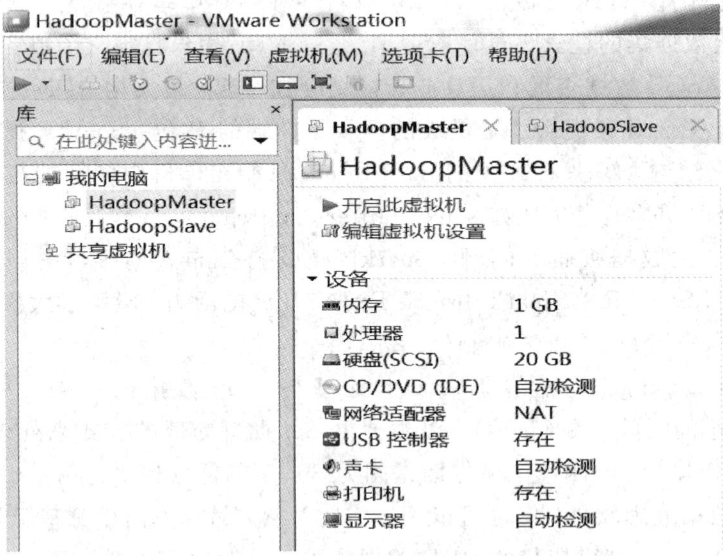

图 8-3 开启虚拟机

2) Linux 系统配置

此操作步骤需要在 HadoopMaster 和 HadoopSlave 节点上分别完成操作，所有的命令操作都在终端环境中的 root 用户下完成。从当前用户 ahpu 切换到 root 用户的命令如下：

```
[ahpu@master ~]$ su root
```

此步骤中需要输入建立虚拟机时设定的密码。

3) 配置主机名

(1) HadoopMaster 节点。

使用 gedit 编辑主机名，如果不可以使用 gedit，就直接使用 vi 编辑器。

```
[root@master ahpu]$ gedit /etc/sysconfig/network
```

配置信息如下(如果已经存在则不修改)，将 HadoopMaster 节点的主机名改为 master，如下面代码的第 2 行所示。

```
NETWORKING=yes #启动网络
HOSTNAME=master #主机名
```

使修改命令生效：

```
[root@master ahpu]$ hostname master
```

检测主机名是否修改成功，命令如下(在操作之前需要关闭当前终端，重新打开一个终端)：

```
[root@master ahpu]$ hostname
```

命令如果执行无误将会有如下输出：

```
[root@localhost ahpu]# hostname master
[root@localhost ahpu]# hostname
master
```

(2) HadoopSlave 节点。

使用 gedit 编辑主机名：

```
[root@slave ahpu]$ gedit /etc/sysconfig/network
```

配置信息如下(如果已经存在则不修改)，将 Hadoopslave 节点的主机名改为 slave，如下面代码的第 2 行所示。

```
NETWORKING=yes #启动网络
HOSTNAME=slave #主机名
```

使修改命令生效：

```
[root@slave ahpu]$ hostname slave
```

检测主机名是否修改成功，命令如下(在操作之前需要关闭当前终端，重新打开一个终端)：

```
[root@slave ahpu]$ hostname
```

命令如果执行无误将会有如下输出：

```
[root@localhost ahpu]# hostname slave
[root@localhost ahpu]# hostname
slave
```

4) 关闭防火墙

此操作也需要在 HadoopSlave 节点上执行。

在终端中执行下面的命令：

```
[ahpu@master ~]$ setup
```

结果如图 8-4 所示。

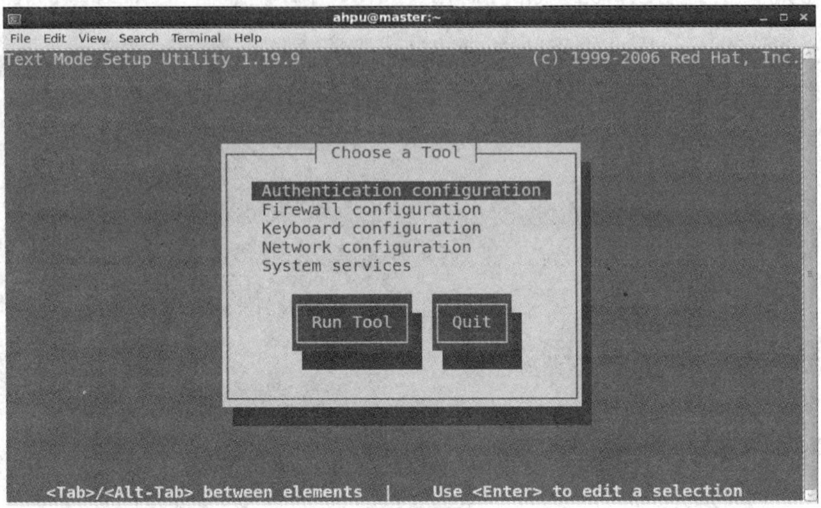

图 8-4　选择一个工具

移动光标选择“Firewall configuration”选项，回车进入选项。

如果该项前面有“ * ”标，则单击空格键关闭防火墙，如图 8-5 所示，然后移动光标选择“OK”保存修改内容。

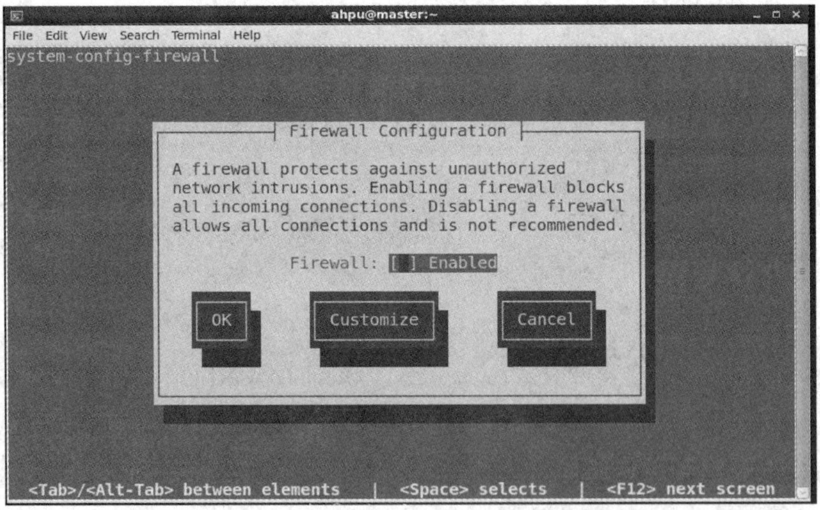

图 8-5　关闭防火墙

5）配置 hosts 列表

此操作也需要在 HadoopSlave 节点上执行。

配置需要在 root 用户下（使用 su 命令修改用户）执行。编辑主机名列表的命令如下：

```
[root@master ahpu]$ gedit /etc/hosts
```

将下面两行内容添加到/etc/hosts 文件中：

```
192.168.43.135 master
192.168.43.137 slave
```

注意： 这是 maste 和 Slave 节点对应的 IP 地址，需要通过 ifconfig 命令查看后配置。查看 Master 的 IP 地址使用下面的命令：

```
[ahpu@master~]$ ifconfig
```

验证是否配置成功的命令是：

```
[ahpu@master ~]$ ping master
[ahpu@master ~]$ ping slave
```

如果出现图 8-6 所示的信息表示配置成功。

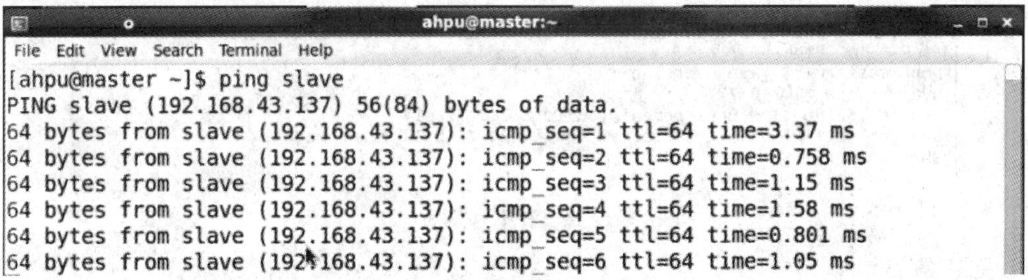

图 8-6　配置成功

如果出现图 8-7 所示的信息表示配置失败。

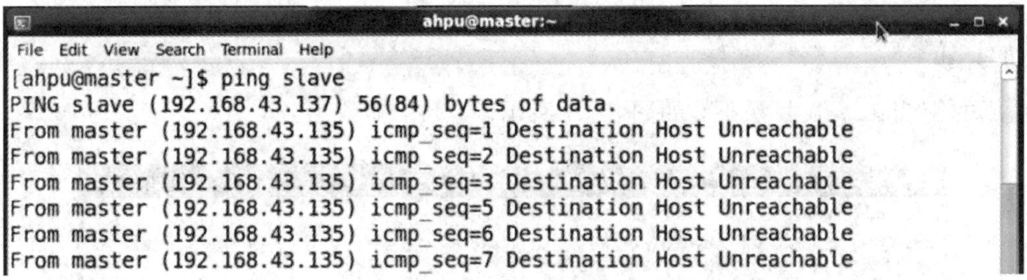

图 8-7　配置失败

6）安装 JDK

此操作亦需要在 HadoopSlave 节点上执行。

将 JDK 文件解压，放到/usr/java 目录下：

```
[ahpu@master jdk]$ mkdir /usr/java
[ahpu@master jdk]$ mv ~/resources/software/jdk/jdk-7u71-linux-x64.gz /usr/java/
[ahpu@master jdk]$ cd /usr/java
[ahpu@master java]$ tar -xvf /usr/java/jdk-7u71-linux-x64.gz
```

使用 gedit 配置环境变量：

```
[ahpu@master java]$ gedit /home/ahpu/.bash_profile
```

复制粘贴以下内容并添加到上面用 gedit 打开的文件中：

```
export JAVA_HOME=/usr/java/jdk1.7.0_71/
export PATH=$JAVA_HOME/bin:$PATH
```

执下如下命令使改动生效：

```
[ahpu@master java]$ source /home/ahpu/.bash_profile
```

测试配置，命令如下：

```
[ahpu@master ~]$ java -version
```

如果出现图 8-8 所示的信息，表示 JDK 安装成功。

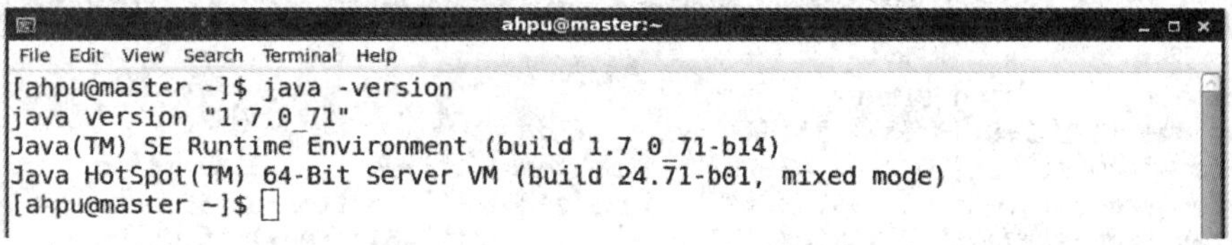

图 8-8 JDK 安装成功

7）免密钥登录配置

该部分所有的操作都要在 ahpu 用户下完成。

（1）HadoopMaster 节点。

在终端生成密钥，命令如下（一路点击回车生成密钥）：

```
[ahpu@master ~]$ ssh-keygen -t rsa
```

生成的密钥在.ssh 目录下，如图 8-9 所示。

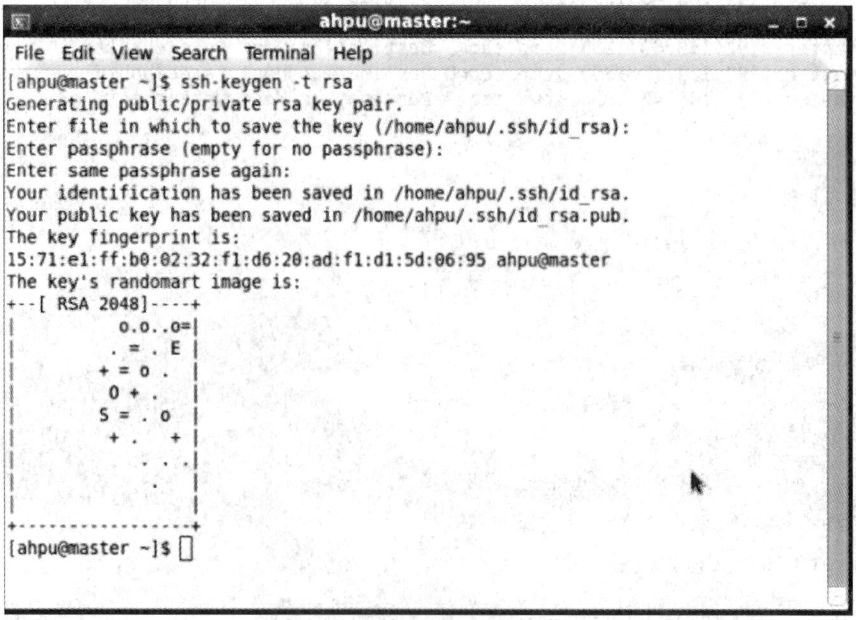

图 8-9 生成密钥

复制公钥文件，命令如下：

```
[ahpu@master .ssh]$ cat ~/.ssh/id_rsa.pub >> ~/.ssh/authorized_keys
```

执行 Linux 下的 ls-l 命令后会看到图 8－10 所示的文件列表。

```
[ahpu@master .ssh]$ ls -l
total 12
-rw-rw-r--. 1 ahpu ahpu  786 Aug 15 02:23 authorized_keys
-rw-------. 1 ahpu ahpu 1675 Aug 15 02:16 id_rsa
-rw-r--r--. 1 ahpu ahpu  393 Aug 15 02:16 id_rsa.pub
```

图 8－10　执行 ls-l 命令后的文件列表

修改 authorized_keys 文件的权限，命令如下：

```
[ahpu@master .ssh]$ chmod 600 ~/.ssh/authorized_keys
```

修改完权限后文件列表如图 8－11 所示。

```
[ahpu@master .ssh]$ chmod 600 ~/.ssh/authorized_keys
[ahpu@master .ssh]$ ls -l
total 12
-rw-------. 1 ahpu ahpu  786 Aug 15 02:23 authorized_keys
-rw-------. 1 ahpu ahpu 1675 Aug 15 02:16 id_rsa
-rw-r--r--. 1 ahpu ahpu  393 Aug 15 02:16 id_rsa.pub
```

图 8－11　修改完权限后的文件列表

将 authorized_keys 文件复制到 slave 节点，命令如下：

```
[ahpu@master .ssh]$ scp ~/.ssh/authorized_keys ahpu@slave:~/
```

当提示输入 yes/no 的时候，输入 yes，回车。

(2) HadoopSlave 节点。

在终端生成密钥，命令如下(一路点击回车生成密钥)：

```
[ahpu@slave ~]$ ssh-keygen-t rsa
```

将 authorized_keys 文件移动到.ssh 目录，命令如下：

```
[ahpu@slave ~]$ mv authorized_keys ~/.ssh/
```

修改 authorized_keys 文件的权限，命令如下：

```
[ahpu@slave ~]$ cd ~/.ssh
[ahpu@slave .ssh]$ chmod 600 authorized_keys
```

(3) 验证免密钥登录。

在 HadoopMaster 机器上执行下面的命令：

```
[ahpu@master ~]$ ssh slave
```

如果出现图 8－12 所示的内容表示免密钥配置成功。

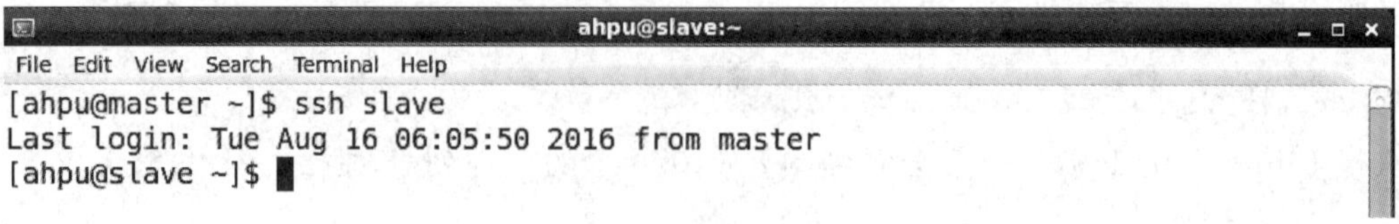

图 8-12　免密钥配置成功

8）Hadoop 配置部署

每个节点上的 Hadoop 配置基本相同，在 HadoopMaster 节点上操作，完成后复制到另一个节点上。下面所有的操作都使用 ahpu 用户。

（1）Hadoop 安装包解压。

复制并解压 Hadoop 安装包，命令如下：

```
[ahpu@master ~]$ tar-xvf ~/hadoop-2.5.2.tar.gz
[ahpu@master ~]$ cd ~/hadoop-2.5.2
```

使用 ls-l 命令后看到如图 8-13 所示的内容，表示解压成功。

```
[ahpu@master ~]$ cd ~/hadoop-2.5.2
[ahpu@master hadoop-2.5.2]$ ls -l
total 52
drwxr-xr-x. 2 ahpu ahpu  4096 Nov 14  2014 bin
drwxr-xr-x. 3 ahpu ahpu  4096 Nov 14  2014 etc
drwxr-xr-x. 2 ahpu ahpu  4096 Nov 14  2014 include
drwxr-xr-x. 3 ahpu ahpu  4096 Nov 14  2014 lib
drwxr-xr-x. 2 ahpu ahpu  4096 Nov 14  2014 libexec
-rw-r--r--. 1 ahpu ahpu 15458 Nov 14  2014 LICENSE.txt
-rw-r--r--. 1 ahpu ahpu   101 Nov 14  2014 NOTICE.txt
-rw-r--r--. 1 ahpu ahpu  1366 Nov 14  2014 README.txt
drwxr-xr-x. 2 ahpu ahpu  4096 Nov 14  2014 sbin
drwxr-xr-x. 4 ahpu ahpu  4096 Nov 14  2014 share
```

图 8-13　解压成功

（2）配置环境变量 hadoop-env.sh。

环境变量文件中，只需要配置 JDK 的路径：

```
[ahpu@master hadoop-2.5.2]$ gedit /home/ahpu/hadoop-2.5.2/etc/hadoop/hadoop-env.sh
```

在文件靠前的部分找到下面的一行代码：

```
export JAVA_HOME=${JAVA_HOME}
```

将这行代码修改为下面的代码：

```
export JAVA_HOME=/usr/java/jdk1.7.0_71/
```

然后保存文件。

（3）配置环境变量 yarn-env.sh。

环境变量文件中，只需要配置 JDK 的路径：

```
[ahpu@master hadoop-2.5.2]$ gedit ~/hadoop-2.5.2/etc/hadoop/yarn-env.sh
```

修改 JAVA_HOME 如下：

```
export JAVA_HOME=/usr/java/jdk1.7.0_71/
```

然后保存文件。

(4) 配置核心组件 core-site.xml。

使用 gedit 编辑：

```
[ahpu@master hadoop-2.5.2]$ gedit ~/hadoop-2.5.2/etc/hadoop/core-site.xml
```

用下面的代码替换 core-site.xml 中的内容：

```
<?xml version="1.0" encoding="UTF-8"?>
<?xml-stylesheet type="text/xsl" href="configuration.xsl"?>
<!-- Put site-specific property overrides in this file. -->
<configuration>
  <property>
    <name>fs.defaultFS</name>
    <value>hdfs://master:9000</value>
  </property>
  <property>
    <name>hadoop.tmp.dir</name>
    <value>/home/ahpu/hadoopdata</value>
  </property>
</configuration>
```

(5) 配置文件系统 hdfs-site.xml。

使用 gedit 编辑：

```
[ahpu@master hadoop-2.5.2]$ gedit ~/hadoop-2.5.2/etc/hadoop/hdfs-site.xml
```

用下面的代码替换 hdfs-site.xml 中的内容：

```
<?xml version="1.0" encoding="UTF-8"?>
<?xml-stylesheet type="text/xsl" href="configuration.xsl"?>
<!-- Put site-specific property overrides in this file. -->
<configuration>
  <property>
    <name>dfs.replication</name>
```

```
    <value>1</value>
  </property>
</configuration>
```

(6) 配置文件系统 yarn-site. xml。

使用 gedit 编辑：

```
[ahpu@master hadoop-2.5.2]$ gedit ~/hadoop-2.5.2/etc/hadoop/yarn-site.xml
```

用下面的代码替换 yarn-site. xml 中的内容：

```
<?xml version="1.0"?>
<configuration>
  <property>
    <name>yarn.nodemanager.aux-services</name>
    <value>mapreduce_shuffle</value>
  </property>
  <property>
    <name>yarn.resourcemanager.address</name>
    <value>master:18040</value>
  </property>
  <property>
    <name>yarn.resourcemanager.scheduler.address</name>
    <value>master:18030</value>
  </property>
  <property>
    <name>yarn.resourcemanager.resource-tracker.address</name>
    <value>master:18025</value>
  </property>
  <property>
    <name>yarn.resourcemanager.admin.address</name>
    <value>master:18141</value>
  </property>
  <property>
    <name>yarn.resourcemanager.webapp.address</name>
    <value>master:18088</value>
  </property>
</configuration>
```

(7) 配置计算框架 mapred-site. xml。

使用 gedit 编辑：

```
[ahpu@master ~]$ gedit ~/hadoop-2.5.2/etc/hadoop/mapred-site.xml
```

用下面的代码替换 mapred-site. xml 中的内容：

```
<?xml-stylesheet type="text/xsl" href="configuration.xsl"?>
<configuration>
<?xml version="1.0"?>
  <property>
    <name>mapreduce.framework.name</name>
    <value>yarn</value>
  </property>
</configuration>
```

说明：以上配置中指明 mapreduce 将运行在 Yarn 上。亦可使用如下配置修改 property，则不需运行在 Yarn 上。

```
<property>
    <name>mapreduce.job.tracker</name>
    <value>hdfs://master:8001</value>
</property>
```

(8) 在 master 节点配置 slaves 文件。

使用 gedit 编辑：

```
[ahpu@master hadoop-2.5.2]$ gedit ~/hadoop-2.5.2/etc/hadoop/slaves
```

将 slaves 中的内容替换为现在的 slave。

9）*复制到从节点*

使用下面的命令将已经配置完成的 Hadoop 复制到从节点 HadoopSlave 上：

```
[ahpu@master hadoop-2.5.2]$ cd
[ahpu@master ~]$ scp -r hadoop-2.5.2 ahpu@slave:~/
```

注意：因为之前已经配置了免密钥登录，这里可以直接远程复制。

10）*启动 Hadoop 集群*

下面所有的操作需在 ahpu 用户下执行。

(1) 配置 Hadoop 启动的系统环境变量。

此配置需要同时在主从两个节点(HadoopMaster 和 HadoopSlave)上进行操作，操作命令如下：

```
[ahpu@master hadoop-2.5.2]$ cd
[ahpu@master ~]$ gedit ~/.bash_profile
```

将下面的代码追加到. bash_profile 末尾：

```
# HADOOP
export HADOOP_HOME=/home/ahpu/hadoop-2.5.2
export PATH=$HADOOP_HOME/bin:$HADOOP_HOME/sbin:$PATH
```

然后执行命令：

```
[ahpu@master ~]$ source ~/.bash_profile
```

(2) 创建数据目录。

此配置需要同时在主从两个节点(HadoopMaster 和 HadoopSlave)上进行操作。

在 ahpu 的用户主目录下，创建数据目录，命令如下：

```
[ahpu@master ~]$ mkdir /home/ahpu/hadoopdata
```

(3) 启动 Hadoop 集群。

① 格式化文件系统。

该操作需要在 HadoopMaster 节点上执行。格式化命令如下：

```
[ahpu@master ~]$ hdfs namenode-format
```

② 启动 Hadoop。

使用 start-all.sh 启动 Hadoop 集群，首先进入 Hadoop 安装主目录，然后执行启动命令：

```
[ahpu@master ~]$ cd ~/hadoop-2.5.2
[ahpu@master hadoop-2.5.2]$ sbin/start-all.sh
```

执行命令后，提示输入 yes/no 时，输入 yes，回车。

③ 查看进程是否启动。

在 HadoopMaster 的终端执行 jps 命令，在打印结果中会看到 4 个进程，分别是 ResourceManager、Jps、NameNode 和 SecondaryNameNode，如图 8－14 所示。如果出现了这 4 个进程，表示主节点进程启动成功。

```
[ahpu@master hadoop-2.5.2]$ jps
24018 ResourceManager
23715 NameNode
23884 SecondaryNameNode
24286 Jps
```

图 8－14　主节点进程启动成功

在 HadoopSlave 的终端执行 jps 命令，在打印结果中会看到 3 个进程，分别是 NodeManager、DataNode 和 Jps，如图 8－15 所示。如果出现了这 3 个进程，表示从节点进程启动成功。

```
[ahpu@slave ~]$ jps
3285 DataNode
3370 NodeManager
3506 Jps
```

图 8－15　从节点进程启动成功

④ 从 Web UI 查看集群是否成功启动。

在 HadoopMaster 上启动 Firefox 浏览器，在浏览器地址栏中输入 http：//master：50070/，检查 NameNode 和 DataNode 是否正常，如图 8－16 所示。

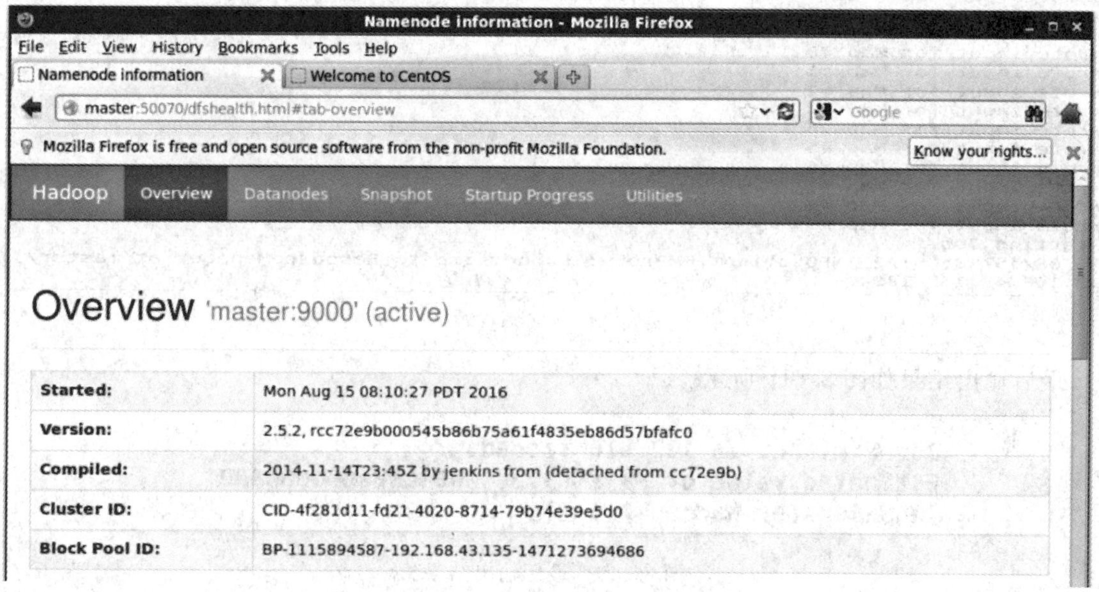

图 8－16　检查 NameNode 和 DataNode 是否正常

在 HadoopMaster 上启动 Firefox 浏览器，在浏览器地址栏中输入 http：//master：18088/，检查 Yarn 是否正常，如图 8－17 所示。

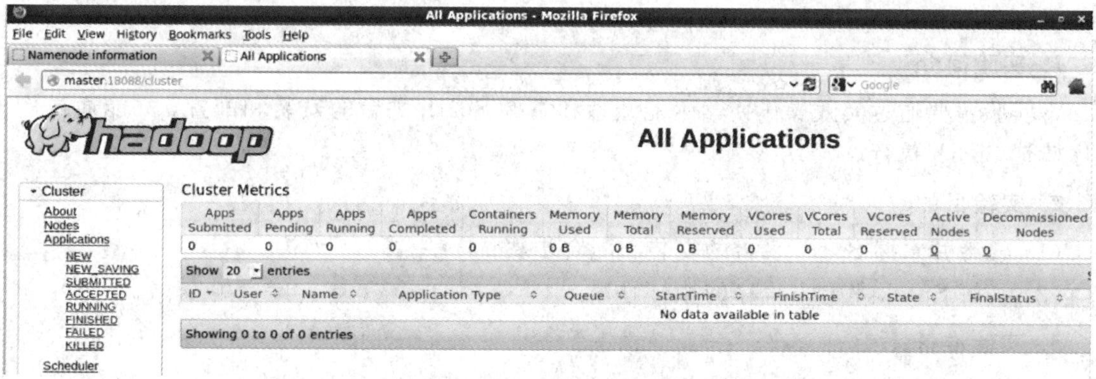

图 8－17　检查 Yarn 是否正常

⑤ 运行 PI 实例检查集群是否成功。

进入 Hadoop 安装主目录，执行下面的命令：

```
[ahpu@master ~]$ cd ~/hadoop-2.5.2/share/hadoop/mapreduce/
[ahpu@master mapreduce]$hadoop jar ~/hadoop-2.5.2/share/hadoop/mapreduce/hadoop-mapre-
duce-examples-2.5.1.jar pi 10 10
```

得到如图 8 - 18 所示的执行结果。

```
[ahpu@master mapreduce]$ hadoop  jar ~/hadoop-2.5.2/share/hadoop/mapreduce/hadoo
p-mapreduce-examples-2.5.2.jar pi 10 10
Number of Maps  = 10
Samples per Map = 10
16/08/15 18:05:20 WARN util.NativeCodeLoader: Unable to load native-hadoop libra
ry for your platform... using builtin-java classes where applicable
Wrote input for Map #0
Wrote input for Map #1
Wrote input for Map #2
Wrote input for Map #3
Wrote input for Map #4
Wrote input for Map #5
Wrote input for Map #6
Wrote input for Map #7
Wrote input for Map #8
Wrote input for Map #9
Starting Job
16/08/15 18:05:22 INFO client.RMProxy: Connecting to ResourceManager at master/1
92.168.43.135:18040
```

图 8 - 18　执行结果

最后输出结果如图 8 - 19 所示。

```
Job Finished in 112.816 seconds
Estimated value of Pi is 3.20000000000000000000
[ahpu@master hadoop-2.5.2]$ 
```

图 8 - 19　最后输出结果

如果以上 3 个验证步骤都没有问题，说明集群正常启动。

实验 3　Spark 的安装和配置

1. 实验简介

本实验主要通过实践操作使学生能熟悉和掌握 Spark 平台的安装和配置，并能通过例子程序验证 Spark 执行。

2. 实验目的

(1) 熟悉并掌握 Spark 平台的安装和配置步骤；

(2) 了解 Spark 平台下程序的执行过程。

3. 实验准备

Hadoop 已经成功安装，并正常启动。

4. 实验主要内容

Spark 安装在 HadoopMaster 节点上。下面的所有操作都在 HadoopMaster 节点上进行。

1) 解压并安装 Spark

注意：本实验使用的 Spark 是 1.5.2 版本，实际实验时可以改变，在进行操作时，请替换成实际的版本。

使用下面的命令，解压 Spark 安装包：

```
tar-zxvf  spark-1.5.2-bin-2.5.2.tgz
```

执行 ls-l 命令后的界面如图 8－20 所示，这些内容是 Spark 包含的文件：

```
[ahpu@master app]$ cd  spark-1.5.2-bin-2.5.2
[ahpu@master spark-1.5.2-bin-2.5.2]$ ls -l
total 1048
drwxr-xr-x. 2 ahpu ahpu   4096 Jan 12  2016 bin
-rw-r--r--. 1 ahpu ahpu 975887 Jan 12  2016 CHANGES.txt
drwxrwxr-x. 2 ahpu ahpu   4096 Jan 12  2016 conf
drwxr-xr-x. 3 ahpu ahpu   4096 Jan 12  2016 data
drwxr-xr-x. 3 ahpu ahpu   4096 Jan 12  2016 ec2
drwxrwxr-x. 3 ahpu ahpu   4096 Jan 12  2016 examples
drwxrwxr-x. 2 ahpu ahpu   4096 Jan 12  2016 lib
-rw-r--r--. 1 ahpu ahpu  17356 Jan 12  2016 LICENSE
drwxr-xr-x. 2 ahpu ahpu   4096 Jan 12  2016 licenses
-rw-r--r--. 1 ahpu ahpu  23158 Jan 12  2016 NOTICE
drwxr-xr-x. 6 ahpu ahpu   4096 Jan 12  2016 python
drwxrwxr-x. 3 ahpu ahpu   4096 Jan 12  2016 R
-rw-r--r--. 1 ahpu ahpu   3593 Jan 12  2016 README.md
-rw-rw-r--. 1 ahpu ahpu    168 Jan 12  2016 RELEASE
drwxr-xr-x. 2 ahpu ahpu   4096 Jan 12  2016 sbin
```

图 8－20　执行 ls-l 命令后的界面

执行 spark-shell 命令后的界面如图 8－21 所示。

```
[ahpu@master bin]$ ./spark-shell
log4j:WARN No appenders could be found for logger (org.apache.hadoop.metrics2.li
b.MutableMetricsFactory).
log4j:WARN Please initialize the log4j system properly.
log4j:WARN See http://logging.apache.org/log4j/1.2/faq.html#noconfig for more in
fo.
Using Spark's repl log4j profile: org/apache/spark/log4j-defaults-repl.propertie
s
To adjust logging level use sc.setLogLevel("INFO")
Welcome to
      ____              __
     / __/__  ___ _____/ /__
    _\ \/ _ \/ _ `/ __/  '_/
   /___/ .__/\_,_/_/ /_/\_\   version 1.5.2
      /_/

Using Scala version 2.10.4 (Java HotSpot(TM) 64-Bit Server VM, Java 1.7.0_71)
Type in expressions to have them evaluated.
Type :help for more information.
16/08/16 06:32:34 WARN MetricsSystem: Using default name DAGScheduler for source
 because spark.app.id is not set.
Spark context available as sc.
16/08/16 06:32:39 WARN Connection: BoneCP specified but not present in CLASSPATH (or one of dependencies)
```

图 8－21　执行 spark-shell 命令后的界面

2）配置 Hadoop 环境变量

在 Yarn 上运行 Spark 需要配置 HADOOP_CONF_DIR、YARN_CONF_DIR 和 HDFS_CONF_DIR 环境变量。

执行如下命令：

```
gedit ~/.bash_profile
```

在其中添加如下代码：

```
export HADOOP_CONF_DIR= $ HADOOP_HOME/etc/hadoop
export HDFS_CONF_DIR= $ HADOOP_HOME/etc/hadoop
export YARN_CONF_DIR= $ HADOOP_HOME/etc/hadoop
```

保存关闭后，执行如下命令使得环境变量生效：

```
source ~/. bash_profile
```

3）验证 Spark 安装

进入 Spark 安装主目录，执行如下命令：

```
. /bin/spark-submit --class org. apache. spark. examples. SparkPi \
--master yarn-cluster \
--num-executors 3 \
--driver-memory 1g \
--executor-memory 1g \
--executor-cores 1 \
lib/spark-examples * . jar \
10
```

运行正常则出现如图 8－22 所示的界面。

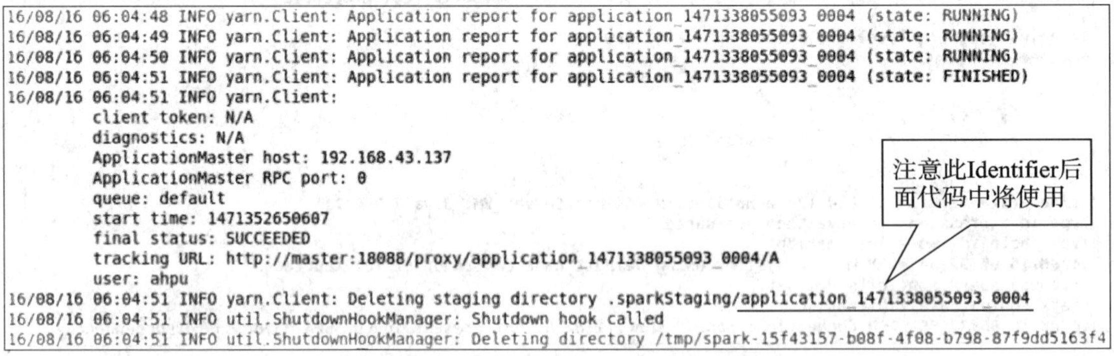

```
16/08/16 06:04:48 INFO yarn.Client: Application report for application_1471338055093_0004 (state: RUNNING)
16/08/16 06:04:49 INFO yarn.Client: Application report for application_1471338055093_0004 (state: RUNNING)
16/08/16 06:04:50 INFO yarn.Client: Application report for application_1471338055093_0004 (state: RUNNING)
16/08/16 06:04:51 INFO yarn.Client: Application report for application_1471338055093_0004 (state: FINISHED)
16/08/16 06:04:51 INFO yarn.Client:
	 client token: N/A
	 diagnostics: N/A
	 ApplicationMaster host: 192.168.43.137
	 ApplicationMaster RPC port: 0
	 queue: default
	 start time: 1471352650607
	 final status: SUCCEEDED
	 tracking URL: http://master:18088/proxy/application_1471338055093_0004/A
	 user: ahpu
16/08/16 06:04:51 INFO yarn.Client: Deleting staging directory .sparkStaging/application_1471338055093_0004
16/08/16 06:04:51 INFO util.ShutdownHookManager: Shutdown hook called
16/08/16 06:04:51 INFO util.ShutdownHookManager: Deleting directory /tmp/spark-15f43157-b08f-4f08-b798-87f9dd5163f4
```


图 8－22　运行正常

查看执行结果需要在计算节点 Slave 上执行如下代码：

```
ssh slave
cd $ HADOOP_HOME/logs/userlogs/
cd application_1471338055093_0004/lib/spark-examples * . jar \
cat container_1471338055093_0004_01_000001/stdout
```

执行结果如图 8－23 所示（结果可能会有微小差别）。

```
[ahpu@master spark-1.5.2-bin-2.5.2]$ ssh slave
Last login: Tue Aug 16 05:44:58 2016 from master
[ahpu@slave ~]$ cd $HADOOP_HOME/logs/userlogs/
[ahpu@slave userlogs]$ cd application_1471338055093_0004
[ahpu@slave application_1471338055093_0004]$ cat container_1471338055093_0004_01_000001/stdout
Pi is roughly 3.141492
```

图 8－23　执行结果

此时在浏览器中输入：

```
http：//master：4040
```

将出现如图 8－24 所示的界面。

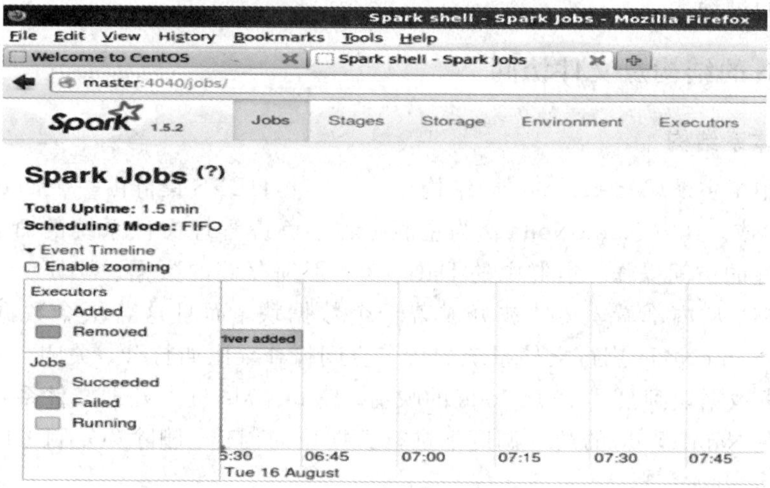

图 8－24　浏览器界面

第 9 章　分布式文件系统及并行计算框架

9.1　分布式文件系统 HDFS

第 8 章已经说明 HDFS 是分布式计算的存储基石，下面将重点说明 HDFS 的体系结构和其数据管理的过程。

9.1.1　HDFS 的结构及文件访问

1. HDFS 体系结构

HDFS 采用了主从(Master/Slave)结构模式，一个 HDFS 集群由一个 NameNode 和若干个 DataNode 组成。其中 NameNode 作为主服务器，负责管理文件系统的命名空间和 Client(客户端)对文件的访问操作；集群中的 DataNode 管理存储的数据。HDFS 允许用户以文件的形式存储数据。从内部看，文件被分成若干个数据块，而且这若干个数据块存储在一组 DataNode 上。NameNode 执行文件系统的命名空间操作，比如打开、关闭、重命名文件或目录等，它也负责数据块到具体 DataNode 的映射。DataNode 负责处理文件系统客户端的文件读写请求，并在 NameNode 的统一调度下进行数据块的创建、删除和复制工作。图 9－1 所示为 HDFS 体系结构。

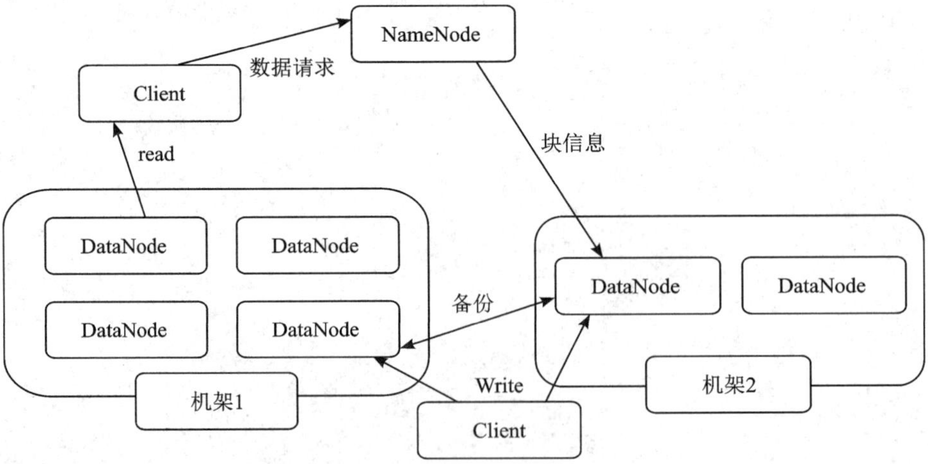

图 9－1　HDFS 体系结构

NameNode 和 DataNode 都可以在普通商用计算机上运行。这些计算机通常运作的是 Linux操作系统。HDFS 采用 Java 语言开发，因此任何支持 Java 的机器都可以部署 NameNode和 DataNode。一个典型的部署场景是集群中的一台机器运行一个 NameNode 实例，其他机器分别运行一个 DataNode 实例。当然，一台机器也可以运行多个 DataNode 实例。总之，集群中单一 NameNode 的设计大大简化了系统的架构。另外，虽然 NameNode 是所有 HDFS 的元数据的唯一所有者，但是，程序访问文件时，实际的文件数据流并不会通过 NameNode 传送，而是从 NameNode 获得所需访问数据块的存储位置信息后，直接去访问对应的 DataNode 获取数据。这样设计有两点好处：一是可以允许一个文件的数据能同时在不同DataNode上并发访问，提高数据访问的速度；二是可以大大减少 NameNode 的负担，避免使 NameNode 成为数据访问瓶颈。HDFS 的基本文件访问过程是：

(1) 用户的应用程序通过 HDFS 的客户端程序将文件名发送至 NameNode。

(2) NameNode 接收到文件名之后，在 HDFS 目录中检索文件名对应的数据块，再根据数据块信息找到保存数据块的 DataNode 地址，将这些地址回送给客户端。

(3) 客户端接收到这些 DataNode 地址之后，与这些 DataNode 并行地进行数据传输操作，同时将操作结果的相关日志(比如是否成功，修改后的数据块信息等)提交到 NameNode。

2. 相关概念

1) 数据块 Block

为了提高硬盘的效率，文件系统中最小的数据读写单位不是字节，而是一个更大的概念——数据块。但是，数据块的信息对于用户来说是透明的，除非通过特殊的工具，否则很难看到具体的数据块信息。

HDFS 同样也有数据块的概念。但是，与一般文件系统中大小为若干 KB 的数据块不同，HDFS 数据块的默认大小是 64 MB，而且在不少实际部署中，HDFS 的数据块甚至会被设置成 128 MB，甚至更多，比起文件系统上几个 KB 的数据块，大了几千倍。

将数据块设置成这么大的原因是为了减少寻址开销的时间。在 HDFS 中，当应用发起数据传输请求时，NameNode 会首先检索文件对应的数据块信息，找到数据块对应的 DataNode；DataNode 则根据数据块信息在自身的存储中寻找相应的文件，进而与应用程序之间交换数据。因为检索的过程都是单机运行，所以要增加数据块大小，这样就可以减少寻址的频度和时间开销。

2) 命名空间

HDFS 中的文件命名遵循了传统的“目录/子目录/文件”格式。通过命令行或者是 API 可以创建目录，并且将文件保存在目录中；也可以对文件进行创建、删除、重命名操作。不过，HDFS 中不允许使用链接(硬链接和符号链接都不允许)。命名空间由 NameNode 管理，所有对命名空间的改动(包括创建、删除、重命名或是改变属性等，但是不包括打开、读取、写入数据)都会被 HDFS 记录下来。

HDFS 允许用户配置文件在 HDFS 上保存的副本数量，保存的副本数称做“副本因子”(Replication Factor)，这个信息也保存在 NameNode 中。

3) 通信协议

作为一个分布式文件系统，HDFS 中大部分的数据都是通过网络进行传输的。为了保证传输的可靠性，HDFS 采用 TCP 协议作为底层的支撑协议。应用可以向 NameNode 主动发起 TCP 连接。应用和 NameNode 交互的协议称为 Client 协议，NameNode 和 DataNode 交互的协议称为 DataNode 协议(这些协议的具体内容请参考其他资料)。而用户和 DataNode 的交互是通过发起远程过程调用(Remote Procedure Call，RPC)，并由 NameNode 响应来完成的。另外，NameNode 不会主动发起远程过程调用请求。

4）客户端

严格来讲，客户端并不能算是HDFS的一部分，但是客户端是用户和HDFS通信最常见也是最方便的渠道，而且部署的HDFS都会提供客户端。

客户端为用户提供了一种可以通过与Linux中的Shell类似的方式访问HDFS的数据。客户端支持最常见的操作如打开、读取、写入等；而且命令的格式也和Shell十分相似，大大方便了程序员和管理员的操作。

9.1.2 HDFS的数据管理

从前面的介绍和图9-1中可以看出，HDFS通过三个重要角色：NameNode、DataNode、Client来进行文件系统的管理。NameNode可以看做是分布式文件系统中的管理者，主要负责管理文件系统的命名空间、集群配置信息、存储块的复制。NameNode会将文件系统的Metadata存储在内存中，这些信息主要包括了文件信息、每一个文件对应的文件块(Block)的信息和每一个文件块在DataNode的信息等。DataNode是文件存储的基本单元。它将Block存储在本地文件系统中，保存了Block的Metadata，同时周期性地将所有存储在Block的信息发送给NameNode。Client就是需要获取分布式文件系统文件的应用程序。下面通过三个操作来说明它们之间的交互关系。

1）文件写入

(1) Client向NameNode发起文件写入的请求。

(2) NameNode根据文件大小和文件块配置情况，返回给Client它所管理部分DataNode的信息。

(3) Client将文件划分为多个Block，根据DataNode的地址信息，按顺序写入到每一个DataNode块中。

2）文件读取

(1) Client向NameNode发起文件读取的请求。

(2) NameNode返回文件存储的DataNode的信息。

(3) Client读取文件信息。

3）文件块(Block)复制

(1) NameNode发现部分文件的Block不符合最小复制数的要求或者部分DataNode失效。

(2) 通知DataNode相互复制Block。

(3) DataNode开始直接相互复制。

下面具体说明一个HDFS的读写过程。

- HDFS写过程

NameNode负责管理存储在HDFS上所有文件的元数据，它会确认客户端的请求，并记录下文件的名字和存储这个文件的DataNode集合。它把该信息存储在内存中的文件分配表里。

例如，客户端发送一个请求给NameNode，说它要将“ahpu.log”文件写入到HDFS。那么，其执行流程如图9-2所示，具体内容如下：

第一步：客户端发消息给NameNode，说要将“ahpu.log”文件写入。(如图9-2中的①)

第二步：NameNode 发消息给客户端，叫客户端写到 DataNode A、B 和 D，并直接联系 DataNode B。（如图 9－2 中的②）

第三步：客户端发消息给 DataNode B，叫它保存一份“ahpu. log”文件，并且发送一份副本给 DataNode A 和 DataNode D。（如图 9－2 中的③）

第四步：DataNode B 发消息给 DataNode A，叫它保存一份“ahpu. log”文件，并且发送一份副本给 DataNode D。（如图 9－2 中的④）

第五步：DataNode A 发消息给 DataNode D，叫它保存一份“ahpu. log”文件。（如图 9－2 中的④）

第六步：DataNode D 发确认消息给 DataNode A。（如图 9－2 中的⑤）

第七步：DataNode A 发确认消息给 DataNode B。（如图 9－2 中的⑤）

第八步：DataNode B 发确认消息给客户端，表示写入完成。（如图 9－2 中的⑥）

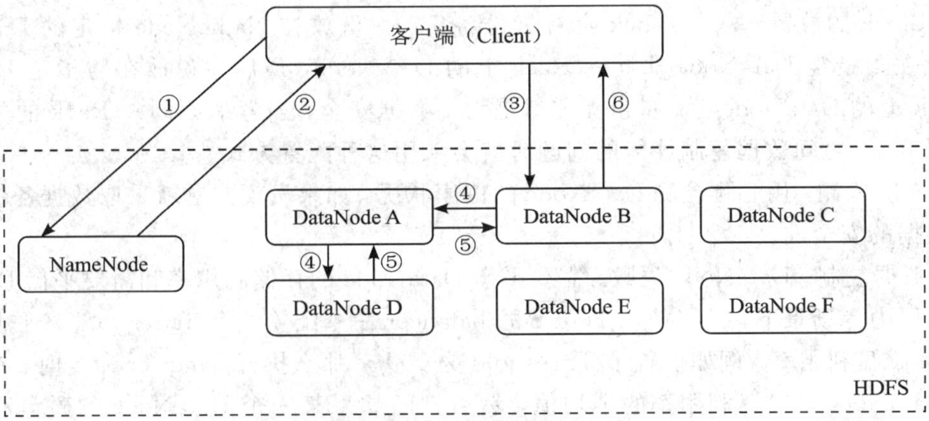

图 9－2　HDFS 写过程

在分布式文件系统的设计中，其挑战之一是如何确保数据的一致性。对于 HDFS 来说，直到所有要保存数据的 DataNodes 确认它们都有文件的副本时，数据才被认为写入完成。因此，数据一致性是在写的阶段完成的。一个客户端无论选择从哪个 DataNode 读取，都将得到相同的数据。

• HDFS 读过程

为了理解读的过程，可以认为一个文件是由存储在 DataNode 上的数据块组成的。查看客户端之前写入的内容的执行流程如图 9－3 所示，具体步骤如下：

第一步：客户端询问 NameNode 应该从哪里读取文件。（如图 9－3 中的①）

第二步：NameNode 发送数据块的信息给客户端。（数据块信息包含了保存着文件副本的 DataNode 的 IP 地址，以及 DataNode 在本地硬盘查找数据块所需要的数据块 ID。）（如图 9－3中的②）

第三步：客户端检查数据块信息，联系相关的 DataNode，请求数据块。（如图 9－3 中的③）

第四步：DataNode 返回文件内容给客户端，然后关闭连接，完成读操作。（如图 9－3 中的④）

客户端并行从不同的 DataNode 中获取一个文件的数据块，然后联结这些数据块，拼成完整的文件。

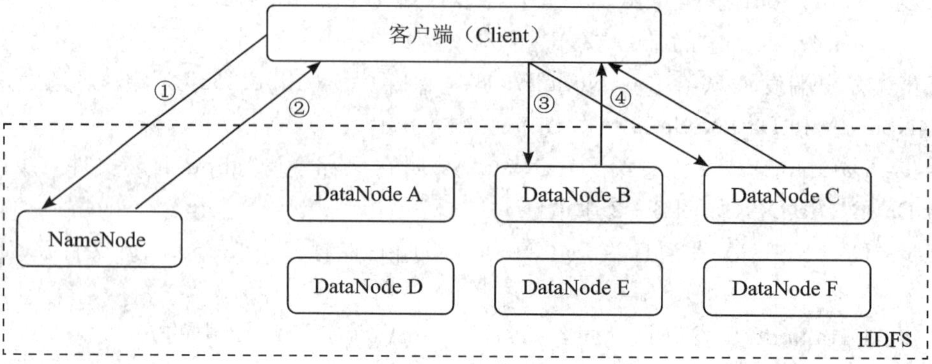

图 9-3　HDFS 读过程

作为分布式文件系统，HDFS 在数据管理方面有借鉴性的功能，包括：

(1) Block 的放置。一个 Block 会有三份备份。一份放在 NameNode 指定的 DataNode，另一份放在与指定 DataNode 非同一 Rack 上的 DataNode，最后一份放在与指定 DataNode 同一 Rack 上的 DataNode 上。备份无非就是为了数据安全，当考虑到同一 Rack 的失败情况以及不同 Rack 之间数据复制性能的问题时就会采用这种配置方式。

(2) 心跳检测。用心跳检测 DataNode 的健康状况，如果发现问题就采取数据备份的方式来保证数据的安全性。

(3) 数据复制。DataNode 失败、需要平衡 DataNode 的存储利用率和需要平衡 DataNode 数据交互压力等场景下，可以使用 HDFS 的 balancer 命令配置一个 Threshold 来平衡每一个 DataNode 磁盘利用率。例如设置了 Threshold 为 10%，那么执行 balancer 命令时，首先会统计所有 DataNode 的磁盘利用率的平均值，然后判断如果某一个 DataNode 的磁盘利用率超过这个平均值，那么将会把这个 DataNode 的 Block 转移到磁盘利用率低的 DataNode，这对于新节点的加入来说十分有用。

(4) 数据校验。采用 CRC32 作数据交验，在写入 Block 的时候，除了写入数据还会写入校验信息，且在读取的时候需要先检验后读入。

(5) 单个 NameNode。如果单个 NameNode 失败，任务处理信息将会记录在本地文件系统和远端的文件系统中。

(6) 数据管道性的写入。当客户端要写入文件到 DataNode 上，首先会读取一个 Block 然后写到第一个 DataNode 上，然后由第一个 DataNode 传递到备份的 DataNode 上，一直到所有需要写入这个 Block 的 DataNode 都成功写入，客户端才会开始写下一个 Block。

(7) 安全模式。分布式文件系统启动时会首先进入安全模式，当分布式文件系统处于安全模式时，文件系统中的内容不允许修改和删除，直到安全模式结束。安全模式主要是为了在系统启动的时候检查各个 DataNode 上数据块的有效性，同时根据策略进行必要的复制或者删除部分数据块。

9.1.3　HDFS 操作命令与编程接口

1. HDFS 启动与关闭

HDFS 和普通的硬盘上的文件系统不一样，是通过 Java 虚拟机运行在整个集群当中的，所以当 Hadoop 程序写好之后，需要启动 HDFS 文件系统才能运行。

1）HDFS 启动过程

（1）进入到 NameNode 对应节点的 Hadoop 安装目录下。

（2）执行以下启动命令：

```
sbin/start-dfs.sh
```

这一命令会启动 NameNode，然后根据 conf/slaves 中的记录逐个启动 DataNode，最后根据 conf/masters 中记录的 Secondary NameNode 地址启动 SecondaryNameNode。HDFS 启动成功界面如图 9-4 所示。

```
[ahpu@master hadoop-2.5.2]$ sbin/start-dfs.sh
SLF4J: Class path contains multiple SLF4J bindings.
SLF4J: Found binding in [jar:file:/home/ahpu/hadoop-2.5.2/share/hadoop/common/lib/slf4j-log4j12-1.7.5.jar!/org/slf
4j/impl/StaticLoggerBinder.class]
SLF4J: Found binding in [jar:file:/home/ahpu/hbase-0.98.9-hadoop2/lib/slf4j-log4j12-1.6.4.jar!/org/slf4j/impl/Stat
icLoggerBinder.class]
SLF4J: See http://www.slf4j.org/codes.html#multiple_bindings for an explanation.
SLF4J: Actual binding is of type [org.slf4j.impl.Log4jLoggerFactory]
16/08/22 06:25:18 WARN util.NativeCodeLoader: Unable to load native-hadoop library for your platform... using buil
tin-java classes where applicable
Starting namenodes on [master]
master: starting namenode, logging to /home/ahpu/hadoop-2.5.2/logs/hadoop-ahpu-namenode-master.out
slave: starting datanode, logging to /home/ahpu/hadoop-2.5.2/logs/hadoop-ahpu-datanode-slave.out
Starting secondary namenodes [0.0.0.0]
0.0.0.0: starting secondarynamenode, logging to /home/ahpu/hadoop-2.5.2/logs/hadoop-ahpu-secondarynamenode-master.
out
```

图 9-4　HDFS 启动成功界面

2）HDFS 关闭过程

运行以下关闭命令：

```
sbin/stop-dfs.sh
```

这一命令的运行过程正好是 bin/start-dfs.sh 的逆过程，关闭 Secondary NameNode，然后关闭每个 DataNode，最后关闭 NameNode 自身。HDFS 关闭成功界面如图 9-5 所示。

```
[ahpu@master hadoop-2.5.2]$ sbin/stop-dfs.sh
SLF4J: Class path contains multiple SLF4J bindings.
SLF4J: Found binding in [jar:file:/home/ahpu/hadoop-2.5.2/share/hadoop/common/lib/slf4j-log4j12-1.7.5.jar!/
org/slf4j/impl/StaticLoggerBinder.class]
SLF4J: Found binding in [jar:file:/home/ahpu/hbase-0.98.9-hadoop2/lib/slf4j-log4j12-1.6.4.jar!/org/slf4j/im
pl/StaticLoggerBinder.class]
SLF4J: See http://www.slf4j.org/codes.html#multiple_bindings for an explanation.
SLF4J: Actual binding is of type [org.slf4j.impl.Log4jLoggerFactory]
16/08/22 06:16:53 WARN util.NativeCodeLoader: Unable to load native-hadoop library for your platform... usi
ng builtin-java classes where applicable
Stopping namenodes on [master]
master: stopping namenode
slave: stopping datanode
Stopping secondary namenodes [0.0.0.0]
0.0.0.0: stopping secondarynamenode
```

图 9-5　HDFS 关闭成功界面

2. HDFS 文件操作命令

HDFS 文件操作命令的基本格式如下：

```
bin/hadoop dfs-cmd < args >
```

说明：这里 cmd 是具体的命令，注意不要忽略 cmd 前的短线“-”。此外，某些文件操作中 hadoop 命令已被 hdfs 命令取代。

1）ls

```
hadoop dfs-ls /
```

该命令为列出 hdfs 文件系统根目录下的目录和文件。

```
hadoop dfs-ls-R /
```

该命令为列出 hdfs 文件系统所有的目录和文件。

2）put

```
hadoop dfs-put < local file > < hdfs file >
```

hdfs file 的父目录一定要存在，否则命令不会执行。

```
hadoop dfs-put < local file or dir >…< hdfs dir >
```

hdfs dir 一定要存在，否则命令不会执行。

```
hadoop dfs-put- < hdsf file>
```

从键盘读取输入到 hdfs file 中，按 Ctrl＋D 结束输入，hdfs file 不能存在，否则命令不会执行。

3）moveFromLocal

```
hadoop dfs-moveFromLocal < local src > … < hdfs dst >
```

与 put 命令相类似，命令执行后源文件 local src 被删除，也可以从键盘读取输入到 hdfs file 中。

4）copyFromLocal

```
hadoop dfs-copyFromLocal < local src > … < hdfs dst >
```

与 put 命令相类似，该命令也可以从键盘读取输入到 hdfs file 中。

5）get

```
hadoop dfs-get < hdfs file > < local file or dir>
```

local file 不能和 hdfs file 名字相同，否则会提示文件已存在，没有重名的文件会复制到本地。

```
hadoop fs-get < hdfs file or dir > … < local dir >
```

复制多个文件或目录到本地时，本地要为文件夹路径。

注意：如果用户不是 root，local 路径要为用户文件夹下的路径，否则会出现权限问题。

6）copyToLocal

```
hadoop dfs-copyToLocal < local src > … < hdfs dst >
```

该命令与 get 命令相类似。

7）rm

```
hadoop dfs-rm < hdfs file > …   hadoop fs-rm-r < hdfs dir>…
```

该命令每次可以删除多个文件或目录。

8）mkdir

```
hadoop dfs-mkdir < hdfs path>
```

该命令只能一级一级地建目录，父目录不存在的话使用这个命令会报错。

```
hadoop dfs-mkdir-p < hdfs path>
```

该命令所创建的目录如果父目录不存在就创建该父目录。

9）getmerge

```
hadoopd dfs-getmerge < hdfs dir > < local file >
```

该命令将 hdfs 指定目录下所有文件排序后合并到 local 指定的文件中，文件不存在时会自动创建，文件存在时会覆盖里面的内容。

```
hadoop dfs-getmerge < hdfs dir > < local file >
```

加上 nl 后，合并到 local file 中的 hdfs 文件之间会空出一行。

10）cp

```
hadoop dfs-cp < hdfs file > < hdfs file >
```

该命令将文件拷贝到目标路径中，目标文件不能存在，否则命令不能执行，相当于给文件重命名并保存，源文件还存在。

```
hadoop dfs-cp < hdfs file or dir >… < hdfs dir >
```

目标文件夹要存在，否则命令不能执行。

11）mv

```
hadoop dfs-mv < hdfs file > < hdfs file >
```

目标文件不能存在，否则命令不能执行，相当于给文件重命名并保存，源文件不存在 hadoop。

```
hadoop dfs-mv < hdfs file or dir >… < hdfs dir >
```

源路径有多个时，目标路径必须为目录，且必须存在。

注意：跨文件系统的移动（local 到 hdfs 或者反过来）都是不允许的。

12）count

```
hadoop dfs-count < hdfs path >
```

该命令统计 hdfs 对应路径下的目录个数、文件个数、文件总计大小，显示为目录个数、文件个数、文件总计大小、输入路径。

13）text

```
hadoop dfs-text < hdsf file>
```

该命令将文本文件或某些格式的非文本文件通过文本格式输出。

14）setrep

```
hadoop dfs-setrep-R 3 < hdfs path >
```

该命令改变一个文件在 hdfs 中的副本个数，上述命令中数字 3 为所设置的副本个数，-R 选项可以对一个目录下的所有目录+文件递归执行改变副本个数的操作。

15）stat

```
hdoop dfs-stat [format] < hdfs path >
```

访命令返回对应路径的状态信息。

[format]可选参数有：%b(文件大小)，%o(Block 大小)，%n(文件名)，%r(副本个数)，%y(最后一次修改日期和时间)。

16）tail

```
hadoop fs-tail < hdfs file >
```

该命令在标准输出中显示文件末尾的 1 KB 数据。

17）archive

```
hadoop archive-archiveName name. har-p < hdfs parent dir > < src >* < hdfs dst >
```

命令中参数 name：压缩文件名，自己任意取；< hdfs parent dir >：压缩文件所在的父目录；< src >*：要压缩的文件名；< hdfs dst >：压缩文件存放路径。

示例：

```
hadoop archive-archiveName hadoop. har-p /user 1. txt 2. txt /des
```

示例中将 hdfs 中/user 目录下的文件 1. txt，2. txt 压缩成一个名叫 hadoop. har 的文件存放在 hdfs 中/des 目录下，如果 1. txt，2. txt 不写就是将/user 目录下所有的目录和文件压缩成一个名叫 hadoop. har 的文件存放在 hdfs 中/des 目录下。

显示 har 的内容可以用如下命令：

```
hadoop fs-ls /des/hadoop. jar
```

显示 har 压缩的是那些文件可以用如下命令：

```
hadoop fs-ls-R har：///des/hadoop. har
```

注意：har 文件不能进行二次压缩。如果想给 har 加文件，只能找到原来的文件，重新创建一个。har 文件中原来文件的数据并没有变化，har 文件真正的作用是减少 NameNode 和 DataNode 过多的空间浪费。

18）balancer

```
hdfs balancer
```

如果管理员发现某些 DataNode 保存数据过多，某些 DataNode 保存数据相对较少，可以使用上述命令手动启动内部的均衡过程。

19）dfsadmin

```
hdfs dfsadmin-help
```

管理员可以通过 dfsadmin 管理 HDFS，用法可以通过上述命令查看。

```
hdfs dfsadmin-report
```

该命令显示文件系统的基本数据。

```
hdfs dfsadmin-safemode < enter | leave | get | wait >
```

enter：进入安全模式；leave：离开安全模式。

get：获知是否开启安全模式。

wait：等待离开安全模式。

20）distcp

该命令用来在两个 HDFS 之间拷贝数据。

3. HDFS 编程接口

1）编程基础知识

在 Hadoop 中用做文件操作的主类位于 org. apache. hadoop. fs 软件包中，包括常见的 open、read、write、close 等操作。

Hadoop 文件的 API 起点是 FileSystem 类，这是一个与文件系统交互的抽象类，可以通过调用 factory 的方法 FileSystem. get(Configuration conf)来取得所需的 FileSystem 实例，通过如下命令可以获得与 HDFS 接口的 FileSystem 对象：

```
Configuration conf = new Configuration();
FileSystem hdfs = FileSystem. get(conf); // 获得 HDFS 的 FileSystem 对象
```

如果要实现 HDFS 与本地文件系统的交互，还需要获取本地文件系统的 FileSystem 对象。

```
FileSystem local = FileSystem. getLocal(conf) ; // 获得本地文件系统的 FileSystem 对象
```

2）HDFS 基本文件操作 API

下面将按照“创建、打开、获取文件信息、获取目录信息、读取、写入、关闭、删除”的顺序讲解 Hadoop 提供的文件操作的 API。

(1) 创建文件。

FileSystem. create 方法有很多种定义形式，参数最多的一个是：

```
public abstract FSDataOutputStream create(Path  f,
    FsPermission  permission,
    boolean  overwrite,
    int  bufferSize,
```

```
short  replication,
long  blockSize,
Progressable  progress)
Throws  IOException
```

那些参数较少的create只不过是将其中一部分参数用默认值代替，最终还是要调用这个函数。其中各项的含义如下：

- f：文件名。
- overwrite：如果已存在同名文件，overwrite=true覆盖之，否则抛出错误；默认为true。
- bufferSize：文件缓存大小。默认值为Configuration中io. file. buffer. size的值，如果Configuration中未显式设置该值，则是4096。
- replication：创建的副本个数，默认值为1。
- blockSize：文件的block大小，默认值为Configuration中fs. local. block. size的值，如果Configuration中未显式设置该值，则是32 M。
- permission和progress的值与具体文件系统实现有关。

但是大部分情况下，只需要用到最简单的几个版本：

```
public FSDataOutputStream create(Pathf);
public FSDataOutputStream create(Pathf, boolean overwrite);
public FSDataOutputStream create(Pathf, boolean overwrite, int bufferSize);
```

(2) 打开文件。

FileSystem. open方法有2个，参数最多的一个定义如下：

```
public abstract FSDataInputStream open(Path f, int bufferSize) throws IOException
```

其中各项的含义如下：

- f：文件名。
- bufferSize：文件缓存大小。默认值为Configuration中io. file. buffer. size的值，如果Configuration中未显式设置该值，则是4096。

(3) 获取文件信息。

FileSystem. getFileStatus方法格式如下：

```
public abstract FileStatus getFileStatus(Path f) throws IOException;
```

这一函数会返回一个FileStatus对象。通过阅读源代码可知，FileStatus保存了文件的很多信息，包括：

- path：文件路径。
- length：文件长度。
- isDir：是否为目录。
- block_replication：数据块副本因子。

- blockSize：文件长度(数据块数)。
- modification_time：最近一次修改时间。
- access_time：最近一次访问时间。
- owner：文件所属用户。
- group：文件所属组。

如果想了解文件的这些信息，可以在获得文件的 FileStatus 实例之后，调用相应的 getXXX 方法(比如，FileStatus. getModificationTime()获得最近修改时间)。

(4) 获取目录信息。

获取目录信息，不仅是目录本身，还有目录之下的文件和子目录信息。FileStatus. listStatus 方法格式如下：

```
public FileStatus[ ] listStatus(Path f) throws IOException;
```

如果 f 是目录，那么将目录之下的每个目录或文件信息保存在 FileStatus 数组中返回。如果 f 是文件，和 getFileStatus 功能一致。

另外，listStatus 还有参数为 Path[]的版本的接口定义以及参数带路径过滤器 PathFilter 的接口定义，参数为 Path[]的 listStatus 就是对这个数组中的每个 path 都调用上面的参数为 Path 的 listStatus。参数中的 PathFilter 则是一个接口，实现接口的 accept 方法可以自定义文件过滤规则。

另外，HDFS 还可以通过正则表达式匹配文件名来提取需要的文件，这个方法是：

```
public FileStatus[] globStatus (Path pathPattern) throws IOException;
```

参数 pathPattern 中，可以像正则表达式一样，使用通配符来表示匹配规则：

- ?：表示任意的单个字符。
- *：表示任意长度的任意字符，可以用来表示前缀后缀，比如 *.java 表示所有 java 文件。
- [abc]：表示匹配 a、b、c 中的单个字符。
- [a-b]：表示匹配 a～b 范围之间的单个字符。
- [^a]：表示匹配除 a 之外的单个字符。
- \c：表示取消特殊字符的转义，比如* 的结果是 * 而不是随意匹配。
- {ab，cd}：表示匹配 ab 或者 cd 中的一个串。
- {ab，c{de，fh}}：表示匹配 ab 或者 cde 或者 cfh 中的一个串。

(5) 读取。

调用 open 打开文件之后，使用了一个 FSDataInputStream 对象来负责数据的读取。通过 FSDataInputStream 进行文件读取时，提供的 API 就是 FSDataInputStream. read 方法：

```
public int read(long position, byte[] buffer, int offset, int length) throws IOException
```

函数的意义是：从文件的指定位置 position 开始，读取最多 length 字节的数据，保存到 buffer 中从 offset 个元素开始的空间中；返回值为实际读取的字节数。此函数不改变文件当前 offset 值。不过，使用更多的还有一种简化版本：

```
public final int read(byte[] b)throws IOException
```

从文件当前位置读取最多长度为 b.len 的数据保存到 b 中，返回值为实际读取的字节数。

(6) 写入。

从接口定义可以看出，调用 create 创建文件以后，使用了一个 FSDataOutputStream 对象来负责数据的写入。通过 FSDataOutputStream 进行文件写入时，最常用的 API 就是 write 方法：

```
public void write(byte[] b, int off, int len) throws IOException
```

函数的意义是：将 b 中从 off 开始的最多 len 个字节的数据写入文件当前位置。返回值为实际写入的字节数。

(7) 关闭。

关闭为打开的逆过程，FileSystem.close 定义如下：

```
public void close() throws IOException
```

不需要其他操作而关闭文件。释放所有持有的锁。

(8) 删除。

删除过程 FileSystem.delete 定义如下：

```
public abstract boolean delete(Path f, boolean recursive) throws IOException
```

其中各项含义如下：

• f：待删除文件名。

• recursive：如果 recursive 为 true，并且 f 是目录，那么会递归删除 f 下所有文件；如果 f 是文件，recursive 为 true 还是 false 无影响。

另外，类似 Java 中 File 的接口 DeleteOnExit，如果某些文件需要删除，但是当前不能被删；或者说当时删除代价太大，想留到退出时再删除的话，FileSystem 中也提供了一个 deleteOnExit 接口：

```
public Boolean deleteOnExit(Path f) throws IOException
```

标记文件 f，当文件系统关闭时才真正删除此文件。但是这个文件 f 在文件系统关闭前必须存在。

有关详细过程将在实验 5 中展示。

9.2　并行计算框架 MapReduce

MapReduce 是 Hadoop 上并行程序开发的编程基础，下面将重点说明 MapReduce 的原理、处理过程，并对 MapReduce 实例 WordCount 进行解析。

9.2.1　MapReduce 原理

MapReduce 采用“分而治之”的思想，把对大规模数据集的操作，分发给一个主节点管理下的各个分节点共同完成，然后通过整合各个节点的中间结果，得到最终结果。简单地说，MapReduce 就是“任务的分解与结果的汇总”。

在 Hadoop 中，用于执行 MapReduce 任务的机器角色有两个：一个是 JobTracker；另一个是 TaskTracker。JobTracker 用于调度工作，TaskTracker 用于执行工作。一个 Hadoop 集群中只有一台 JobTracker。

在分布式计算中，MapReduce 框架负责处理了并行编程中分布式存储、工作调度、负载均衡、容错均衡、容错处理以及网络通信等复杂问题，把处理过程高度抽象为两个函数：map 和 reduce，map 负责把任务分解成多个任务，reduce 负责把分解后多任务处理的结果汇总起来。

需要注意的是，用 MapReduce 来处理的数据集（或任务）必须具备这样的特点：待处理的数据集可以分解成许多小的数据集，而且每一个小数据集都可以完全并行地进行处理。

9.2.2　MapReduce 处理过程

在 Hadoop 中，每个 MapReduce 任务都被初始化为一个 Job，每个 Job 又可以分为两种阶段：map 阶段和 reduce 阶段。这两个阶段分别用两个函数表示，即 map 函数和 reduce 函数。map 函数接收一个<key，value>形式的输入，然后产生一个<key，value>形式的中间输出，Reduce 函数接收一个如<key，(list of values)>形式的输入，然后对这个 value 集合进行处理，每个 reduce 产生 0 或 1 个输出，reduce 的输出也是<key，value>形式的，如图 9-6 所示。

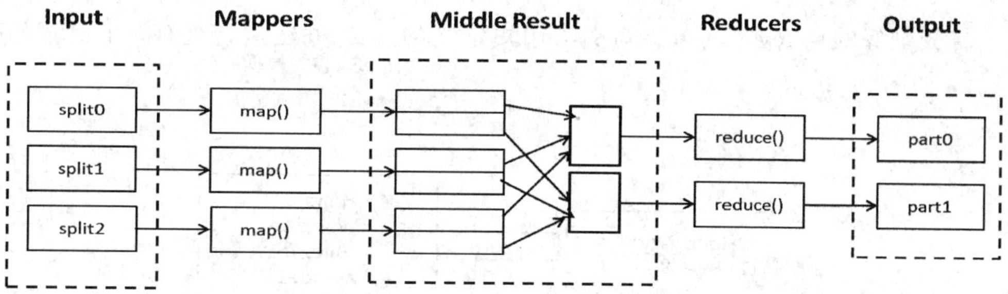

图 9-6　MapReduce 处理过程

9.2.3　WordCount 实例解析

1. WordCount 功能说明

单词计数是最简单也是最能体现 MapReduce 思想的程序之一，可以称为 MapReduce 版“Hello World”，该程序的完整代码可以在 Hadoop 安装包的“src/examples”目录下找到。单词计数主要完成的功能是：统计一系列文本文件中每个单词出现的次数。WordCount 效果示意图如图 9－7 所示。

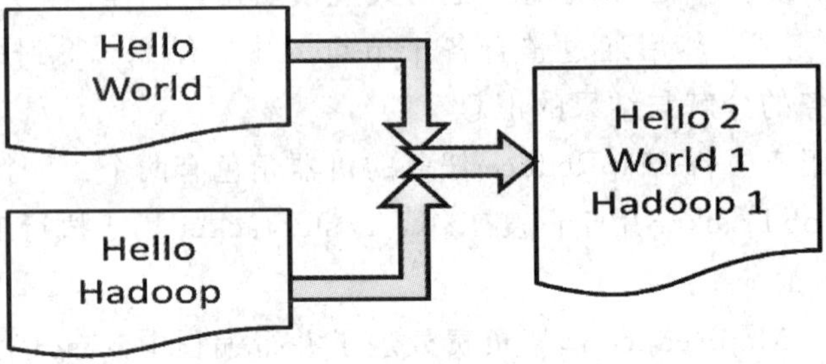

图 9－7 WordCount 效果示意图

2. WordCount 执行过程

(1) 将文件拆分成 splits，由于测试用的文件较小，所以每个文件为一个 split，并将文件按行分割形成＜key，value＞对，如图 9－8 所示。这一步由 MapReduce 框架自动完成，其中偏移量(即 key 值)包括了回车所占的字符数(Windows 和 Linux 环境会不同)。

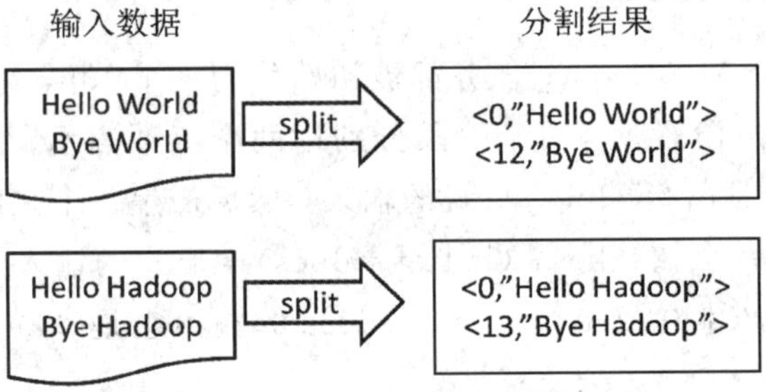

图 9－8 WordCount 的 split 过程

(2) 将分割好的＜key，value＞对交给用户定义的 map 方法进行处理，生成新的＜key，value＞对，如图 9－9 所示。

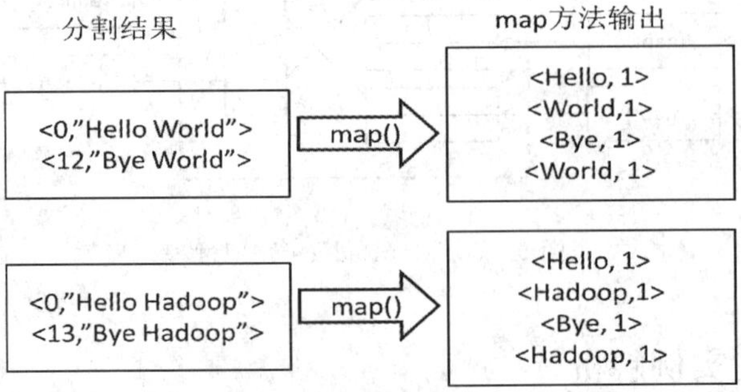

图 9－9 执行 map 方法

(3) 得到 map 方法输出的＜key，value＞对后，Mapper 会将它们按照 key 值进行排序，并执行 Combine 过程，将 key 值同 value 值累加，得到 Mapper 的最终输出结果，如图 9－10 所示。

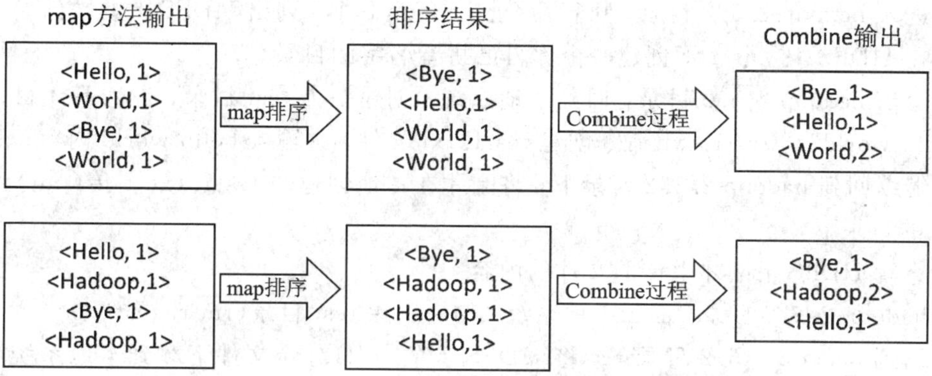

图 9－10　Map 端排序及 Combine 过程

（4）Reducer 先对从 Mapper 接收的数据进行排序，再交由用户自定义的 reduce 方法进行处理，得到新的＜key，value＞对，并作为 WordCount 的输出结果，如图 9－11 所示。

图 9－11　Reduce 端排序及输出结果

实验 4　HDFS 的文件操作命令及 API 编程

1. 实验简介

通过实践操作熟悉 HDFS 的文件操作命令，并了解 API 编程的步骤及方法。

2. 实验目的

（1）熟悉并掌握 HDFS 的文件操作命令；

（2）了解 HDFS API 的使用方法，掌握 Hadoop 下的调用及执行过程。

3. 实验准备

Hadoop 已经成功安装，并正常启动。

4. 实验主要内容

1）HDFS 的文件操作命令

请用命令完成以下操作：

（1）启动 hadoop，通过 jps 命令查看启动进程，通过 web 方式查看 namenode 和 jobtracker。

(2) 通过 ls 命令查看 hadoop 下 tmp 目录中的文件，包括 dfs 目录和 mapred 目录。

(3) 进入 hadoop-2.5.2 目录，执行命令：hadoop fs-ls/ 列出 HDFS 上的文件。

(4) 在 HDFS 上 /user 下创建一个你自己拼音名字的目录。

(5) 退出 hadoop-2.5.2 目录，回到本地系统，创建一个 test 目录，进入 test 目录，执行 echo “hello world” >test1.txt 命令创建 test1.txt 文件，并输入 hello world 内容。

(6) 继续回到 hadoop-2.5.2 目录下，将刚才在本地创建的 test1.txt 上传(put)到 HDFS 下你名字的目录下。

(7) 查看 HDFS 下刚才上传的文件的内容。

(8) hadoop-2.5.2 目录，回到本地系统，彻底删除 test 目录(rm-rf test)。

(9) 回到 hadoop-2.5.2 目录下，将 HDFS 上的 test1.txt 文件下载到本地系统(/home/ahpu/)并查看。

(10) 在 HDFS 上删除 test1.txt 文件。

2) HDFS API 编程实验

编写程序实现如下功能：在输入文件目录下的所有文件中，检索某一特定字符串所出现的行，将这些行的内容输出到本地文件系统的输出文件夹中。这一功能在分析 MapReduce 作业的 Reduce 输出时很有用。

这个程序假定只有第一层目录下的文件才有效，而且，假定文件都是文本文件。当然，如果输入文件夹是 Reduce 结果的输出，那么一般情况下，上述条件都能满足。为了防止单个的输出文件过大，这里还加了一个文件最大行数限制，当文件行数达到最大值时，便关闭此文件，创建另外的文件继续保存。保存的结果文件名为 1，2，3，4，…，以此类推。

程序名：ResultFilter。

输入参数：4 个输入参数，其含义分别如下：

```
<dfs path>：HDFS 上的路径
<local path>：本地路径
<match str>：待查找的字符串
<single file lines>：结果每个文件的行数
```

ResultFilter 代码如下：

```
import java.util.Scanner;
import java.io.IOException;
import java.io.File;
import org.apache.hadoop.conf.Configuration;
import org.apache.hadoop.fs.FSDataInputStream;
import org.apache.hadoop.fs.FSDataOutputStream;
import org.apache.hadoop.fs.FileStatus;
import org.apache.hadoop.fs.FileSystem;
import org.apache.hadoop.fs.Path;
```

```
public class resultFilter
{
    public static void main(String[] args) throws IOException {
        Configuration conf = new Configuration();
        //以下两句中，hdfs 和 local 分别对应 HDFS 实例和本地文件系统实例
        FileSystem hdfs = FileSystem.get(conf);
        FileSystem local = FileSystem.getLocal(conf);

        Path inputDir, localFile;

        FileStatus[] inputFiles;
        FSDataOutputStream out = null;
        FSDataInputStream in = null;
        Scanner scan;
        String str;
        byte[] buf;
        int singleFileLines;
        int numLines, numFiles, i;

        if(args.length! =4)

        {
            //输入参数数量不够，提示参数格式后终止程序执行
            System.err.println("usage resultFilter <dfs path><local path>" +
            " <match str><single file lines>");
            return;
        }
        inputDir = new Path(args[0]);
        singleFileLines = Integer.parseInt(args[3]);
        try {
            inputFiles = hdfs.listStatus(inputDir); //获得目录信息
            numLines = 0;
            numFiles = 1;      //输出文件从 1 开始编号
            localFile = new Path(args[1]);
            if(local.exists(localFile))  //若目标路径存在，则删除之
                local.delete(localFile, true);
            for (i = 0; i<inputFiles.length; i++) {
                if(inputFiles[i].isDir() == true) //忽略子目录
                        continue;
```

```
            System. out. println(inputFiles[i]. getPath(). getName());
            in = hdfs. open(inputFiles[i]. getPath());
            scan = new Scanner(in);
            while (scan. hasNext()) {
                str = scan. nextLine();
                if(str. indexOf(args[2])==-1)
                    continue;    //如果该行没有 match 字符串，则忽略之
                numLines++;
                if(numLines == 1)    //如果是 1，说明需要新建文件了
                {
                    localFile = new Path(args[1] + File. separator + numFiles);
                    out = local. create(localFile); //创建文件
                    numFiles++;
                }
                buf = (str+"\n"). getBytes();
                out. write(buf, 0, buf. length);    //将字符串写入输出流
                if(numLines==singleFileLines) //如果已满足相应行数，关闭文件
                {
                    out. close();
                    numLines = 0;    //行数变为 0，重新统计
                }
            }// end of while
                scan. close();
                in. close();
            }// end of for
            if(out != null)
                out. close();
            } // end of try
            catch (IOException e) {
                e. printStackTrace();
            }
        }// end of main
    }// end of resultFilter
```

上述程序的逻辑很简单，获取该目录下所有文件的信息，对每一个文件：打开文件、循环读取数据、写入目标位置，然后关闭文件，最后关闭输出文件。

程序编译命令如下：

```
javac-cp. /share/hadoop/common/hadoop-common-2. 5. 2. jar: . /share/hadoop/mapreduce/hadoop-mapreduce-client-core-2. 5. 2. jar  .. /resultFilter. java
```

运行命令如下：

```
Hadoop  jar resultFilter. jar  resultFilter  <dfs path>  <local path>  <match str> \ <single file lines>
```

程序运行过程和结果分别如图 9－12 和图 9－13 所示。

```
[ahpu@master ~]$ hadoop jar resultFilter.jar resultFilter /usr/hadoop output like 5
SLF4J: Class path contains multiple SLF4J bindings.
SLF4J: Found binding in [jar:file:/home/ahpu/hadoop-2.5.2/share/hadoop/common/lib/slf4j-log4j12
-1.7.5.jar!/org/slf4j/impl/StaticLoggerBinder.class]
SLF4J: Found binding in [jar:file:/home/ahpu/hbase-0.98.9-hadoop2/lib/slf4j-log4j12-1.6.4.jar!/
org/slf4j/impl/StaticLoggerBinder.class]
SLF4J: See http://www.slf4j.org/codes.html#multiple_bindings for an explanation.
SLF4J: Actual binding is of type [org.slf4j.impl.Log4jLoggerFactory]
16/08/26 04:45:02 WARN util.NativeCodeLoader: Unable to load native-hadoop library for your pla
tform... using builtin-java classes where applicable
result.txt
result2.txt
result3.txt
test.txt
test1.txt
```

图 9－12　运行过程

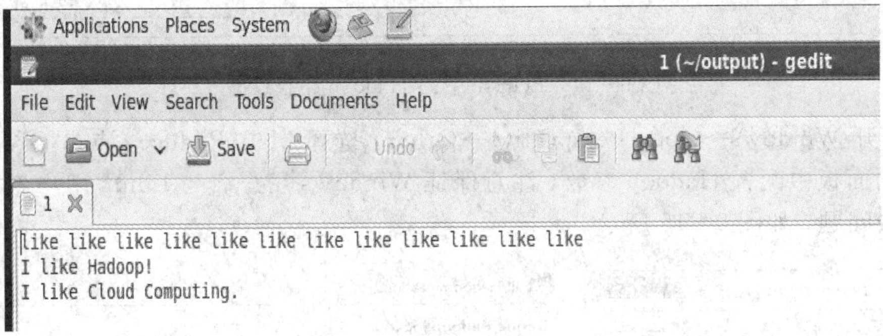

图 9－13　运行结果

实验 5　Eclipse 下的 MapReduce 编程

1. 实验简介

在 Windows 的 Eclipse 中构建 Hadoop 环境，实现简单的 MapReduce 编程实验。

2. 实验目的

（1）熟悉 Eclipse 中构建 Hadoop 环境的步骤，掌握连接 HDFS 系统的过程；

（2）通过 WordCount 实例了解 Eclipse 下 MapReduce 程序的执行过程。

3. 实验准备

Hadoop 已经成功安装，并正常启动。

4. 实验主要内容

1) 在 Eclipse 中构建 Hadoop 环境

(1) 将下载好的 hadoop-eclipse-plugin-2.5.2.jar 插件放到..\eclipse\plugins 目录下，启动 Eclipse。

(2) 在 Eclipse 的 Window→Preferences→Hadoop Map/Reduce 中设置 Windows 下 Hadoop路径，这里的 hadoop 路径填写在 Windows 下解压 Hadoop(注意需与 Linux 下安装的同版本)目录即可，如图 9-14 所示。

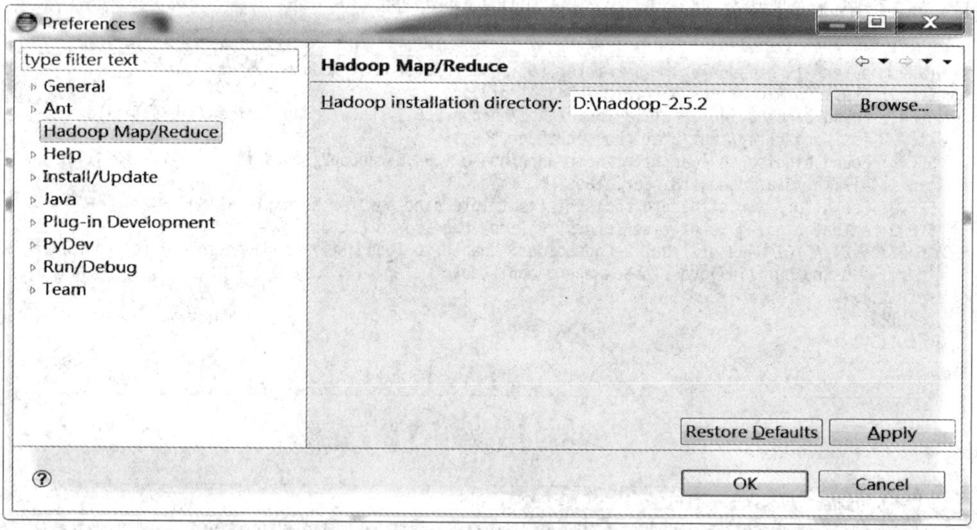

图 9-14　Eclipse 中的 Hadoop 路径设置

(3) 打开 Windows→Open Perspective→Other，选择 Map/Reduce，点击 OK，在出现的 Eclipse控制面板中配置 Hadoop 参数，注意保证 Windows 用户名与 Linux 用户名相同，以避免一些权限问题，如图 9-15 所示。

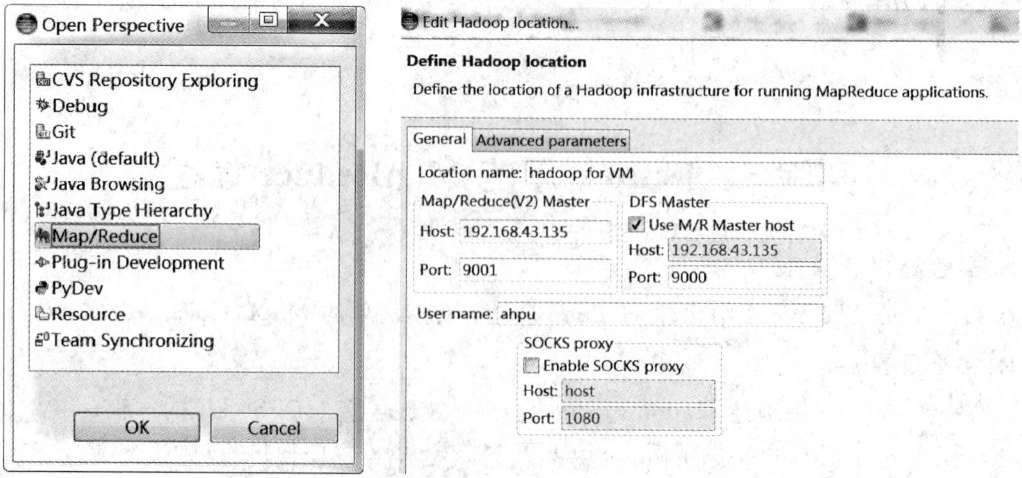

图 9-15　Hadoop Location 一般配置

（4）配置 Hadoop Location 高级参数，如 Web 管理页面的 IP 地址，因为是物理机访问虚拟机，所以与 IP 相关的选项全部替换为虚拟机的 IP，以使 Web 管理页面中的 URL 跳转正常完成，避免跳转到 0.0.0.0：500...的地址，Hadoop Location 高级配置如图 9-16 所示。

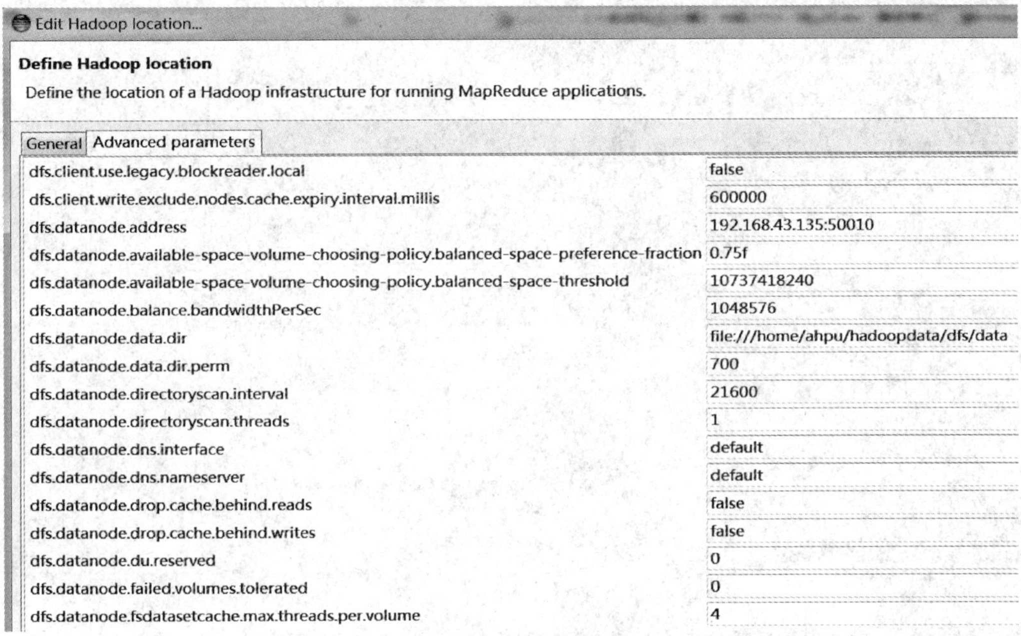

图 9-16　Hadoop Location 高级配置

注意检查 Linux 虚拟机中 Hadoop 配置，hadoop/conf 下的两个相关配置文件（core-site.xml 和 mapred-site.xml）的 IP 如果是 localhost 需改为虚拟机的 IP。

（5）点击左侧的 DFSLocations→master（上一步配置的 Location name），如能看到类似如图 9-17 的目录，则表示连接虚拟机上的 HDFS 成功（注意虚拟机上的 Hadoop 的相关服务需启动）。

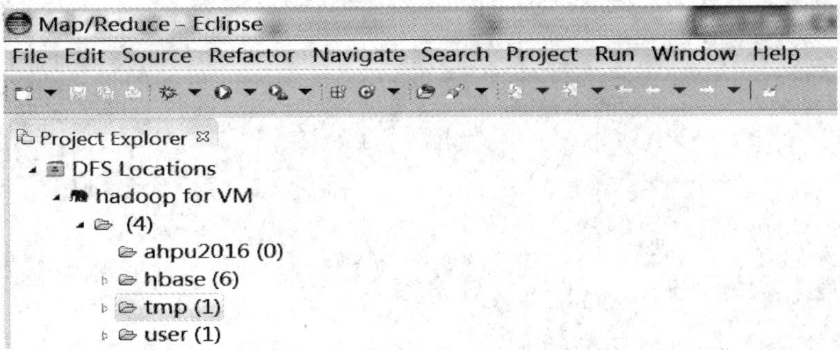

图 9-17　Hadoop HDFS 连接成功

2）验证 MapReduce 的 WordCount 程序。

（1）点击 File→Project，选择 Map/Reduce Project，输入项目名称 WordCount 等。在 WordCount 项目里新建 class，名称为 WordCount，代码如下：

```
public class WordCount {
    public static class TokenizerMapper extends
            Mapper<Object, Text, Text, IntWritable> {
        private final static IntWritable one = new IntWritable(1);
      private Text word = new Text();
        public void map(Object key, Text value, Context context)
                throws IOException, InterruptedException {
            StringTokenizer itr = new StringTokenizer(value.toString());
            while (itr.hasMoreTokens())
            {
                word.set(itr.nextToken());
                context.write(word, one);
            }
        }
    }

public static class IntSumReducer extends
    Reducer<Text, IntWritable, Text, IntWritable> {
    private IntWritable result = new IntWritable();
      public void reduce(Text key, Iterable<IntWritable> values, Context context)
          throws IOException, InterruptedException {
        int sum = 0;
        for (IntWritable val : values)
        {
            sum += val.get();
        }
        result.set(sum);
        context.write(key, result);
    }
}

public static void main(String[] args) throws Exception {
    Configuration conf = new Configuration();
    conf.set("fs.default.name", "hdfs://192.168.43.135:9000");
    conf.set("mapred.job.tracker", "192.168.43.135:9001");
    conf.set("hadoop.job.user", "ahpu");
    String[] ars = new String[] { "input", "output" };
```

```
String[] otherArgs = new GenericOptionsParser(conf, ars)
        .getRemainingArgs();
if (otherArgs.length != 2)
{
        System.err.println("Usage: wordcount  ");
        System.exit(2);
    }
    Job job = new Job(conf, "word count");
    job.setJarByClass(WordCount.class);
    job.setMapperClass(TokenizerMapper.class);
    job.setCombinerClass(IntSumReducer.class);
    job.setReducerClass(IntSumReducer.class);
    job.setOutputKeyClass(Text.class);
    job.setOutputValueClass(IntWritable.class);
    FileInputFormat.addInputPath(job,
                new Path("hdfs://192.168.43.135:9000/usr/hadoop/test1.txt"));
    FileOutputFormat.setOutputPath(job,
                new Path("hdfs://192.168.43.135:9000/usr/hadoop/output"));
    System.exit(job.waitForCompletion(true) ? 0 : 1);
  }
}
```

(2) 点击 Run→Run on Hadoop，运行结果会显示在 DFS Locations 上。若运行中有更新，右键 DFS Locations，点 Reconnect 更新。运行过程及结果如图 9－18～图 9－21 所示。(在 Hadoop HDFS 上需提前准备好要统计的文档，本例中为名为"test.txt"的文档)

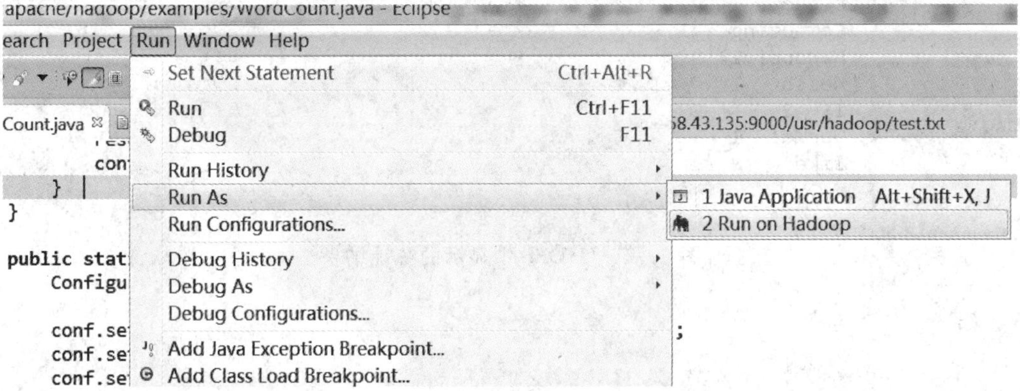

图 9－18　选择 Run On Hadoop 方式运行程序

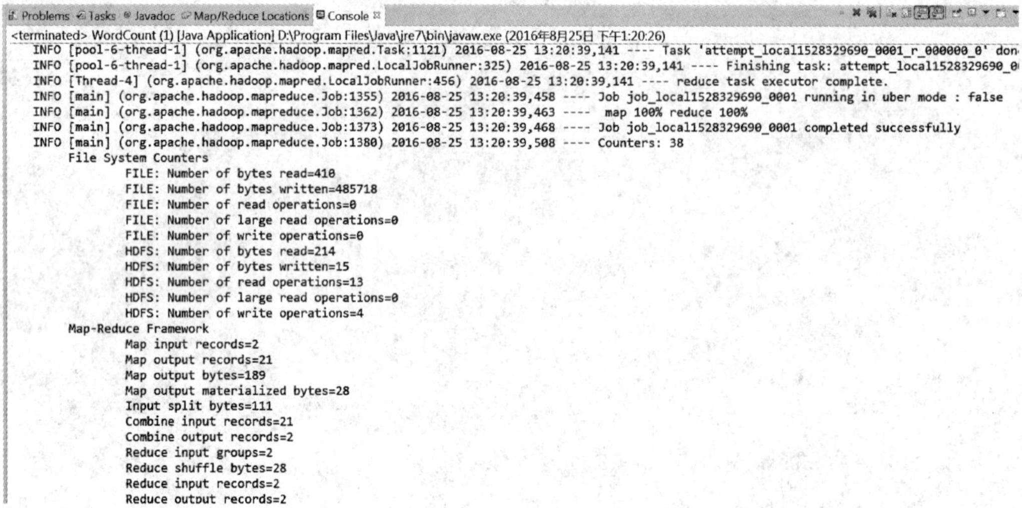

图 9－19　程序运行过程

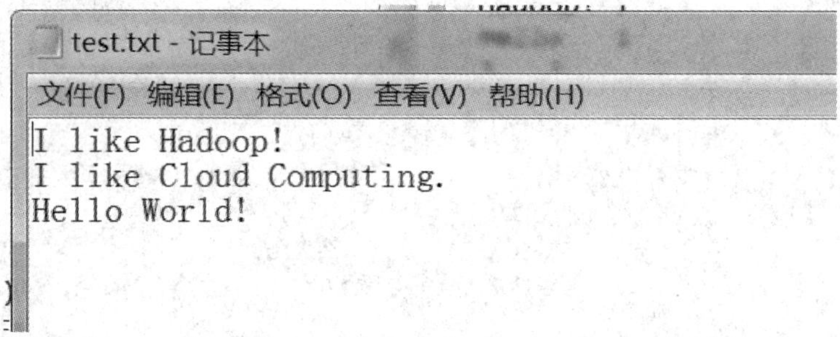

图 9－20　待统计的文档

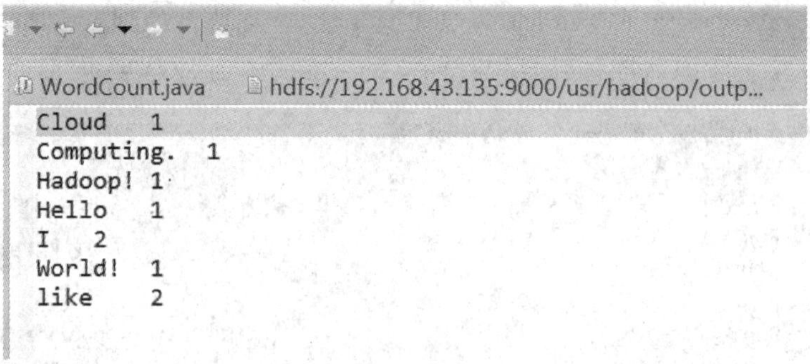

图 9－21　HDFS 中显示的统计结果

第 10 章　分布式数据存储与大数据挖掘

10.1　分布式数据库 Hbase

10.1.1　HBase 简介

HBase 是 Hadoop 的子项目，它是一个面向列的分布式数据库。它建立在 HDFS 之上，是能提供高可靠性、高性能、列存储、可伸缩、实时读写的数据库系统。

HDFS 实现了一个分布式的文件系统，虽然这个文件系统能以分布和可扩展的方式有效存储海量数据，但文件系统缺少结构化/半结构化数据的存储管理和访问能力，其编程接口对于很多应用来说还太底层了。就像有了 NTFS 这样的单机文件系统后，还需要 Oracle、IBM DB2、Microsoft SQL Server 这样的数据库来帮助我们管理数据一样。HBase 之于 HDFS 就类似于数据库之于文件系统。

HBase 存储的数据介于映射(key/value)和关系型数据之间。它能通过主键(row key)和主键的 range 来检索数据，支持单行事务(可通过 hive 支持来实现多表 join 等复杂操作)。HBase 主要用来存储非结构化和半结构化的松散数据。Hbase 目标主要依靠横向扩展，通过不断增加廉价的商用服务器，来增加计算和存储能力。它可以直接使用本地文件系统，也可以使用 Hadoop 的 HDFS 文件存储系统。

HBase 在 Hadoop 生态系统中的地位及关系如图 10－1 所示，它向下提供存储，向上支持运算，将数据存储和并行计算比较完美地结合在一起。

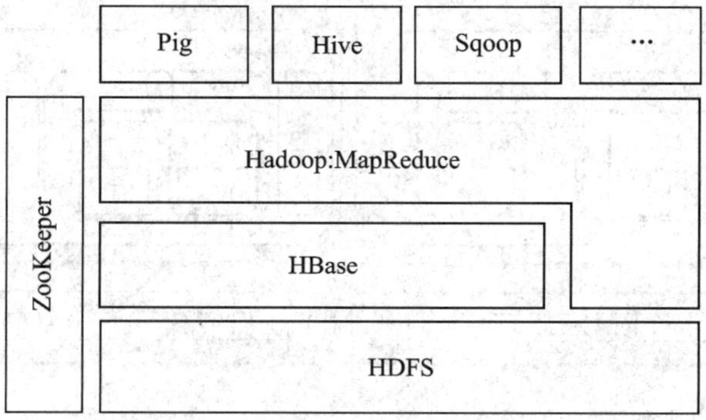

图 10－1　HBase 在 Hadoop 生态系统中的地位及关系

HBase 的特征包括：

- 线性及模块可扩展性。
- 严格一致读写。
- 可配置的表自动分割策略。
- RegionServer 自动故障恢复。

- 便利地备份 MapReduce 作业的基类。
- 便于客户端访问的 Java API。
- 为实时查询提供了块缓存和 Bloom Filter。
- 可通过服务器端的过滤器进行查询预测。
- 提供了支持 XML、Protobuf 及二进制编码的 Thrift 网管和 REST-ful 网络服务。
- 可扩展的 JIRB(Jruby-based)shell。
- 支持通过 Hadoop 或 JMX 将度量标准倒出到文件或 Ganglia 中。

HBase 中表一般有如下的特点：

- 大：一个表可以有上亿行、上百万列。
- 面向列：面向列(族)的存储和权限控制，列(族)独立检索。
- 稀疏：对于为空(null)的列，并不占用存储空间，因此，表可以设计的非常稀疏。

10.1.2 HBase 体系结构

HBase 的服务器体系结构遵从主从服务器架构，由 HRegion 服务器(HRegion Server)群和 HBase Master 服务器(HBase Master Server)构成。HBase Master 服务器负责管理所有的 HRegion 服务器。而 HBase 中的所有服务器都是通过 ZooKeeper 来进行协调并处理 HBase 服务器运行期间可能遇到的错误。HBase Master 服务器本身并不存储 HBase 中的任何数据，HBase 逻辑上的表可能被划分成多个 HRegion，然后存储到 HRegion 服务器群中。HBase Master 服务器中存储的是从数据到 HRegion 服务器的映射，HBase 体系结构如图 10-2 所示。

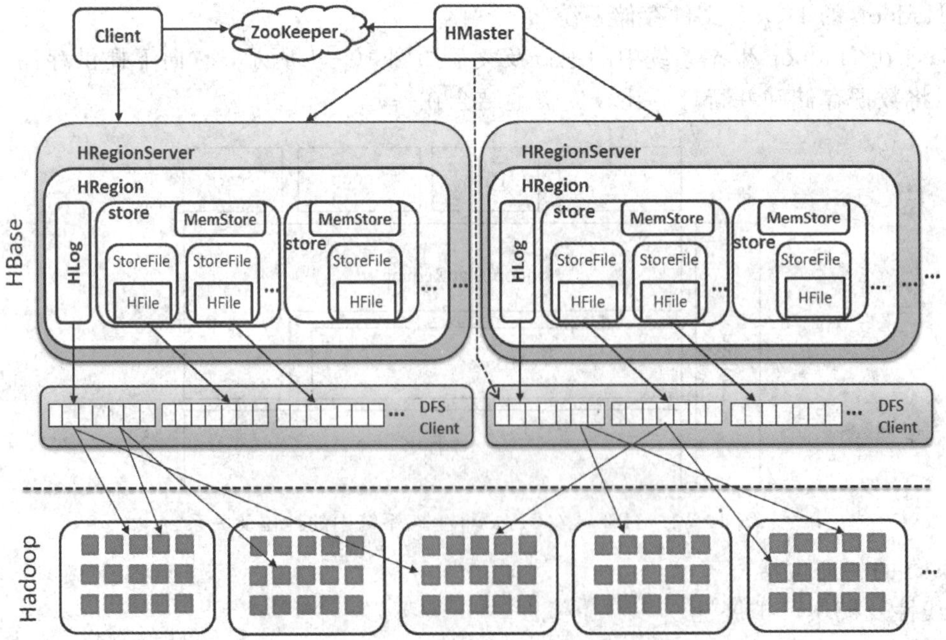

图 10-2 HBase 体系结构

1. HRegion

当表的大小超过设置值时，HBase会自动将表划分到不同的区域，每个区域包含所有行的一个子集。对用户来说，每个表是一堆数据的集合，靠主键来区分。从物理上来说，一张表被拆分成了多块，每一块就是一个HRegion，通常用表名＋开始/结束主键来区分每一个HRegion。一个HRegion会保存一个表中某段连续的数据，从开始主键到结束主键，一张完整的表格保存在多个Region上面。

2. HRegion 服务器

HRegion服务器主要负责响应用户I/O请求，向HDFS文件系统中读写数据，是HBase中最核心的模块。所有的数据库数据一般是保存在Hadoop分布式文件系统上面的，用户通过一系列HRegion服务器来获取这些数据，一台机器上面一般只运行一个HRegion服务器，且每一个区段的HRegion也只会被一个HRegion服务器维护。

HRegion服务器包含两部分：HLog部分和HRegion部分。其中HLog存储数据日志；HRegion部分由很多的HRegion组成，存储的是实际的数据。每一个HRegion又由许多Store组成，每一个Store存储实际上是一个列族(ColumnFamily)下的数据。此外，在每一个Store中包含一块MemStore。MemStore驻留在内存中，数据到来时首先更新到MemStore中，当达到阈值之后再更新到对应的StoreFile(又名HFile)中。每一个HStore集合包含了多个HStoreFile，HStoreFile负责的是实际的数据存储，为HBase中最小的存储单元。

3. HBase Master 服务器

每台HRegion服务器都会和HMaster服务器通信，HMaster的主要任务就是要告诉每台HRegion服务器它要维护哪些HRegion。

当一台新的HRegion服务器登录到HMaster服务器时，HMaster会告诉它先等待分配数据。而当一台HRegion死机时，HMaster会把它负责的HRegion标记为未分配，然后再把它们分配到其他HRegion服务器中。

HBase通过ZooKeeper来保证系统中总有一个Master在运行。HMaster在功能上主要负责Table和HRegion的管理工作，具体包括：

- 管理用户对Table的增、删、改、查操作。
- 管理HRegion服务器的负载均衡，调整HRegion分布。
- 在HRegion分裂后，负责新HRegion的分配。
- 在HRegionServer服务器停机后，负责失效HRegion服务器上的HRegion迁移。

4. ZooKeeper

ZooKeeper存储的是HBase中Root表和Meta表的位置。此外，ZooKeeper还负责监控各个机器的状态。当某台机器发生故障时，ZooKeeper会第一个感知，并通知HBase Master进行相应的处理。当HBase Master发生故障时，ZooKeeper负责HBase Master的恢复工作，能够保证在同一个时刻系统中只有一台HBase Master提供服务。

元数据Meta表保存的是HRegion标识符和实际HRegion的映射关系，当元数据表增长时可能会被分割为几个HRegion，而根数据Root表保存了所有元数据表的位置，根数据表不能被分割，永远保存在一个HRegion中。

10.1.3　HBase 数据模型

1. 物理模型

HBase 是一个类似 Google Bigtable 的分布式数据库，它是一个稀疏的长期存储的(存储在硬盘上)、多维度的、排序的映射表，这张表的索引是行关键字、列关键字和时间戳，HBase 中的数据都是字符串，没有类型。

用户在表格中存储数据，每一行都有一个可排序的主键和任意多的列。由于是稀疏存储，同一张里面的每一行数据都可以有截然不同的列。列名字的格式是"＜family＞：＜qualifier＞"，都是由字符串组成的，每一张表有一个列族集合，这个集合是固定不变的，只能通过改变表结构来改变。但是 qulifier 值相对于每一行来说都是可以改变的。

HBase 把同一个列族里面的数据存储在同一个目录下，并且 HBase 的写操作是锁行的，每一行都是一个原子元素，都可以加锁。

HBase 所有数据库的更新都有一个时间戳标记，每个更新都是一个新的版本，HBase 会保留一定数量的版本，这个值是可以设定的，客户端可以选择获取距离某个时间点最近的版本单元的值，或者一次获取所有版本单元的值。

2. 概念视图

可以将一个表想象成一个大的映射关系，通过行键、行键＋时间戳或行键＋列(列族：列修饰符)，就可以定位特定数据，HBase 是稀疏存储数据的，因此某些列可以是空白的，表 10－1 所示为某个 test 表的 HBase 概念视图。

表 10－1　某个 test 表的 HBase 概念视图

Row Key	Time Stamp	Column Family：c1		Column Family：c2	
		列	值	列	值
r1	t7	c1：1	value1－1/1		
	t6	c1：2	value1－1/2		
	t5	c1：3	value1－1/3		
	t4			c2：1	value1－2/1
	t3			c2：2	value1－2/2
r2	t2	c1：1	value2－1/1		
	t1			c2：1	value2－1/1

从上表可以看出，test 表有 r1 和 r2 两行数据，c1 和 c2 两个列族。在 r1 中，列族 c1 有三条数据，列族 c2 有两条数据；在 r2 中，列族 c1 有一条数据，列族 c2 有一条数据，每一条数据对应的时间戳都用数字来表示，编号越大表示数据越旧，反之表示数据越新。

3. 物理视图

虽然从概念视图来看每个表格是由很多行组成的，但是在物理存储上面，它是按照列来保存的，如表 10－2 和表 10－3 所示。

表 10－2　HBase 数据的物理视图(1)

Row Key	Time Stamp	Column Family c1	
		列	值
r1	t7	c1：1	value1－1/1
	t6	c1：2	value1－1/2
	t5	c1：3	value1－1/3

表 10－3　HBase 数据的物理视图(2)

Row Key	Time Stamp	Column Family c2	
		列	值
r1	t4	c2：1	value1－2/1
	t3	c2：2	value1－2/2

需要注意的是，在概念视图上面有些列是空白的，这样的列实际上并不会被存储，当请求这些空白的单元格时，会返回 null 值。如果在查询的时候不提供时间戳，那么会返回距离现在最近的那一个版本的数据，因为在存储的时候，数据会按照时间戳来排序。

10.1.4　HBase 的基本操作

1. HBase 的环境配置

HBase 的部署可分为单机模式、伪分布模式以及完全分布模式。

单机模式直接下载 HBase 的二进制 tar.gz 包解压后配置 Java 路径即可使用，这里不再赘述。

下面介绍伪分布模式的搭建，这里假设 Hadoop 已安装完成，并有 Master 和 Slave 两台虚拟机，采用 HBase 0.98.9 版本。

(1) 下载解压 HBase 压缩包，先在 Master 机器上操作。由于权限问题，建议解压到用户的当前目录 home 中。

```
[ahpu@master ~]$ tar-zxvf ~/hbase-0.98.9-hadoop2.tar.gz
[ahpu@master ~]$ cd hbase-0.98.9-hadoop2
```

(2) 修改配置文件 conf/hbase-env.sh，conf/hase-site.xml。

```
<configuration>
    <property>
      <name>hbase.cluster.distributed</name>
      <value>true</value>
    </property>
    <property>
```

```
        <name>hbase.rootdir</name>
        <value>hdfs://master:9000/hbase</value>
    </property>
    <property>
        <name>hbase.zookeeper.quorum</name>
        <value>master</value>
    </property>
</configuration>
```

（3）设置 regionservers，将其中的 localhost 修改为这里的“Slave”。

（4）设置环境变量。

执行如下代码，打开配置文件：

```
[ahpu@master ~]$ gedit ~/.bash_profile
```

将下面代码添加到文件末尾：

```
export HBASE_HOME=/home/zkpk/hbase-0.98.9-hadoop2
export PATH=$HBASE_HOME/bin:$PATH
export HADOOP_CLASSPATH=$HBASE_HOME/lib/*
```

然后执行如下代码：

```
[ahpu@master ~]$ source ~/.bash_profile
```

（5）将 HBase 安装文件复制到 HadoopSlave 节点：

```
[ahpu@master ~]$ scp-r ~/hbase-0.98.9-hadoop2 slave:~/
```

（6）先启动 Hadoop，再启动 HBase，启动界面如图 10－3 所示。

```
[ahpu@master hadoop-2.5.2]$ cd /home/ahpu/hbase-0.98.9-hadoop2
[ahpu@master hbase-0.98.9-hadoop2]$ bin/start-hbase.sh
master: starting zookeeper, logging to /home/ahpu/hbase-0.98.9-hadoop2/bin/../lo
gs/hbase-ahpu-zookeeper-master.out
starting master, logging to /home/ahpu/hbase-0.98.9-hadoop2/logs/hbase-ahpu-mast
er-master.out
slave: starting regionserver, logging to /home/ahpu/hbase-0.98.9-hadoop2/bin/../
logs/hbase-ahpu-regionserver-slave.out
```

```
[ahpu@master hbase-0.98.9-hadoop2]$ jps
2932 ResourceManager
3462 HMaster
3400 HQuorumPeer
2606 NameNode
3586 Jps
2788 SecondaryNameNode
```

图 10－3　启动 HBase

（7）启动浏览器，在地址栏输入 http：//master：60010，若看到如图 10－4 所示的界面，则表明 HBase 已经启动成功。

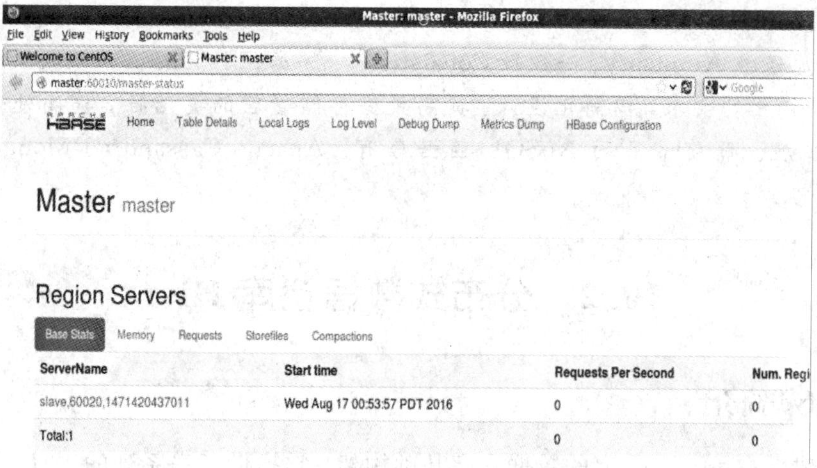

图 10－4　浏览器端查看 HBase 启动成功

2. HBase 基本操作

HBase Shell 是为用户提供的能通过 Shell 控制台或脚本执行 HBase 操作的接口。运行如下指令进入 HBase Shell：

```
[ahpu@master bin]$ ./hbase shell
```

HBase Shell 命令一览表如表 10－4 所示。

表 10－4　HBase Shell 命令一览表

任　务	命令表达式
1）一般操作	
查询数据库状态	status
查询版本	version
2）数据库操作	
创建表	create '表名称', '列名称 1', '列名称 2', '列名称 N'
添加记录	put '表名称', '行名称', '列名称：', '值'
查看记录	get '表名称', '行名称'
查看表中的记录总数	count　'表名称'
删除记录	delete　'表名'，'行名称'，'列名称'
删除一张表	先要屏蔽该表，才能对该表进行删除，第一步 disable '表名称'，第二步 drop '表名称'
查看所有记录	scan "表名称"
查看某个表某个列中所有数据	scan "表名称"，['列名称：']

小知识

• NoSQL：(Not Only SQL)，意即“不仅仅是 SQL”，它放松了对传统数据库 ACID 事物处理特征(原子性 Atomicity、一致性 Consistency、隔离性 Isolation 以及持久性 Durability)和数据高度结构化的要求，以简化设计、提高数据存储管理的灵活性，提高处理性能和支持良好的水平扩展。目前常见的 NoSQL 数据库有：Apache Cassandra、MongoDB、Apache HBase 等。

10.2 分布式数据仓库 Hive

10.2.1 Hive 简介

Hive 是建立在 Hadoop 上的数据仓库基础构架。它提供了一系列的工具，可以用来进行数据提取转化加载(ETL)，这是一种可以存储、查询和分析存储在 Hadoop 中的大规模数据的机制。Hive 定义了简单的类 SQL 查询语言，称为 Hive QL。Hive QL 允许熟悉 SQL 的用户查询数据。同时，也允许熟悉 MapReduce 的开发者自定义 Mapper 和 Reducer 操作，从而支持 MapReduce 框架。

由于 Hadoop 是批量处理系统，通常都有较高的延迟，在作业提交和调度的时候都会消耗一些时间成本。因此，构建于 Hadoop 之上的 Hive 并不能够在大规模数据集上实现低延迟快速的查询，例如，Hive 在几百 MB 的数据集上执行查询一般都会有分钟级的时间延迟。Hive 不提供实时的查询和基于行级的数据更新操作，所以并不适合那些需要低延迟的应用，例如，联机事务处理(OLTP)。Hive 的最佳使用场合是大数据集的批处理作业，例如，网络日志分析。

Hive 底层封装了 Hadoop 的数据仓库处理工具，使用类 SQL 的 Hive QL 语言实现数据查询，所有 Hive 的数据都存储在 Hadoop 兼容的文件系统(例如，Amazon S3、HDFS)中。Hive 在加载数据过程中不会对数据进行任何的修改，只是将数据移动到 HDFS 中 Hive 设定的目录下，因此，Hive 不支持对数据的改写和添加，所有的数据都是在加载的时候确定的。

Hive 的设计特点如下：

(1) 支持不同的存储类型，例如，纯文本文件、HBase 中的文件。

(2) 可将元数据保存在关系数据库中，减少了在查询过程中执行语义检查的时间。

(3) 可以直接使用存储在 Hadoop 文件系统中的数据。

(4) 内置大量用户函数 UDF 来操作时间、字符串和其他的数据挖掘工具，支持用户扩展 UDF 函数来完成内置函数无法实现的操作。

(5) 采用类 SQL 的查询方式，可将 SQL 查询转换为 MapReduce 的 job 在 Hadoop 集群上执行。

10.2.2　Hive 的体系结构

Hive 的体系结构如图 10－5 所示。

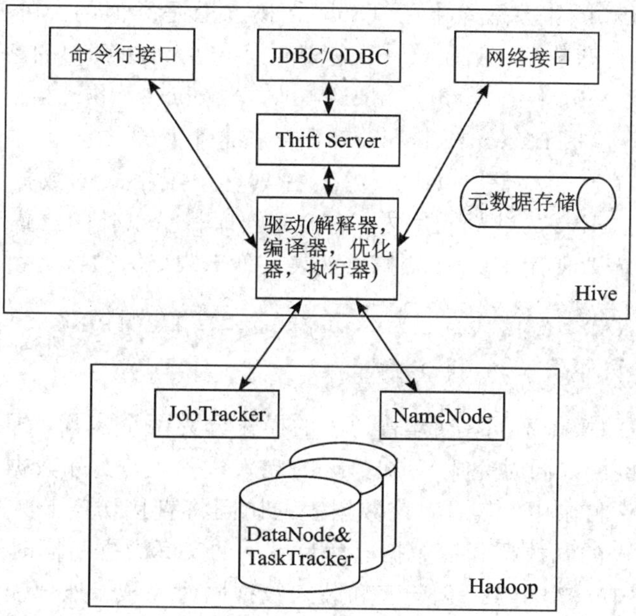

图 10－5　Hive 的体系结构

Hive 的体系结构主要分为以下几个部分：

(1) 用户接口。用户接口主要有三个：命令行接口(Command Line Interface，CLI)、Client和网络接口(Web User Interface，WUI)。其中最常用的是 CLI，当 CLI 启动的时候，会同时启动一个 Hive 副本。Client 是 Hive 的客户端，用户连接至 Hive Server(如图 10－5 中的 Thift Server)。在启动 Client 模式的时候，需要指出 Hive Server 所在节点，并且在该节点启动 Hive Server。WUI 通过浏览器访问 Hive。

(2) 元数据存储。Hive 将元数据存储在数据库中，如 MySQL、Derby。Hive 中的元数据包括表的名字、表的列和分区及其属性，表的属性(是否为外部表等)，表的数据所在目录等。

(3) 驱动(解释器、编译器、优化器、执行器)。解释器、编译器、优化器完成 HQL 查询语句从词法分析、语法分析、编译、优化以及查询计划的生成。生成的查询计划存储在 HDFS 中，并在随后由 MapReduce 调用执行。

(4) Hadoop。Hive 的数据存储在 HDFS 中，大部分的查询由 MapReduce 完成(包含 * 的查询，比如 select * from tbl 会生成 MapReduce 任务)。

10.2.3　Hive 的数据模型

Hive 的存储建立在 Hadoop 文件系统之上，Hive 本身没有专门的数据存储格式，也没有为数据建立索引，用户可以非常自由地组织 Hive 中的表，只需要在创建表的时候告诉 Hive 数据中的列分隔符和行分隔符，Hive 就可以解析数据。

1. Hive 的数据存储模型

Hive 中包含以下四类数据模型：表(Table)、外部表(External Table)、分区(Partition)、桶(Bucket)。

(1) Hive 中的 Table 和数据库中的 Table 在概念上是类似的。在 Hive 中每一个 Table 都有一个相应的目录存储数据。例如，一个表 ahpu，它在 HDFS 中的路径为：/wh/ahpu，其中，wh 是在 hive-site. xml 中由 \${hive. metastore. warehouse. dir}指定的数据仓库的目录，所有的 Table 数据(不包括 External Table)都保存在这个目录中。

(2) 外部表是一个已经存储在 HDFS 中，并具有一定格式的数据。使用外部表意味着 Hive 表内的数据不在 Hive 的数据仓库内，它会到仓库目录以外的位置访问数据。

创建外部表时，需要使用 External 指定该表是外部表，例如：

```
CREATE EXTERNAL TABLE LOGS(timestamp BIGINT, line STRING)
LOCATION 'user/input/hive/paritiion/ahpu1';
```

外部表和普通表的操作不同，创建普通表的操作分为两个步骤，即表的创建步骤和数据装入步骤(可以分开也可以同时完成)。在数据的装入过程中，实际数据会移动到数据表所在的 Hive 数据仓库文件目录中，其后对该数据表的访问将直接访问装入所对应文件目录中的数据。删除表时，该表的元数据和在数据仓库目录下的实际数据将同时删除。

外部表的创建只有一个步骤，创建表和装入数据同时完成。外部表的实际数据存储在创建语句 LOCATION 参数指定的外部 HDFS 文件路径中，但这个数据并不会移动到 Hive 数据仓库的文件目录中。删除外部表时，仅删除其元数据，保存在外部 HDFS 文件目录中的数据不会被删除。

(3) 分区对应于数据库中的分区列的密集索引，但是 Hive 中分区的组织方式和数据库中的很不相同。在 Hive 中，表中的一个分区对应于表下的一个目录，所有的分区的数据都存储在对应的目录中。例如：ahpu 表中包含 ds 和 city 两个分区，则对应于 ds＝20160901，city＝Beijing 的 HDFS 子目录为：/wh/ahpu/ds＝20160901/city＝Beijing；对应于 ds＝20160901，city＝Wuhu 的 HDFS 子目录为：/wh/ahpu/ds＝20160901/city＝Wuhu。

一个表可以在多个维度上进行分区，并且分区可以嵌套使用。建立分区需要在创建表时通过 Partition by 子句指定，例如：

```
CREATE TABLE LOGS(timestamp BIGINT, line STRING)
PARTITION BY(date STRING, city STRING);
```

在将数据加载到表内之前，需要数据加载人员明确知道所加载的数据属于哪一个分区。

使用分区在某些应用场景下能够有效地提高性能，当只需要遍历某一个小范围内的数据或者一定条件下的数据时，它可以有效减少扫描数据的数量，前提是需要将数据导入到分区内。

(4) 桶对指定列进行哈希(hash)计算，会根据哈希值切分数据，目的是为了并行，每一个桶对应一个文件。例如：将 user 列分散至 32 个 bucket，首先对 user 列的值计算哈希，对应哈希值为 0 的 HDFS 目录为：/wh/ahpu/ds＝20160901/city＝Beijing/part-00000；哈希值为 20 的 HDFS 目录为：/wh/ahpu/ds＝20160901/city＝Beijing/part-00020。

以下为创建带有桶的表的语句：

```
CREATE TABLE BUCKET_USERS(id INT, name STRING)
CLUSTER BY (id) INTO 4 BUCKETS;
```

2. Hive 的元数据存储管理

Hive 运行过程中，其元数据可能会不断被读取、更新和修改，因此这些元数据不宜存放在 Hadoop 的 HDFS 文件系统中，否则会降低元数据的访问效率，进一步降低 Hive 的整体性能。目前，Hive 使用一个关系型数据库来存储元数据。Hive 系统安装时自带了一个内置的小规模的内存数据库 Derby，但是 Hive 也可以让用户安装和使用其他存储规模更大的专业数据库，比如 MySQL 数据库。Hive 可以通过以下三种方式连接到数据库：

(1)“单用户”模式：直接连接到内存数据库 Derby，该模式一般用于单机测试。

(2)“多用户”模式：通过网络和 JDBC 连接到另一个机器上运行的数据库，这通常是上线产品系统所使用的模式。

(3)“远程服务器”模式：用于非 Java 客户端访问在远程服务器上存储的元数据库，需要在服务器端启动一个 MetaStoreServer，然后在客户端通过 Thrift 协议访问服务器，进而访问元数据。

3. Hive 的数据类型

1) 基本数据类型

Hive 的基本数据类型如表 10-5 所示。

表 10-5　Hive 的基本数据类型

数据类型	所占字节	开始支持版本
TINYINT	1 byte，−128 ～ 127	
SMALLINT	2 byte，−32 768 ～ 32 767	
INT	4 byte，−2 147 483 648 ～ 2 147 483 647	
BIGINT	8 byte，−9 223 372 036 854 775 808 ～ 9 223 372 036 854 775 807	
BOOLEAN		
FLOAT	4 byte 单精度	
DOUBLE	8 byte 双精度	
STRING		
BINARY	布尔型(true/false)	从 Hive0.8.0 开始支持
TIMESTAMP		从 Hive0.8.0 开始支持
DECIMAL		从 Hive0.11.0 开始支持
CHAR		从 Hive0.13.0 开始支持
VARCHAR		从 Hive0.12.0 开始支持
DATE		从 Hive0.12.0 开始支持

2）复杂数据类型

Hive的复杂数据类型包括：ARRAY、MAP、STRUCT、UNION，这些复杂类型是由基础类型组成的。

关系型数据库中不支持这些复杂数据类型，因为它们会破坏标准格式。关系型数据库中的集合数据类型是由多个表之间建立合适的外键关联来实现的。在大数据系统中，使用复杂类型的数据的好处在于提高数据的吞吐量，减少寻址次数，从而提高了查询速度。

• ARRAY。ARRAY类型由一系列相同数据类型的元素组成，这些元素可以通过下标来访问。比如有一个ARRAY类型的变量fruits，它由['apple'，'orange'，'mango']组成，则可以通过fruits[1]来访问元素orange，因为ARRAY类型的下标是从0开始的。

• MAP。MAP包含key->value键值对，可以通过key来访问元素。比如userlist是一个map类型，其中username是key，password是value，则可以通过userlist['username']来得到这个用户对应的password。

• STRUCT。STRUCT可以包含不同数据类型的元素。这些元素可以通过"点语法"的方式来得到所需要的元素，比如user是一个STRUCT类型，则可以通过user. address得到这个用户的地址。

• UNION。UNIONTYPE，它是从Hive 0.7.0开始支持的。

使用复杂数据类型创建表的实例如下：

```
CREATE TABLE EMPLOYEES (
        NAME STRING,
        SALARY FLOAT,
        SUBORDINATES ARRAY<STRING>,
        DEDUCTIONS MAP<STRING, FLOAT>,
        ADDRESS STRUCT<STREET: STRING, CITY: STRING, STATE:
           STRING, ZIP: INT>
    ) PARTITIONED BY (COUNTRY STRING, STATE STRING);
```

10.2.4　Hive基本操作

Hive的安装配置过程见实验6中的介绍。下面介绍Hive的基本操作。

1. 表操作

（1）创建表：

```
hive>CREATE TABLE pokes (foo INT, bar STRING);
```

说明： 创建表名为pokes的表，该表有foo和bar两列，分别为INT和STRING类型。

（2）创建一个新表，结构与其他一样：

```
hive>CREATE TABLE new_table LIKE records;
```

说明：创建名为 new_table 新表，表结构与表 records 一样。

（3）展示表：

```
hive>SHOW TABLES;
```

说明：展示所有的表名。

```
hive>SHOW TABLES '.*s';
```

说明：展示所有以 s 结尾的表名。

（4）创建分区表：

```
hive>CREATE TABLE logs (ts BIGINT, line STRING) PARTITIONED BY (dt STRING, country STRING);
```

（5）加载分区表数据：

```
hive>LOAD DATA LOCAL INPATH '/home/hadoop/input/hive/partitions/ahpu1' INTO TABLE logs PARTITION (dt='2016-09-01', city='Beijing');
```

（6）展示表中有多少分区：

```
hive>SHOW PARTITIONS logs;
```

（7）显示表的结构信息：

```
hive>DESCRIBE logs;
```

（8）更新表名：

```
hive>ALTER TABLE source RENAME TO target;
```

（9）添加新一列：

```
hive>ALTER TABLE invites ADD COLUMNS (new_col2 INT COMMENT 'a comment');
```

（10）删除表：

```
hive>DROP TABLE records;
```

（11）删除表中数据，但要保持表的结构定义：

```
hive>dfs-rmr /user/hive/warehouse/records;
```

（12）从本地文件加载数据：

```
hive>LOAD DATA LOCAL INPATH '/home/hadoop/input/ncdc/micro-tab/sample.txt'
```

2. 其他操作

(1) 显示所有函数：

```
hive>SHOW FUNCTIONS;
```

(2) 查看函数用法：

```
hive>DESCRIBE FUNCTION substr;
```

说明：查看函数 substr 的用法。

(3) 内连接：

```
hive>SELECT sales.*, things.* FROM sales JOIN things ON (sales.id = things.id);
```

(4) 外连接：

```
hive> SELECT sales.*, things.* FROM sales LEFT OUTER JOIN things ON (sales.id = things.id);
hive> SELECT sales.*, things.* FROM sales RIGHT OUTER JOIN things ON (sales.id = things.id);
hive> SELECT sales.*, things.* FROM sales FULL OUTER JOIN things ON (sales.id = things.id);
```

(5) 创建视图：

```
hive> CREATE VIEW valid_records AS SELECT * FROM records2 WHERE temperature != 9999;
```

(6) 查看视图详细信息：

```
hive> DESCRIBE EXTENDED valid_records;
```

10.3 大数据挖掘计算平台 Mahout

10.3.1 Mahout 简介

Mahout 项目是由 Apache Software Foundation(ASF)的开源项目，提供一些可扩展的机器学习领域经典算法的实现，旨在帮助开发人员更加方便、快捷地创建智能应用程序。发展至今，Apache Mahout 项目目前已经有 3 个公开发行版本，包含许多实现，如聚类、分类、推荐过滤、频繁子项挖掘。此外，通过使用 Apache Hadoop 库，Mahout 可以有效地扩展到云中。

1. Mahout 中的机器学习算法

Mahout 中实现的机器学习算法见表 10-6。

表 10－6　Mahout 中实现的机器学习算法

算法类	算　法	说　明
分类算法	Logistic Regression	逻辑回归
	Bayesian	贝叶斯
	SVM	支持向量机
	Perceptron	感知器算法
	Neural Network	神经网络
	Random Forests	随机森林
	Restricted Boltzmann Machines	有限波尔兹曼机
聚类算法	Canopy Clustering	Canopy 聚类
	K－means Clustering	K 均值算法
	Fuzzy K－means	模糊 K 均值
	Expectation Maximization	EM 聚类(期望最大化聚类)
	Mean Shift Clustering	均值漂移聚类
	Hierarchical Clustering	层次聚类
	Dirichlet Process Clustering	狄里克雷过程聚类
	Latent Dirichlet Allocation	LDA 聚类
	Spectral Clustering	谱聚类
关联规则挖掘	Parallel FP Growth Algorithm	并行 FP Growth 算法
回归	Locally Weighted Linear Regression	局部加权线性回归
降维/维约简	Singular Value Decomposition	奇异值分解
	Principal Components Analysis	主成分分析
	Independent Component Analysis	独立成分分析
	Gaussian Discriminative Analysis	高斯判别分析
进化算法	并行化 Watchmaker 框架	
推荐/协同过滤	Non-distributed recommenders	Taste(UserCF，ItemCF，SlopeOne)
	Distributed Recommenders	Item CF
向量相似度计算	RowSimilarityJob	计算列间相似度
	VectorDistanceJob	计算向量间距离
非 Map-Reduce 算法	Hidden Markov Models	隐马尔科夫模型
集合方法扩展	Collections	扩展了 java 的 Collections 类

2. Mahout 源码目录

Mahout 项目是由多个子项目组成的，各子项目分别位于源码的不同目录下，下面对mahout的组成进行介绍：

• mahout-core：核心程序模块，位于/core 目录下。

• mahout-math：在核心程序中使用的一些数据通用计算模块，位于/math 目录下。

• mahout-utils：在核心程序中使用的一些通用的工具性模块，位于/utils 目录下。

上述三个部分是程序的主体，存储所有 mahout 项目的源码。另外，mahout 提供了样例程序，分别在 taste-web 和 examples 目录下：

• taste-web：利用 mahout 推荐算法而建立的基于 WEB 的个性化推荐系统 demo。

• examples：对 mahout 中各种机器学习算法的应用程序。

• bin：bin 目录下只有一个名为 mahout 的文件，是一个 shell 脚本文件，用于在 hadoop 平台的命令行下调用 mahout 中的程序。

• 在 buildtools、eclipse 和 distribution 目录下，有 mahout 相关的配置文件。

• buildtools 目录下是用于核心程序构建的配置文件，以 mahout-buildtools 的模块名称在 mahout 的 pom. xml 文件中进行说明。

• eclipse 下的 xml 文件是对利用 eclipse 开发 mahout 的配置说明。

• distribution 目录下有两个配置文件：bin. xml 和 src. xml，进行 mahou 安装时的一些配置信息。

3. Taste

Taste 是 Apache Mahout 提供的一个协同过滤算法的高效实现，它基于 Java 实现，可扩展性强。它在 Mahout 中对一些推荐算法进行 MapReduce 编程模式转化，从而可以利用Hadoop的分布式架构，提高了推荐算法的性能。Taste 既实现了最基本的基于用户的和基于内容的推荐算法，同时也提供了扩展接口，使用户可以方便地定义和实现自己的推荐算法。

Taste 由以下主要的组件组成：

• DataModel：DataModel 是用户喜好信息的抽象接口，它的具体实现支持从任意类型的数据源抽取用户喜好信息。Taste 默认提供 JDBCDataModel 和 FileDataModel，分别支持从数据库和文件中读取用户的喜好信息。

• UserSimilarity 和 ItemSimilarity：UserSimilarity 用于定义两个用户间的相似度，它是基于协同过滤的推荐引擎的核心部分，可以用来计算用户的“邻居”，这里将与当前用户口味相似的用户称为他的邻居；ItemSimilarity 用于计算内容之间的相似度。

• UserNeighborhood：UserNeighborhood 用于基于用户相似度的推荐方法中，推荐的内容是基于找到与当前用户喜好相似的“邻居用户”的方式产生的。UserNeighborhood 定义了确定邻居用户的方法，具体实现一般是基于 UserSimilarity 计算得到的。

• Recommender：Recommender 是推荐引擎的抽象接口，Taste 中的核心组件。在程序中，为它提供一个 DataModel，它可以计算出对不同用户的推荐内容。在实际应用中，主要使用它的实现类 GenericUserBasedRecommender 或者 GenericItemBasedRecommender，分别实现基于用户相似度的推荐引擎或者基于内容的推荐引擎。

Taste 各组件的工作过程如图 10-6 所示。

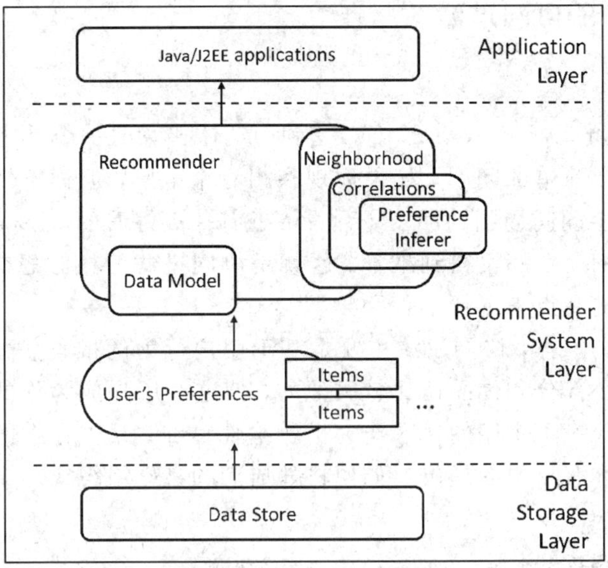

图 10－6　Taste 各组件工作过程

4. Mahout API

当前 Mahout API 的最新版本为 Apache Mahout 0.12.3-SNAPSHOT API，它的官网链接为：https：//builds.apache.org/job/Mahout-Quality/javadoc/，它主要可以分为以下几部分：

（1）与基于协调过滤的 Taste 相关的，包名以 org.apache.mahout.cf.taste 开始。

（2）与聚类算法相关的，包名以 org.apache.mahout.clustering 开始。

（3）与分类算法相关的，包名以 org.apache.mahout.classifier 开始。

（4）与频繁模式相关的，包名以 org.apache.mahout.fpm 开始。

（5）与数学计算相关的，包名以 org.apache.mahout.math 开始。

（6）与向量计算相关的，包名以 org.apache.mahout.vectorizer 开始。

下面以聚类算法 K-means 为例进行说明。

K-means 的 API 在 org.apache.mahout.clustering.kmeans 包中，一共包含三个类，如表 10－7 所示。

表 10－7　K-means 的类

类　名	描　述
Kluster(Vector center, int clusterId, DistanceMeasure measure)	初始化 K-means 聚类算法的构造方法，使用输入的点作为聚类中心来构建一个新的聚类。参数 measure 用于比较点之间的距离，center 为新的聚类中心，clusterID 为新聚类的 ID
KMeansDriver()	执行聚类操作的入口函数，包括 buildClusters、clusterData、run 及 main 等函数
RandomSeedGenerator	给定含有 SequenceFile 的输入路径，随机产生 k 个向量，将它们作为 Kluster 的初始质心输出

注：详细的类介绍，请参阅 Mahout API 相关资料。

10.3.2　Mahout中的协同过滤

1. 协同过滤

协同过滤(Collaborative Filtering，CF)是利用集体智慧的一个典型方法。要理解什么是协同过滤，首先想一个简单的问题，如果你现在想看个电影，但你不知道具体看哪部，你会怎么做？大部分的人会问问周围的朋友，看看最近有什么好看的电影推荐，而我们一般更倾向于从口味比较类似的朋友那里得到推荐。这就是协同过滤的核心思想。换句话说，协同过滤就是借鉴相关人群的观点来进行推荐。

不同于基于内容的推荐，协同过滤主要是基于用户行为的推荐。比如，协同过滤会在海量的用户中发掘出一小部分和你品位比较类似的，使这些用户成为你的邻居，然后根据他们喜欢的其他东西组织成一个排序的目录作为推荐给你。当然其中存在的核心问题是：如何确定一个用户是不是和你有相似的品位？如何将邻居们的喜好组织成一个排序的目录？

2. 协同过滤的实现

要实现协同过滤的推荐算法，要进行以下三个步骤。

1）收集数据

这里的数据指的都是用户的历史行为数据，比如用户的购买历史，关注、收藏行为，或者发表了某些评论，给某个物品打了多少分等，这些都可以用来作为数据供推荐算法使用，服务于推荐算法。需要特别指出的是，不同的数据准确性不同，粒度也不同，在使用时需要考虑到噪音所带来的影响。

2）找到相似用户和物品

找到相似用户和物品即计算用户间以及物品间的相似度。以下是几种计算相似度的方法：

(1) 欧几里德距离：

$$d(x, y) = \sqrt{\sum (x_i - y_i)^2}$$

$$\text{sim}(x, y) = \frac{1}{1 + d(x, y)}$$

(2) 皮尔逊相关系数：

$$p(x, y) = \frac{\sum x_i y_i - n\overline{xy}}{(n-1)S_x S_y} = \frac{n\sum x_i y_i - \sum x_i \sum y_i}{\sqrt{n\sum x_i^2 - (\sum x_i)^2}\sqrt{n\sum y_i^2 - (\sum y_i)^2}}$$

(3) Cosine相似度：

$$\text{Cos}(x, y) = \frac{x \cdot y}{\|x\| \times \|y\|} = \frac{\sum x_i y_i}{\sqrt{\sum x_i^2}\sqrt{\sum y_i^2}}$$

(4) Tanimoto系数：

$$T(x, y) = \frac{x \cdot y}{\|x\|^2 + \|y\|^2 - x \cdot y} = \frac{\sum x_i y_i}{\sum x_i^2 + \sum y_i^2 - \sum x_i y_i}$$

3）进行推荐

计算出相似度后，就可以进行推荐了。在协同过滤中，有基于用户的协同过滤和基于项目(物品)的协同过滤两种主流方法。其具体原理分别如图 10-7 和图 10-8 所示。

用户/物品	物品 A	物品 B	物品 C	物品 D
用户 A	√		√	推荐
用户 B		√		
用户 C	√		√	√

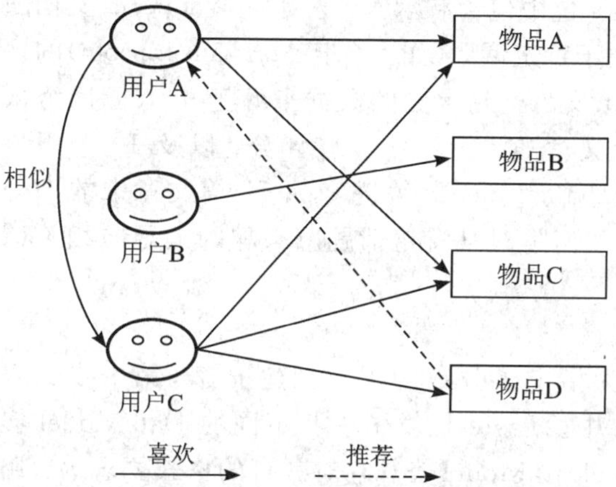

图 10-7　基于用户的协同过滤

用户/物品	物品 A	物品 B	物品 C
用户 A	√		√
用户 B	√	√	√
用户 C	√		推荐

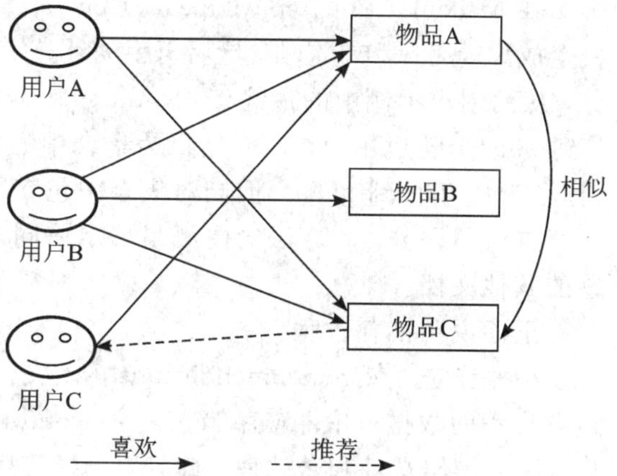

图 10-8　基于物品的协同过滤

基于用户的协同过滤的基本思想是：基于用户对物品的偏好找到邻居用户，然后将邻居用户喜欢的物品推荐给当前用户。计算上，就是将一个用户对所有物品的偏好作为一个向量来计算用户之间的相似度，找到邻居后，根据邻居的相似度权重以及他们对物品的偏好，预测当前用户没有偏好的未涉及物品，计算得到一个排序的物品列表作为推荐。如图 10-7 所示，对于用户 A，根据用户的历史偏好，这里只计算得到一个邻居，即用户 C，然后将用户 C 喜欢的物品 D 推荐给用户 A。

基于物品的协同过滤的原理和基于用户的协同过滤类似，只是在计算邻居时采用物品本身，而不是从用户的角度，即基于用户对物品的偏好找到相似的物品，然后根据用户的历史偏好，推荐相似的物品给他。从计算的角度看，就是将所有用户对某个物品的偏好作为一个向量来计算物品之间的相似度，得到物品的相似物品后，根据用户历史的偏好预测当前用户还没有表示偏好的物品，计算得到一个排序的物品列表作为推荐。如图 10-8 所示，对于物品 A，根据所有用户的历史偏好，喜欢物品 A 的用户都喜欢物品 C，得出物品 A 和物品 C 比较相似，而用户 C 喜欢物品 A，那么可以推断出用户 C 可能也喜欢物品 C。

3. Mahout 中的协同过滤过程

Mahout 首先通过 Taste 库建立一个针对协同过滤的推荐引擎。Taste 支持基于用户和基于物品(项目)的推荐，在它的用户自定义的界面提供了许多推荐选项。具体来说，Taste 包含 5 个主要组件，用于确定用户、项目和首选项。

- DataModel：用于存储用户、项目和首选项。
- UserSimilarity：用于定义两个用户之间的相似度的界面。
- ItemSimilarity：用于定义两个项目之间的相似度的界面。
- Recommender：用于提供推荐的界面。

• UserNeighborhood：用于计算相似用户邻近度的界面，其结果随时可由 Recommender 使用。

借助这些组件以及它们的实现，开发人员可以构建复杂的推荐系统，提供基于实时或者离线的推荐。基于实时的推荐经常只能处理数千用户，而离线推荐具有更好的适用性。Taste 甚至提供了一些可利用 Hadoop 离线计算推荐的工具，可以满足包含大量用户、项目和首选项的大型系统的需求。

在 Mahout API 的 cf. wikipedia. GenerateRatings 包中包含有示例，它针对 Wikipedia 文档随机生成大量用户和首选项，然后再手动补充一些关于特定话题(如：关于 Abraham Lincoln)的评分，从而创建示例中的最终 recommendations. txt 文件。此示例的数据来源于 990(标记为从 0 到 989)个随机用户，他们随机为集合中的所有文章随机分配了一些评分，以及 10 个用户(标记为从 990 到 999)，他们对集合中包含 Abraham Lincoln 关键字的 17 篇文章中的部分文章进行了评分。此方法的内涵是展示协同过滤如何将对某特定话题感兴趣的人导向相关话题的其他文档。

下面说明推荐过程：

(1) 首先，在 recommendations. txt 文件中为指定了分数的用户创建推荐。第一步载入包含推荐的数据，并将它存储在一个 DataModel 中。Taste 提供了一些不同的 DataModel 实现，用于操作文件和数据库。此处，选择使用 FileDataModel 类，它对各行的格式要求为：用户 ID、项目 ID、首选项。其中，用户 ID 和项目 ID 都是字符串，而首选项可以是双精度型。建立了模型之后，通知 Taste 通过声明一个 UserSimilarity 实现来比较用户。示例代码中的 cf. wikipedia. WikipediaTasteUserDemo 包含了完整的代码清单，部分代码解释如下：

```
清单 1. 创建模型和定义用户相似度
//create the data model
FileDataModel dataModel = new FileDataModel(new File(recsFile));
UserSimilarity userSimilarity = new PearsonCorrelationSimilarity(dataModel);
// Optional:
userSimilarity. setPreferenceInferrer(new AveragingPreferenceInferrer(dataModel));
```

在清单 1 中，使用 PearsonCorrelationSimilarity 来度量两个变量之间的关系(也可以使用其他 UserSimilarity 度量)，需要注意的是，应根据数据和测试类型来选择相似度度量。对于此数据，此种组合最为合适。

(2) 构建一个 UserNeighborhood 和一个 Recommender。UserNeighborhood 可以识别与相关用户类似的用户，并传递给 Recommender，后者将负责创建推荐项目排名表。部分代码示例如下：

```
清单 2. 生成推荐
//Get a neighborhood of users
UserNeighborhood neighborhood =
        new NearestNUserNeighborhood(neighborhoodSize, userSimilarity, dataModel);
//Create the recommender
Recommender recommender =
        new GenericUserBasedRecommender(dataModel, neighborhood, userSimilarity);
```

```
User user = dataModel.getUser(userId);
System.out.println("-----");
System.out.println("User: " + user);
//Print out the users own preferences first
TasteUtils.printPreferences(user, handler.map);
//Get the top 5 recommendations
List<RecommendedItem> recommendations =
        recommender.recommend(userId, 5);
TasteUtils.printRecs(recommendations, handler.map);
```

可以在命令行中运行整个示例，方法是在包含示例的目录中执行 ant user-demo。运行此命令将打印输出虚构用户 995 的首选项和推荐，该用户只是 Lincoln 的爱好者之一。下面的示例说明了输出情况：

清单 3. 用户推荐的输出

```
[echo] Getting similar items for user: 995 with a neighborhood of 5
[java] 09/08/20 08:13:51 INFO file.FileDataModel: Creating FileDataModel
        for file src/main/resources/recommendations.txt
[java] 09/08/20 08:13:51 INFO file.FileDataModel: Reading file info...
[java] 09/08/20 08:13:51 INFO file.FileDataModel: Processed 100000 lines
[java] 09/08/20 08:13:51 INFO file.FileDataModel: Read lines: 111901
[java] Data Model: Users: 1000 Items: 2284
[java] -----
[java] User: 995
[java] Title: August 21 Rating: 3.930000066757202
[java] Title: April Rating: 2.203000068664551
[java] Title: April 11 Rating: 4.230000019073486
[java] Title: Battle of Gettysburg Rating: 5.0
[java] Title: Abraham Lincoln Rating: 4.739999771118164
[java] Title: History of The Church of Jesus Christ of Latter-day Saints
        Rating: 3.430000066757202
[java] Title: Boston Corbett Rating: 2.009999990463257
[java] Title: Atlanta, Georgia Rating: 4.429999828338623
[java] Recommendations:
[java] Doc Id: 50575 Title: April 10 Score: 4.98
[java] Doc Id: 134101348 Title: April 26 Score: 4.860541
[java] Doc Id: 133445748 Title: Folklore of the United States Score: 4.4308662
[java] Doc Id: 1193764 Title: Brigham Young Score: 4.404066
[java] Doc Id: 2417937 Title: Andrew Johnson Score: 4.24178
```

从清单 3 中可以看到，系统推荐了一些不同级别的文章。事实上，这些项目的分数都是由其他 Lincoln 爱好者指定的，而不是用户 995 一人所为。如果希望查看其他用户的结构，只需要在命令行中传递-Duser. id＝USER-ID参数，其中USER-ID是0和999之间的编号。还可以通过传递-Dneighbor. size＝X来更改邻近空间，其中，X是一个大于0的整型值。事实上，将邻近空间更改为10可以生成极为不同的结果，这是因为邻近范围内存在一个随机用户。要查看邻近用户以及共有的项目，可以向命令行添加-Dcommon＝true。如果所输入的编号恰好不在用户范围内，则会产生一个"No Such User Exception"的提示。具体过程可参见cf. wikipedia. WikipediaTasteUserDemo包中的说明。

10.3.3　Mahout中的分类和聚类

有关分类和聚类的概念在3.4节中曾有过简单的介绍，下面再具体说明一下。

1. 分类

分类(classification)是一种有监督的学习方法，它根据有标记的数据找出描述并区分数据类或概念的模型(或函数)，以便能够使用模型预测类标记未知的对象类。

分类的目的是学会一个分类函数或分类模型(也常常称做分类器)，该模型能将未知的数据映射到给定类别中的某一个类中，从而实现分类的目标。

分类和回归都可用于预测，两者的目的都是从历史数据记录中自动推导出对给定数据的推广描述，从而能对未来数据进行预测。与回归不同的是，分类的输出是离散的类别值，而回归的输出是连续数值。二者常表现为决策树的形式，根据数据值从树根开始搜索，沿着数据满足的分支往上走，走到树叶就能确定类别。

要构造分类器，需要有一个训练样本数据集作为输入。训练集由一组数据库记录或元组构成，每个元组是一个由有关字段(又称属性或特征)值组成的特征向量，此外，训练样本还有一个类别标记。一个具体样本的形式可表示为(v1，v2，...，vn；c)，其中vi表示字段值，c表示类别。

分类器的构造方法有统计方法、机器学习方法、神经网络方法等。不同的分类器有不同的特点。常使用的分类器评价指标有三种：预测准确度；计算复杂度；模型描述的简洁度。预测准确度是用得最多的一类指标，特别是对于预测型分类任务。计算复杂度依赖于具体的实现细节和硬件环境，在聚类过程中，由于操作对象是巨量的数据，因此空间和时间的复杂度问题将是非常重要的一个环节。对于描述型的分类任务，模型描述越简洁越受欢迎。另外要注意的是，分类的效果一般和数据的特点有关，有的数据噪声大，有的有空缺值，有的分布稀疏，有的字段或属性间相关性强，有的属性是离散的而有的是连续值或混合式的。目前普遍认为不存在某种方法能适合于所有不同种类的数据。

2. 聚类

聚类(clustering)是一种无监督的学习方法，它是根据"物以类聚"的原理，将本身没有类别的样本聚集成不同的组，并且对每一个组对象进行描述的过程。这样的一组数据对象的集合常被称为簇。

聚类的目的是使得属于同一个簇的样本之间应该彼此相似，而不同簇的样本应该足够不相似。与分类规则不同，进行聚类前并不知道将要划分成几个组和什么样的组，也不知道根据哪些空间区分规则来定义组。聚类旨在发现空间实体的属性间的函数关系，挖掘的知识用以属性名为变量的数学方程来表示。

当前，聚类技术发展迅速，涉及领域包括数据挖掘、统计学、机器学习、空间数据库技术、生物学以及市场营销等。常见的聚类算法包括：K-means 聚类算法、K-中心点聚类算法、CLARANS、BIRCH、CLIQUE、DBSCAN 等。

3. 使用 Mahout 实现分类

Mahout 目前支持两种方法实现分类。

第一种方法是使用简单的支持 MapReduce 的 Naive Bayes 分类器。Naive Bayes 分类器以速度快和准确性高而著称，但其关于数据的简单假设是独立的，通常是不正确的。当各类的训练示例的大小不平衡，或者数据的独立性不符合要求时，Naive Bayes 分类器就会出现故障。

第二种方法是 Complementary Naive Bayes，它尝试纠正 Naive Bayes 方法中的一些问题，同时仍然能够维持简单性和速度。

下面以 Naive Bayes 方法为例说明 Mahout 中如何支持分类操作。

简单来讲，Naive Bayes 分类器包括两个流程：① 训练(training)，通过查看已分类内容的示例来创建一个模型，然后跟踪与特定内容相关的各个词汇的概率。② 分类，使用在训练阶段中创建的模型以及新文档的内容，并结合 Bayes Theorem 来预测传入文档的类别。

因此，要使用 Mahout 的分类器，首先需要训练模式，然后再使用该模式对新内容进行分类。

1）数据准备

首先准备一些用于训练和测试的文档。可以通过运行 ant prepare-docs 来准备一些 Wikipedia 文件。这将使用 Mahout 示例中的 WikipediaDatasetCreatorDriver 类来分开 Wikipedia 输入文件。分开文档的标准是它们是否与某个感兴趣的类别相类似。这里的类别可以是任何有效的 Wikipedia 类别(甚至是某个 Wikipedia 类别的任何子字符串)。

现在假设使用两个类别：科学(science)和历史(history)。包含单词 science 或 history 的所有 Wikipedia 类别都将被添加到该类别中。此外，系统为每个文档添加了标记并删除了标点、Wikipedia 标记以及此任务不需要的其他特征。最终结果将存储在一个特定的文件中(该文件名包含类别名)，并采用每行一个文档的格式，这是 Mahout 所需的输入格式。

运行 ant prepare-test-docs 代码完成相同的文档测试工作，同时需要确保测试和训练文件没有重合，否则会造成结果不准确。

2）训练、分类和测试

设置好训练和测试集之后，接下来通过 ant train 目标来运行 TrainClassifier 类。这将会通过 Mahout 和 Hadoop 生成大量日志。完成后，ant test 将尝试使用在训练时建立的模型对示例测试文档进行分类。这种测试在 Mahout 中输出的数据结构是混合矩阵。混合矩阵可以描述各类别有多少正确分类的结果和错误分类的结果。

具体来说，生成分类结果的步骤如下：

```
ant prepare-docs
ant prepare-test-docs
ant train
ant test
```

运行所有的这些命令将生成如下的汇总和混合矩阵：

清单 4 运行 Bayes 分类器对历史和科学主题进行分类的结果

```
[java] 09/07/22 18：10：45 INFO bayes. TestClassifier：history
                                        95.458984375      3910/4096.0
[java] 09/07/22 18：10：46 INFO bayes. TestClassifier：science
                                        15.554072096128172       233/1498.0
[java] 09/07/22 18：10：46 INFO bayes. TestClassifier：============
[java] Summary
[java] ---------------------------
[java] Correctly Classified Instances          :         4143
                                                           74.0615%
[java] Incorrectly Classified Instances        :         1451
                                                           25.9385%
[java] Total Classified Instances              :         5594
[java]
[java] ====================================
[java] Confusion Matrix
[java] ---------------------------
[java] a            b         <--Classified as
[java] 3910         186        |  4096                a      = history
[java] 1265         233        |  1498                b      = science
[java] Default Category：unknown：2
```

中间过程存储在 base 目录下的 wikipedia 目录中。

汇总结果表明，正确率和错误率分别大概为 74%和 26%。这种结果看上去非常合理，显然比随机猜测要好很多。但仔细分析后，不难发现对历史信息的预测(正确率大约为 95%)相当出色，而对科学信息的预测则相当糟糕(大约为 15%)。究其原因是训练示例中与历史相关的示例要比科学多很多(文件大小几乎差了一倍)，从而使训练的准确度相差较大。

4. 使用 Mahout 实现聚类

Mahout 中实现的聚类算法均采用 MapReduce 编写，它们有各自的目标和标准：

- Canopy：一种快速聚类算法，通常用于为其他聚类算法创建初始种子。
- K-means 以及模糊 K-means：根据项目与之前迭代的质心(或中心)之间的距离将项目添加到 k 聚类中。
- Mean-Shift：无需任何关于簇的数量的推理知识算法，它可以生成任意形状的簇。
- Dirichlet：借助基于多种概率模型的聚类，它不需要提前执行特定的聚类视图。

1）在 Mahout 中向量的实现

Mahout 的聚类算法将对象表示成向量(Vector)，然后通过计算各向量间的相似度进行分组。在 Mahout 中向量有多种实现：

(1) DenseVector。一个浮点数数组，对向量里所有维度进行存储，适合用于存储密集数据。

(2) RandomAccessSparseVector。基于浮点数的 HashMap 实现，key 是整数类型，value 是浮点数类型，只存储向量中不为空的值，并提供随机访问。

(3) SequentialAccessVector。实现为整数类型和浮点数类型的并行数组，同样只存储不为空的值，但只提供顺序访问。

2) 数据向量化方法

Mahout 为将数据建模成向量，提供了各种数据向量化方法。

(1) 整数类型或浮点型数据。这类数据可以直接存为向量。示例代码如下：

```
//创建一个二维点集的向量组
public static final double[][] points = { { 1, 1 }, { 2, 1 }, { 1, 2 }, { 2, 2 }, { 3, 3 }, { 8, 8 },
{ 9, 8 }, { 8, 9 }, { 9, 9 }, { 5, 5 }, { 5, 6 }, { 6, 6 }};
public static List<Vector> getPointVectors(double[][] raw)
{     List<Vector> points = new ArrayList<Vector>();
 for (int i = 0; i < raw.length; i++)
 {   double[] fr = raw[i];            //这里选择创建 RandomAccessSparseVector
     Vector vec = new RandomAccessSparseVector(fr.length);   //将数据存放在创建的 Vector 中
     vec.assign(fr);
     points.add(vec);
 }
return points;
}
```

(2) 枚举类型数据。这类数据是对物体的描述，根据物体特征定义有限的取值。

比如苹果的颜色数据包括红色、黄色和绿色，则在数据建模时可以用数字表示颜色。如：红色=1，黄色=2，绿色=3。

示例代码如下：

```
//创建苹果信息数据的向量组
public static List <Vector> generateAppleData()
{     List<Vector> apples = new ArrayList<Vector>();
//这里创建的是 NamedVector，其实就是在上面几种 Vector 的基础上，为每个 Vector 提供一个可读的名字//
      NamedVector apple = new NamedVector(new DenseVector(new double[]
{0.11, 510, 1}), "Small round green apple");
      apples.add(apple);
      apple = new NamedVector(new DenseVector(new double[] {0.2, 650, 3}),
"Large oval red apple");
      apples.add(apple);
      apple = new NamedVector(new DenseVector(new double[] {0.09, 630, 1}),
"Small elongated red apple");
      apples.add(apple);
      apple = new NamedVector(new DenseVector(new double[] {0.18, 520, 2}),
"Medium oval green apple");
      apples.add(apple);
      return apples;
}
```

（3）文本数据。文本的向量空间模型就是将文本信息建模成一个向量，其中每个维度是文本中出现的一个词的权重。

3）Mahout 中实现 K-means 聚类算法的方法

（1）K-means 聚类算法原理。

给定一个 N 个对象的数据集，构建数据的 K(K≤N)个划分。使每个划分就是一个聚类，需要满足两个要求：① 每个划分至少包含一个对象；② 每个对象必须属于且仅属于一个组。

（2）聚类过程。

① 创建一个初始划分，随机的选择 K 个对象；

② 每个对象初始地代表了一个划分的中心，对于其他的对象，根据其与各个划分的中心的距离，把它们分给最近的划分；

③ 使用迭代进行重定位；

④ 尝试通过对象在划分间移动以改进划分。

所谓重定位，就是当有新的对象被分配到了某个划分或者有对象离开了某个划分时，重新计算这个划分的中心。这个过程不断重复，直到各个划分中的对象不再变化。

（3）优缺点。

优点：当划分结果比较密集，且划分之间的区别比较明显时，K-means 的效果比较好。K-means 算法复杂度为 O(NKt)，其中 t 为迭代次数。

缺点：用户必须事先给出 K 值，而 K 值的选择一般都基于一些经验值或多次实验的结果。而且，K 均值对孤立点数据比较敏感，少量这类的数据就能对评价值造成极大的影响。

（4）Mahout 中的 K-means 实现。

在 Hadoop 集群中完成 K-means 的代码如下：

```
public static void kMeansClusterUsingMapReduce() throws IOException, InterruptedException,
  ClassNotFoundException
{  Configuration conf = new Configuration();
   //声明一个计算距离的方法，这里选择了欧几里德距离
 DistanceMeasure measure = new EuclideanDistanceMeasure();
File testData = new File("input");
if (! testData.exists())
 {   testData.mkdir();    }
    //指定输入路径，基于 Hadoop 的实现是通过指定输入输出的文件路径来指定数据源
    Path samples = new Path("input/file1");
    //在输入路径下生成点集，这里需要把所有的向量写进文件
    List<Vector> sampleData = new ArrayList<Vector>();
    RandomPointsUtil.generateSamples(sampleData, 400, 1, 1, 3);
    RandomPointsUtil.generateSamples(sampleData, 300, 1, 0, 0.5);
    RandomPointsUtil.generateSamples(sampleData, 300, 0, 2, 0.1);
    ClusterHelper.writePointsToFile(sampleData, conf, samples);   // 指定输出路径
    Path output = new Path("output");
    HadoopUtil.delete(conf, output);       //指定需要聚类的个数，这里选择 3
     int k = 3;                                        //指定 K 均值聚类算法的最大迭代次数
    int maxIter = 10;                                //指定 K 均值聚类算法的最大距离阈值
    double distanceThreshold = 0.01;                 //随机地选择 k 个作为簇的中心
```

```
        Path clustersIn = new Path(output, "random-seeds");
        RandomSeedGenerator.buildRandom(conf, samples, clustersIn, k, measure);
        //调用 KMeansDriver.run 方法执行 K 均值聚类算法
         KMeansDriver.run (samples, clustersIn, output, measure, distanceThreshold, maxlter,
        true, 0.0, true);
        //输出结果
        List<List<Cluster>> Clusters = ClusterHelper.readClusters(conf, output);
         for (Cluster cluster : Clusters.get(Clusters.size()-1))
         {   System.out.println("Cluster id: "+cluster.getId()+" center:"
                                    +cluster.getCenter().asFormatString());
         }
}
```

实验 6　基于 Hive 的数据统计

1. 实验简介

安装配置 Hive 环境，实现简单的数据统计编程实验。

2. 实验目的

(1) 了解 Hive 环境的安装与配置过程；

(2) 熟悉基本的 Hive 数据仓库操作；

(3) 对文本单词进行简单的数据统计。

3. 实验准备

Hadoop 已经成功安装，并正常启动；MySql 已经成功安装，并正常启动。

4. 实验主要内容

1) 安装配置 Hive

将 Hive 安装在 Master 节点上。

(1) 使用下面命令解压 Hive 安装包：

```
[ahpu@master ~]$ tar-zxvf ~/apache-hive-2.0.0-bin.tar.gz
      [ahpu@master ~]$ cd apache-hive-2.0.0-bin
```

执行查询命令将看到 Hive 包含的内容，如图 10 - 9 所示。

```
[ahpu@master apache-hive-2.0.0-bin]$ ls -l
total 588
drwxrwxr-x. 3 ahpu ahpu   4096 Aug 16 07:40 bin
drwxrwxr-x. 3 ahpu ahpu   4096 Aug 16 08:25 conf
drwxrwxr-x. 4 ahpu ahpu   4096 Aug 16 07:40 examples
drwxrwxr-x. 7 ahpu ahpu   4096 Aug 16 07:40 hcatalog
drwxrwxr-x. 4 ahpu ahpu  12288 Aug 16 08:30 lib
-rw-r--r--. 1 ahpu ahpu  26335 Jan 21  2016 LICENSE
-rw-r--r--. 1 ahpu ahpu    513 Jan 21  2016 NOTICE
-rw-r--r--. 1 ahpu ahpu   4348 Feb  9  2016 README.txt
-rw-r--r--. 1 ahpu ahpu 527063 Feb  9  2016 RELEASE_NOTES.txt
drwxrwxr-x. 4 ahpu ahpu   4096 Aug 16 07:40 scripts
```

图 10 - 9　Hive 包含的内容

(2) 配置 Hive。

进入 hive 安装目录下的配置目录，然后修改配置文件：

```
[ahpu@master ~]$ cd /home/ahpu/apache-hive-2.0.0-bin/conf
[ahpu@master ~]$ gedit ~/apache-hive-2.0.0-bin/conf/hive-site.xml
```

将下面内容添加到 hive-site.xml 中：

```
<?xml version="1.0"?>
<?xml-stylesheet type="text/xsl" href="configuration.xsl"?>
<configuration>
    <property>
      <name>hive.metastore.local</name>
      <value>true</value>
    </property>
    <property>
      <name>javax.jdo.option.ConnectionURL</name>
      <value>jdbc:mysql://master:3306/hive_13?characterEncoding=UTF-8</value>
    </property>
    <property>
      <name>javax.jdo.option.ConnectionDriverName</name>
      <value>com.mysql.jdbc.Driver</value>
    </property>
    <property>
      <name>javax.jdo.option.ConnectionUserName</name>
      <value>hadoop</value>
    </property>
    <property>
      <name>javax.jdo.option.ConnectionPassword</name>
      <value>hadoop</value>
    </property>
</configuration>
```

修改环境变量文件.bash_profile

```
export HIVE_HOME=$PWD/apache-hive-2.0.0-bin
export PATH=$PATH:$HIVE_HOME/bin
```

(3) 启动并验证安装。

进入 Hive 安装目录，启动 Hive 客户端：

```
[zkpk@master apache-2.0.0-bin]$ bin/hive
```

出现如图 10－10 所示的界面则表示 Hive 部署成功。

```
[ahpu@master apache-hive-2.0.0-bin]$ bin/hive
SLF4J: Class path contains multiple SLF4J bindings.
SLF4J: Found binding in [jar:file:/home/ahpu/apache-hive-2.0.0-bin/lib/hive-jdbc-2.0.0-standalon
e.jar!/org/slf4j/impl/StaticLoggerBinder.class]
SLF4J: Found binding in [jar:file:/home/ahpu/apache-hive-2.0.0-bin/lib/log4j-slf4j-impl-2.4.1.ja
r!/org/slf4j/impl/StaticLoggerBinder.class]
SLF4J: Found binding in [jar:file:/home/ahpu/hbase-0.98.9-hadoop2/lib/slf4j-log4j12-1.6.4.jar!/o
rg/slf4j/impl/StaticLoggerBinder.class]
SLF4J: Found binding in [jar:file:/home/ahpu/hadoop-2.5.2/share/hadoop/common/lib/slf4j-log4j12-
1.7.5.jar!/org/slf4j/impl/StaticLoggerBinder.class]
SLF4J: See http://www.slf4j.org/codes.html#multiple_bindings for an explanation.
SLF4J: Actual binding is of type [org.apache.logging.slf4j.Log4jLoggerFactory]

Logging initialized using configuration in jar:file:/home/ahpu/apache-hive-2.0.0-bin/lib/hive-co
mmon-2.0.0.jar!/hive-log4j2.properties
Hive-on-MR is deprecated in Hive 2 and may not be available in the future versions. Consider usi
ng a different execution engine (i.e. tez, spark) or using Hive 1.X releases.
hive>
```

图 10－10　Hive 部署成功

2）Hive 的基本操作

（1）查看数据库：

```
hive> show databases;
OK
default
Time taken: 0.497 seconds, Fetched: 1 row(s)
```

（2）创建数据库：

```
hive> create database ahpu2016;
OK
Time taken: 0.312 seconds
```

（3）使用数据库：

```
hive> use ahpu2016;
OK
Time taken: 0.08 seconds
```

（4）创建外部表：

```
hive> create table textlines(text string);
OK
Time taken: 0.425 seconds
```

（5）查看表结构：

```
hive> show create table textlines;
OK
CREATE TABLE `textlines`(
  `text` string)
ROW FORMAT SERDE
  'org.apache.hadoop.hive.serde2.lazy.LazySimpleSerDe'
STORED AS INPUTFORMAT
  'org.apache.hadoop.mapred.TextInputFormat'
OUTPUTFORMAT
  'org.apache.hadoop.hive.ql.io.HiveIgnoreKeyTextOutputFormat'
LOCATION
  'hdfs://192.168.43.135:9000/user/hive/warehouse/ahpu2016.db/textlines'
TBLPROPERTIES (
  'transient_lastDdlTime'='1472297405')
Time taken: 0.234 seconds, Fetched: 12 row(s)

hive> describe textlines;
OK
text                    string
Time taken: 0.092 seconds, Fetched: 1 row(s)
```

(6) 删除表：

```
hive> drop table textlines;
OK
Time taken: 0.554 seconds
```

3) 基于 Hive 完成单词统计实验

实验 5 中在 Eclipse 中采用 MapReduce 编程方法进行了文档中单词计数，现在基于 Hive 完成单词统计实验。

(1) 将待统计的文档导入 Hive 的数据表中：

```
hive> load data inpath '/usr/hadoop/test1.txt' overwrite into table textlines;
Loading data to table ahpu2016.textlines
OK
Time taken: 0.696 seconds
```

```
hive> select * from textlines;
OK
I like Hadoop!
I like Cloud Computing.
Hello World!
Time taken: 1.173 seconds, Fetched: 3 row(s)
```

(2) 建立中间用于存储单词的时间表：

```
hive> create table words (word string);
OK
Time taken: 0.095 seconds
```

（3）将文本拆分成单词：

```
hive> insert overwrite table words select explode(split(text,'[ \t]+')) word from textlines;
WARNING: Hive-on-MR is deprecated in Hive 2 and may not be available in the future versions. Cons
ider using a different execution engine (i.e. tez, spark) or using Hive 1.X releases.
Query ID = ahpu_20160827042110_c1c84200-3f2c-46da-9c0f-c5b3253dbf43
Total jobs = 3
Launching Job 1 out of 3
Number of reduce tasks is set to 0 since there's no reduce operator
Job running in-process (local Hadoop)
2016-08-27 05:07:13,120 Stage-1 map = 100%,  reduce = 0%
Ended Job = job_local1491410395_0002
Stage-4 is selected by condition resolver.
Stage-3 is filtered out by condition resolver.
Stage-5 is filtered out by condition resolver.
Moving data to: hdfs://192.168.43.135:9000/user/hive/warehouse/ahpu2016.db/words/.hive-staging_hi
ve_2016-08-27_05-07-11_322_5991093075962566708-1/-ext-10000
Loading data to table ahpu2016.words
MapReduce Jobs Launched:
Stage-Stage-1:  HDFS Read: 417 HDFS Write: 244 SUCCESS
Total MapReduce CPU Time Spent: 0 msec
OK
Time taken: 2.103 seconds

hive> select * from words;
OK
I
like
Hadoop!
I
like
Cloud
Computing.
Hello
World!
Time taken: 0.135 seconds, Fetched: 9 row(s)
```

（4）统计单词个数：

```
hive> select word,count(*) from words group by word;
WARNING: Hive-on-MR is deprecated in Hive 2 and may not be available in the future versions. Cons
ider using a different execution engine (i.e. tez, spark) or using Hive 1.X releases.
Query ID = ahpu_20160827042110_c1c84200-3f2c-46da-9c0f-c5b3253dbf43
Total jobs = 1
Launching Job 1 out of 1
Number of reduce tasks not specified. Estimated from input data size: 1
In order to change the average load for a reducer (in bytes):
  set hive.exec.reducers.bytes.per.reducer=<number>
In order to limit the maximum number of reducers:
  set hive.exec.reducers.max=<number>
In order to set a constant number of reducers:
  set mapreduce.job.reduces=<number>
Job running in-process (local Hadoop)
2016-08-27 05:10:52,019 Stage-1 map = 100%,  reduce = 100%
Ended Job = job_local872777936_0003
MapReduce Jobs Launched:
Stage-Stage-1:  HDFS Read: 1182 HDFS Write: 488 SUCCESS
Total MapReduce CPU Time Spent: 0 msec
OK
Cloud   1
Computing.      1
Hadoop! 1
Hello   1
I       2
World!  1
like    2
Time taken: 2.082 seconds, Fetched: 7 row(s)
```

注意：每 Create 一个表，就会在你的 HDFS 下创建一个文件夹，这个文件夹的名称就是创建的表的名称，如图 10－11 所示。

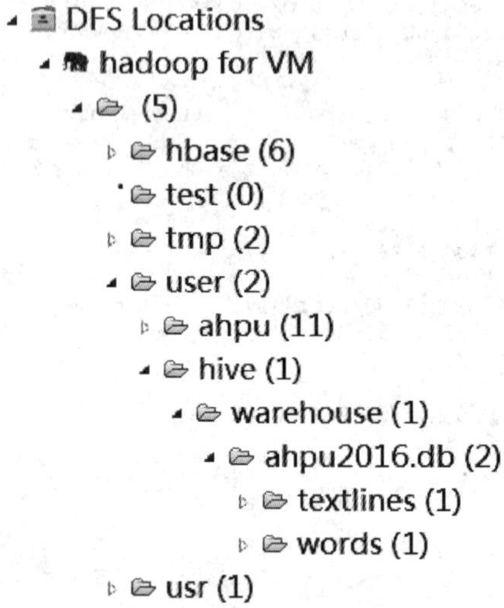

图 10－11 创建文件夹

实验 7 基于 Mahout 的聚类实验

1. 实验简介

安装配置 Mahout 环境，实现简单的聚类算法实验。

2. 实验目的

(1) 了解 Mahout 环境的安装与配置过程；

(2) 熟悉 Mahout 上基本聚类算法的实现过程。

3. 实验准备

Hadoop 已经成功安装，并正常启动；实验数据集下载完成，下载地址：http://archive.ics.uci.edu/ml/databases/synthetic_control/synthetic_control.data

4. 实验主要内容

1) 安装配置 Mahout 环境

(1) 使用下面命令解压 Mahout 安装包：

```
[ahpu@master ~]$ tar-zxvf ~/mahout-distribution-0.9.tar.gz
[ahpu@master ~]$ cd mahout-distribution-0.9
```

执行查询命令将看到 Mahout 包含的内容，如图 10－12 所示。

```
ahpu@master:~/mahout-distribution-0.9
File Edit View Search Terminal Help
[ahpu@master ~]$ cd ~/mahout-distribution-0.9
[ahpu@master mahout-distribution-0.9]$ ls -l
total 39880
drwxrwxr-x. 2 ahpu ahpu     4096 Aug 17 02:29 bin
drwxr-xr-x. 2 ahpu ahpu     4096 Jan 28  2014 conf
drwxrwxr-x. 6 ahpu ahpu     4096 Aug 17 02:29 docs
drwxrwxr-x. 4 ahpu ahpu     4096 Aug 17 02:29 examples
drwxrwxr-x. 3 ahpu ahpu     4096 Aug 17 02:29 lib
-rw-r--r--. 1 ahpu ahpu    39588 Jan 28  2014 LICENSE.txt
-rw-r--r--. 1 ahpu ahpu  1469563 Jan 28  2014 mahout-core-0.9.jar
-rw-r--r--. 1 ahpu ahpu 12831506 Jan 28  2014 mahout-core-0.9-job.jar
-rw-r--r--. 1 ahpu ahpu   235053 Jan 28  2014 mahout-examples-0.9.jar
-rw-r--r--. 1 ahpu ahpu 24178445 Jan 28  2014 mahout-examples-0.9-job.jar
-rw-r--r--. 1 ahpu ahpu   432668 Jan 28  2014 mahout-integration-0.9.jar
-rw-r--r--. 1 ahpu ahpu  1612814 Jan 28  2014 mahout-math-0.9.jar
-rw-r--r--. 1 ahpu ahpu     1888 Jan 28  2014 NOTICE.txt
-rw-r--r--. 1 ahpu ahpu     1212 Jan 28  2014 README.txt
```

图 10 - 12　Mahout 包含的内容

(2) 启动并验证安装。

进入 Mahout 安装目录，执行如下命令：

```
[ahpu@master ~]$ cd /home/ahpu/mahout-distribution-0.9
[ahpu@master mahout-distribution-0.9]$  bin/mahout
```

出现如图 10 - 13 所示的页面表示 Mahout 部署成功。

```
ahpu@master:~/mahout-distribution-0.9
File Edit View Search Terminal Help
[ahpu@master mahout-distribution-0.9]$ bin/mahout
MAHOUT_LOCAL is not set; adding HADOOP_CONF_DIR to classpath.
Running on hadoop, using /home/ahpu/hadoop-2.5.2/bin/hadoop and HADOOP_CONF_DIR=
/home/ahpu/hadoop-2.5.2/etc/hadoop
MAHOUT-JOB: /home/ahpu/mahout-distribution-0.9/mahout-examples-0.9-job.jar
SLF4J: Class path contains multiple SLF4J bindings.
SLF4J: Found binding in [jar:file:/home/ahpu/hadoop-2.5.2/share/hadoop/common/li
b/slf4j-log4j12-1.7.5.jar!/org/slf4j/impl/StaticLoggerBinder.class]
SLF4J: Found binding in [jar:file:/home/ahpu/hbase-0.98.9-hadoop2/lib/slf4j-log4
j12-1.6.4.jar!/org/slf4j/impl/StaticLoggerBinder.class]
SLF4J: See http://www.slf4j.org/codes.html#multiple_bindings for an explanation.
SLF4J: Actual binding is of type [org.slf4j.impl.Log4jLoggerFactory]
An example program must be given as the first argument.
Valid program names are:
  arff.vector: : Generate Vectors from an ARFF file or directory
  baumwelch: : Baum-Welch algorithm for unsupervised HMM training
  canopy: : Canopy clustering
  cat: : Print a file or resource as the logistic regression models would see it
  cleansvd: : Cleanup and verification of SVD output
  clusterdump: : Dump cluster output to text
  clusterpp: : Groups Clustering Output In Clusters
  cmdump: : Dump confusion matrix in HTML or text formats
  concatmatrices: : Concatenates 2 matrices of same cardinality into a single ma
trix
```

图 10 - 13　Mahout 部署成功

2) 聚类算法实验

(1) 将下载数据集 synthetic_control.data 上传到 HDFS：

```
[ahpu@master ~]$ hdfs dfs-mkdir testdata
[ahpu@master ~]$ hdfs dfs-put synthetic_control.data testdata/
[ahpu@master ~]$ hdfs dfs-ls testdata
```

(2) 运行 K-means 聚类程序：

```
[ahpu@master ~]$ hadoop jar
    /home/ahpu/mahout-distribution-0.9/mahout-examples-0.9-job.jar
org.apache.mahout.clustering.syntheticcontrol.kmeans.Job
```

程序运行结果如图 10－14 所示。

```
[ahpu@master ~]$ /home/ahpu/mahout-distribution-0.9/bin/mahout clusterdump -i /user/ahpu/output/clusters-2 -p /use
r/ahpu/output/clusteredPoints -o result.txt
MAHOUT_LOCAL is not set; adding HADOOP_CONF_DIR to classpath.
Running on hadoop, using /home/ahpu/hadoop-2.5.2/bin/hadoop and HADOOP_CONF_DIR=/home/ahpu/hadoop-2.5.2/etc/hadoop
MAHOUT-JOB: /home/ahpu/mahout-distribution-0.9/mahout-examples-0.9-job.jar
SLF4J: Class path contains multiple SLF4J bindings.
SLF4J: Found binding in [jar:file:/home/ahpu/hadoop-2.5.2/share/hadoop/common/lib/slf4j-log4j12-1.7.5.jar!/org/slf
4j/impl/StaticLoggerBinder.class]
SLF4J: Found binding in [jar:file:/home/ahpu/hbase-0.98.9-hadoop2/lib/slf4j-log4j12-1.6.4.jar!/org/slf4j/impl/Stat
icLoggerBinder.class]
SLF4J: See http://www.slf4j.org/codes.html#multiple_bindings for an explanation.
SLF4J: Actual binding is of type [org.slf4j.impl.Log4jLoggerFactory]
16/08/17 07:35:01 INFO common.AbstractJob: Command line arguments: {--dictionaryType=[text], --distanceMeasure=[or
g.apache.mahout.common.distance.SquaredEuclideanDistanceMeasure], --endPhase=[2147483647], --input=[/user/ahpu/out
put/clusters-2], --output=[result.txt], --outputFormat=[TEXT], --pointsDir=[/user/ahpu/output/clusteredPoints], --
startPhase=[0], --tempDir=[temp]}
16/08/17 07:35:01 WARN util.NativeCodeLoader: Unable to load native-hadoop library for your platform... using buil
tin-java classes where applicable
16/08/17 07:35:05 INFO clustering.ClusterDumper: Wrote 6 clusters
16/08/17 07:35:05 INFO driver.MahoutDriver: Program took 3905 ms (Minutes: 0.06508333333333334)
```

图 10－14　程序运行结果

(3) 查看文件列表，如图 10－15 所示。

```
[ahpu@master ~]$ hdfs dfs -ls output
SLF4J: Class path contains multiple SLF4J bindings.
SLF4J: Found binding in [jar:file:/home/ahpu/hadoop-2.5.2/share/hadoop/common/lib/slf4j-log4j12-1.7.5.jar!/org/slf
4j/impl/StaticLoggerBinder.class]
SLF4J: Found binding in [jar:file:/home/ahpu/hbase-0.98.9-hadoop2/lib/slf4j-log4j12-1.6.4.jar!/org/slf4j/impl/Stat
icLoggerBinder.class]
SLF4J: See http://www.slf4j.org/codes.html#multiple_bindings for an explanation.
SLF4J: Actual binding is of type [org.slf4j.impl.Log4jLoggerFactory]
16/08/17 07:32:19 WARN util.NativeCodeLoader: Unable to load native-hadoop library for your platform... using buil
tin-java classes where applicable
Found 15 items
-rw-r--r--   1 ahpu supergroup        194 2016-08-17 07:30 output/_policy
drwxr-xr-x   - ahpu supergroup          0 2016-08-17 07:31 output/clusteredPoints
drwxr-xr-x   - ahpu supergroup          0 2016-08-17 07:25 output/clusters-0
drwxr-xr-x   - ahpu supergroup          0 2016-08-17 07:26 output/clusters-1
drwxr-xr-x   - ahpu supergroup          0 2016-08-17 07:30 output/clusters-10-final
drwxr-xr-x   - ahpu supergroup          0 2016-08-17 07:26 output/clusters-2
drwxr-xr-x   - ahpu supergroup          0 2016-08-17 07:27 output/clusters-3
drwxr-xr-x   - ahpu supergroup          0 2016-08-17 07:27 output/clusters-4
drwxr-xr-x   - ahpu supergroup          0 2016-08-17 07:28 output/clusters-5
drwxr-xr-x   - ahpu supergroup          0 2016-08-17 07:28 output/clusters-6
drwxr-xr-x   - ahpu supergroup          0 2016-08-17 07:29 output/clusters-7
drwxr-xr-x   - ahpu supergroup          0 2016-08-17 07:29 output/clusters-8
drwxr-xr-x   - ahpu supergroup          0 2016-08-17 07:30 output/clusters-9
drwxr-xr-x   - ahpu supergroup          0 2016-08-17 07:25 output/data
drwxr-xr-x   - ahpu supergroup          0 2016-08-17 07:25 output/random-seeds
```

图 10－15　查看文件列表

(4) 查看文件内容。

执行如下代码，将结果输出到 result.txt 中，查看文件内容，如图 10－16 所示。

```
[ahpu@master ~]$ /home/ahpu/mahout-distribution-0.9/bin/mahout clusterdump-i/user/ah-
pu/output/clusters-2-p/user/ahpu/output/clusteredpoints-o result.txt
```

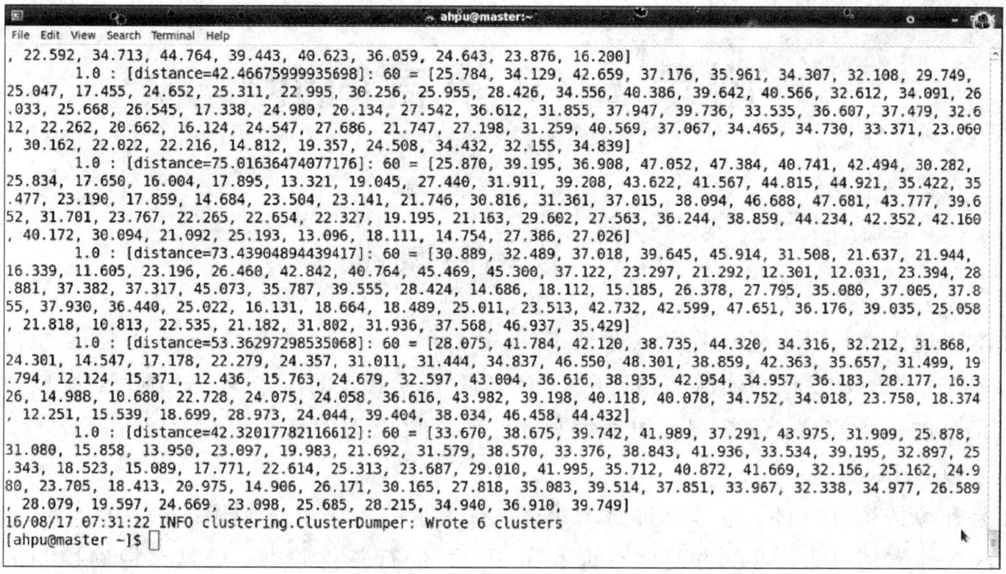

图 10-16　查看文件内容

说明：以上程序按 k=10，聚类为 10 类进行。

附录1 R语言简介

1.1 R语言概述

R本来是由来自新西兰奥克兰大学的 Ross Ihaka 和 Robert Gentleman 开发的(也因此称为R),现在由“R开发核心团队”负责开发。R是基于S语言的一个 GNU 项目,所以也可以当作S语言的一种实现,通常用S语言编写的代码都可以不作修改地在R环境下运行。R的语法是来自 Scheme。

R是开源的统计软件,也是一种脚本语言,有大量的程序可以利用。R中的向量、列表、数组、函数等都是对象,可以方便地查询和引用,并进行条件筛选。R具有精确控制的绘图功能,生成的图可以另存为多种格式。R编写函数无须声明变量的类型,能利用循环、条件语句控制程序的流程。

R语言的特点主要有以下几方面:

(1) 多领域的统计资源。目前在R网站上约有2400个程序包,涵盖了基础统计学、社会学、经济学、生态学、空间分析、生物信息学等诸多方面。

(2) 跨平台。R可在多种操作系统下运行,如 Windows、MacOS、多种 Linux 和 UNIX 等。

(3) 命令行驱动。R即时解释,输入命令,即可获得相应的结果。

(4) 良好的可扩展性。R可以十分方便地编写函数和程序包,跨平台,可以胜任复杂的数据分析、绘制精美的图形。

(5) 完备的帮助系统。每个函数有统一的格式帮助、运行实例。

(6) GNU 软件。免费,软件本身及程序包的源代码公开。

1.2 R软件资源

R语言官方网站可以下载相关资源,The Comprehensive R Archive Network,简称 CRAN,是由世界几十个镜像网站组成的R资源网络,提供下载安装程序和相应软件包。各镜像更新频率一般为1~2天,中国镜像在中科院数学所等网站。

R程序包是多个函数的集合,具有详细的说明和示例。Windows 下的R程序包是经过编译的 zip 包。每个程序包包含R函数、数据、帮助文件、描述文件等。

R程序包是R功能扩展,特定的分析功能需要相应的程序包实现。R语言的主要方法如附录表1-1所示。

附录表 1-1　R语言的主要方法

ade4	利用欧几里得方法进行生态学数据分析
adephylo	系统进化数据挖掘与比较方法
Ape	系统发育与进化分析
apTreeshape	进化树分析
Boot	Bootstrap 检验
cluster	聚类分析
ecodist	生态学数据相异性分析
FD	功能多样性分析
geiger	物种形成速率与进化分析
Graphics	绘图
lattice	栅格图
maptools	空间对象的读取与处理
mefa	生态学和生物地理学多元数据处理
nlme	线性与非线性混合效应模型
pgimess	生态学数据分析
Sp	空间数据处理
Stats	R统计学包

1.3　R语言语法

R是一种解释性语言，输入后可直接给出结果。

1. 函数

R语言实际上是函数的集合，可以使用 base、stats 等包中的基本函数，也可以自己编写函数完成一定的功能。R函数无需首先声明变量的类型，大部分情况下不需要进行初始化。定义一个完整的R函数，需要包括函数名称、函数声明、函数参数以及函数体几部分。

函数调用形式：

函数名(输入数据，参数=)

例如：

平均值：mean(x，trim=0，na. rm=FALSE)

2. 对象和类

R是一种基于对象(Object)的语言，R处理的所有数据、变量、函数，甚至图形都是以对象的形式存在。基于对象的编程(OOP)就是在定义类的基础上，创建与操作对象。

R语言中最为基本的类包括了数值(numeric，如 100、0、－1.5)、逻辑(logical，如

TRUE、FALSE)、字符(character，如“China”)，在此基础上构成了一些复合型的类，包括矩阵(matrix)、列表(list)、数组(array)、因子(factor)、数据框(dataframe)。除了这些内置的类外还有很多其他的类，用户还可以自定义新的类，但所有的类都是建立在这些基本的类之上的。

3. 运算符

(1) 数学运算：+、-、*、/、∧(幂)，运算后给出数值结果。

(2) 比较运算：>、<、⩾、⩽、==、!=，运算后给出判别结果(TRUE/FALSE)。

(3) 逻辑运算：!(非)、&(逻辑与)、&&(逻辑与，可应用于向量运算)、|(逻辑或)、‖(逻辑或，可应用于向量运算)、xor(异或)，运算后给出逻辑结果(TRUE/FALSE)。

4. 数据读取

数据量较少时，数据可以直接从控制台输入。

例：现有 6 名学生的身高和体重如附录表 1-2 所示，检验体重除以身高的平方是否等于 22.5。

附录表 1-2　6 名学生的身高和体重

	1	2	3	4	5	6
身高/m	1.75	1.80	1.65	1.80	1.74	1.85
体重/kg	60	72	57	90	95	72

代码如下：

```
height<-c(1.75, 1.80, 1.65, 1.80, 1.74, 1.85)
sq.height<-height∧2
ratio<- weight/ sq.height
t.test(ratio, mu=22.5)
```

数据量较大时，可以用 read.table( )函数或 read.csv( )函数，读取外部 txt 文件(制表符间隔)或 csv 格式文件(逗号间隔)。

第 1 步，将 Execl 中的数据另存为 txt 格式或 csv 格式。第 2 步，用 read.table()或 read.csv()函数将数据读入 R 工作空间，并赋值给一个对象。一般从 txt 文档读取数据，每一行作为一个观测值。

代码如下：

```
read.table("位置", header=T)
read.csv("位置", header=T)
#从外部读入数据
data1<-read.table("d:/test.txt", header=T)
bmi<-data$weight/data1$height∧2
t.test(bmi, mu=22.5)
```

一些R程序包(如foreign)也提供了直接读取Execl、SAS、DBF、MATLAB、SPSS、SYSTAT、Minitab文件的函数。

5. 绘图

R语言的绘图分析包括点图、饼图、趋势图、正态分布图、拓扑图等。R语言具备卓越的绘图功能,通过参数设置对图形进行精确控制。绘制的图形能满足出版印刷的要求,可以输出jpg、tiff、eps、emf、pdf、png等各种格式。另外,通过与GhostScript软件的结合,还可以生成600 dpi、1200 dpi等各种分辨率尺寸的图形。

绘图是通过绘图函数结合相应的参数完成的。绘图函数包括高级绘图函数和低级绘图函数,如附录表1-3和图1-4所示。

附录表1-3 高级绘图函数

plot()	绘制散点图等多种图形,根据数据的类,调用相应的函数绘图
hist()	频率直方图
boxplot()	箱线图
stripchart()	点图
barplot	柱状图
dotplot()	点图
piechart()	饼图
matplot()	数学图形

附录表1-4 低级绘图函数

lines()	添加线
curve()	添加曲线
abline()	添加给定斜率的线
points()	添加点
segments()	折线
arrows()	箭头
axis()	坐标轴
box()	外框
title()	标题
text()	文字
mtext()	图形文字

例: 如附录图1-1所示的plot()绘出散点图,绘出代码如下。

```
x=rnorm(100)
y=rnorm(100)
plot(x, y)
plot(x, y, xlab="this is the x-axis", ylab="this is the y-axis", main="Plot of X vs Y")
```

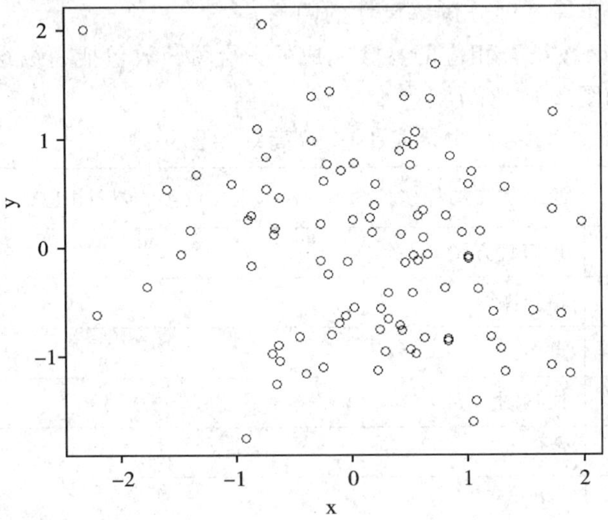

附录图 1-1　plot()绘出的散点图

附录 2　Python 语言简介

Python(蟒蛇)是一种动态解释型的编程语言。由 Guido van Rossum 于 1989 年发明，第一个公开发行版发行于 1991 年。Python 可以在 Windows、UNIX、MAC 等多种操作系统上使用，也可以在 Java、.NET开发平台上使用。Python 的 logo 如附录图 2－1 所示。

附录图 2－1　Python 的 logo

2.1　Python 语言的特点

Python 语言有如下几方面的特点：

(1) Python 使用 C 语言开发，但是 Python 不再有 C 语言中的指针等复杂的数据类型。

(2) Python 具有很强的面向对象特性，而且简化了面向对象的实现。它消除了保护类型、抽象类、接口等面向对象的元素。

(3) Python 代码块使用空格或制表符缩进的方式分隔代码。

(4) Python 仅有 31 个保留字，而且没有分号、begin、end 等标记。

(5) Python 是强类型语言，变量创建后会对应一种数据类型，出现在统一表达式中的不同类型的变量需要作类型转换。

2.2　搭建 Python 开发环境

1. 软件的下载

(1) 可以到 www.Python.org 下载安装包，然后通过 configure、make、make install 进行安装。

(2) 也可以到 www.activestate.com 去下载 ActivePython 组件包。(ActivePython 是对 Python 核心和常用模块的二进制包装，它是 ActiveState 公司发布的 Python 开发环境。ActivePython使得 Python 的安装更加容易，并且可以应用在各种操作系统上。ActivePython 包含了一些常用的 Python 扩展，以及 Windows 环境的编程接口。) 对 ActivePython 来说，如果你是 Windows 用户，下载 msi 包安装即可；如果你是 UNIX 用户，下载 tar.gz 包直接解压即可。

(3) Python 的 IDE，包括 PythonWin、Eclipse＋PyDev 插件、Komodo、EditPlus。

2. Python 的版本

Python2 与 Python3 是目前主要的两个版本。

当无法完全控制即将部署的环境或需要一些特定的仅由 Python2 支持的第三方包或扩展时，建议使用 Python2。Python3 是官方推荐的且是未来全力支持的版本，目前很多功能提升仅在 Python3 版本上进行。

2.3 第一个 Python 程序

1. 创建 hello. py

新建一个"hello. py"文件，保存。

2. 编写程序

编写代码如下：

```
if __name__ =='__main__':
print "hello word"
```

3. 运行程序

运行代码如下：

```
Python ./hello.py
```

2.4 语法概述

1. 注释

(1) 无论是行注释还是段注释，均以＃加一个空格来注释。

(2) 如果需要在代码中使用中文注释，必须在 Python 文件的最前面加上如下注释说明：

```
#-*-coding:UTF-8-*-
```

(3) 如下注释用于指定解释器：

```
#! /usr/bin/Python
```

2. 文件类型

(1) Python 的文件类型分为 3 种，即源代码、字节代码和优化代码。这些代码都可以直接运行，不需要进行编译或连接。

(2) 源代码以. py 为扩展名，由 Python 来负责解释。

(3) 源文件经过编译后生成扩展名为. pyc 的文件，即编译过的字节文件。这种文件不能使用文本编辑器修改。pyc 文件是和平台无关的，可以在大部分操作系统上运行。如下语句可以用来产生 pyc 文件：

```
import py_compile
py_compile.compile('hello.py')
```

(4) 经过优化的源文件会以. pyo 为后缀，即优化代码。它也不能直接用文本编辑器修改。如下命令可用来生成 pyo 文件：

```
Python-O-m py_complie hello. py
```

3. 变量

(1) Python 中的变量不需要声明，变量的赋值操作即是变量声明和定义的过程。

(2) Python 中一次新的赋值，将创建一个新的变量。即使变量的名称相同，变量的标识并不相同。用 id()函数可以获取变量标识：

```
x = 1
print id(x)
x = 2
print id(x)
```

(3) 如果变量没有赋值，则 Python 认为该变量不存在。

(4) 在函数之外定义的变量都可以称为全局变量。全局变量可以被文件内部的任何函数和外部文件访问。

(5) 全局变量建议在文件的开头定义。

(6) 也可以把全局变量放到一个专门的文件中，然后通过 import 来引用。

例：有 gl. py 文件如下：

```
_a = 1
_b = 2
```

use_global. py 中引用全局变量：

```
import gl
def fun():
print gl. _a
print gl. _b
fun()
```

4. 常量

Python 中没有提供定义常量的保留字。用户可以自己定义一个常量类来实现常量的功能。

```
class _const:
class ConstError(TypeError): pass
def __ setattr __(self, name, vlaue):
if self. __ dict __. has_key(name):
raise self. ConstError, "Can't rebind const(%s)"%name
self. __ dict __[name]=value
import sys
sys. modules[__ name __]=_const()
```

5. 数据类型

(1) Python 的数字类型分为整型、长整型、浮点型、布尔型、复数类型。

(2) Python 没有字符类型。

(3) Python 内部没有普通类型，任何类型都是对象。

(4) 如果需要查看变量的类型，可以使用 type 类，该类可以返回变量的类型或创建一个新的类型。

(5) Python 有 3 种表示字符串类型的方式，即单引号、双引号、三引号。单引号和双引号的作用是相同的。Python 程序员更喜欢用单引号，C/Java 程序员则习惯使用双引号表示字符串。三引号中可以输入单引号、双引号或换行等字符。

6. 运算符和表达式

(1) Python 不支持自增运算符和自减运算符。例如 i＋＋/i－是错误的，但 i＋＝1 是可以的。

(2) 1/2 在 Python2.5 之前会等于 0.5，在 Python2.5 之后会等于 0。

(3) 不等于用！＝或＜＞表示。

(4) 等于用＝＝表示。

(5) 逻辑表达式中 and 表示逻辑与，or 表示逻辑或，not 表示逻辑非。

7. 控制语句

(1) 条件语句。

格式 1：

```
if（表达式）：
语句 1
else ：
语句 2
```

格式 2：

```
if（表达式）：
语句 1
elif（表达式）：
语句 2
…
elif（表达式）：
语句 n
else ：
语句 m
```

(2) 条件嵌套。

```
if (表达式 1) :
    if (表达式 2) :
    语句 1
    elif (表达式 3) :
    语句 2
    else:
    语句 3
elif (表达式 n) :
…
else :
…
```

注意: Python 本身没有 switch 语句。

(3) 循环语句。

格式 1:

```
while(表达式) :
…
else :
…
```

格式 2:

```
for 变量 in 集合 :
…
else :
…
```

注意: Python 不支持类似 C 语言的 for(i=0;i<5;i++)这样的循环语句，但可以借助 range 模拟:

```
for x in range(0, 5, 2):
print x
```

8. 数组及相关结构

(1) 元组(tuple): Python 中一种内置的数据结构。元组由不同的元素组成，每个元素可以存储不同类型的数据，如字符串、数字甚至元素。元组是写保护的，即元组创建之后不能再修改。元组往往代表一行数据，而元组中的元素代表不同的数据项。可以把元组看做不可修改的数组。创建元组示例如下:

```
tuple_name=("apple", "banana", "grape", "orange")
```

(2) 列表(list)：与元组相似，也由一组元素组成。列表可以实现添加、删除和查找操作，元素的值可以被修改。列表是传统意义上的数组。列表创建示例如下：

```
list=["apple", "banana", "grage", "orange"]
```

可以使用 append 方法在列表尾部追加元素，使用 remove 来删除元素。

(3) 字典(dictionary)：由键-值对组成的集合。字典中的值通过键来引用。键和值之间用冒号隔开，键-值对之间用逗号隔开，并且被包含在一对花括号中。字典创建示例如下：

```
dict={"a": "apple", "b": "banana","g":"grage","o":"orange"}
```

(4) 序列：序列是具有索引和切片能力的集合。元组、列表和字符串都属于序列。

9. 函数

(1) Python 程序由包(package)、模块(module)和函数组成。包是由一系列模块组成的集合。模块是处理某一类问题的函数和类的集合。

(2) 包就是一个完成特定任务的工具箱。

(3) 包必须含有一个_init_.py 文件，它用于标识当前文件夹是一个包。

(4) Python 的程序是由一个个模块组成的。模块把一组相关的函数或代码组织到一个文件中，一个文件即是一个模块。因此模块由代码、函数和类组成。导入模块使用 import 语句。

(5) 包的作用是实现程序的重用。

(6) 函数是一段可以重复多次调用的代码。函数定义示例如下：

```
def arithmetic(x, y, operator):
result={
    "+": x+y,
    "-": x-y,
    "*": x*y,
    "/": x/y
}
```

(7) 函数返回值可以用 return 来控制。

10. 字符串相关

(1)格式化输出语句：

```
format="%s%d" % (str1, num)
print format
```

(2) 用+进行字符串的合并语句：

```
str1="hello"
str2="world"
result=str1+str2
```

(3) 字符串截取可以通过索引/切片，也可以通过 split 函数。

(4) 通过切片截取字符串语句：

```
word="world"
print word[0：3]
```

(5) Python 使用==和！=来进行字符串比较。如果比较的两个变量的类型不相同，那么结果必然不同。

11. 文件处理

(1) 简单处理文件的代码示例如下：

```
context="hello，world"
f=file("hello.txt"，'w')
f.write(context)；
f.close()
```

(2) 读取文件可以使用 readline()函数、readlines()函数和 read 函数。

(3) 写入文件可以使用 write()、writelines()函数。

12. 对象和类

(1) Python 用 class 保留字来定义一个类，类名的首字符要大写。当程序员需要创建的类型不能用简单类型来表示时，就需要定义类，然后利用定义的类创建对象。定义类示例如下：

```
class Fruit：
def grow(self)：
print "Fruit grow"
```

(2) 当一个对象被创建后，包含了三方面的特性，即对象的句柄、属性和方法。创建对象的方法如下：

```
fruit = Fruit()
fruit.grow()
```

(3) Python 没有保护类型的修饰符。

(4) 类的方法也分为公有方法和私有方法。私有函数不能被该类之外的函数调用，私有方法也不能被外部的类或函数调用。

(5) Python 使用函数"staticmethod()"或"@ staticmethod"指令的方法把普通的函数转换为静态方法。静态方法相当于全局函数。

(6) Python 的构造函数名为___ init ___，析构函数名为___ del ___。

(7) 继承的使用方法如下：

```
class Apple(Fruit)：
def ...
```

13. 连接 MySQL 数据库

用 MySQLdb 模块操作 MySQL 数据库非常方便。示例代码如下：

```
import os, sys
import MySQLdb
try:
conn MySQLdb.connect(host='localhost', user='root', passwd='', db='ddress')
except Exception, e:
print e
sys.exit()
cursor=conn.cursor()
sql='insert into address(name, address) values(%s, %s)'
value=(("zhangsan", "haidian"), ("lisi", "haidian"))
try
cursor.executemany(sql, values)
except Exception, e:
print e
sql="select * from address"
cursor.execute(sql)
data=cursor.fetchall()
if data
for x in data:
print x[0], x[1]
cursor.close()
conn.close()
```

参 考 文 献

[1] 程克非，罗江华，兰文富. 云计算基础教程. 北京：人民邮电出版社，2013.

[2] 周品. 云时代的大数据. 北京：电子工业出版社，2013.

[3] 徐立冰. 云计算和大数据时代网络技术揭秘. 北京：人民邮电出版社，2013.

[4] 徐强，王振江. 云计算应用开发实践. 北京：机械工业出版社，2012.

[5] 杨巨龙. 大数据技术全解. 北京：电子工业出版社，2014.

[6] 丁圣勇，樊勇兵，闵世武. 解惑大数据. 北京：人民邮电出版社，2013.

[7] 黄颖. 一本书读懂大数据. 长春：吉林出版集团有限责任公司. 2014.

[8] 姚宏宇，田溯宁. 云计算：大数据时代的系统工程. 北京：电子工业出版社，2013.

[9] 刘鹏. 云计算. 2 版. 北京：电子工业出版社，2011.

[10] 赵刚. 大数据技术与应用实践指南. 北京：电子工业出版社，2014.

[11] 人大经济论坛. 从零进阶！数据分析的统计基础. 北京：电子工业出版社，2014.

[12] John W. Rittinghouse，James F. Ransome. 云计算实现、管理与安全. 田思源，赵雪锋，译. 北京：机械工业出版社，2010.

[13] Michael Miller. 云计算. 姜进磊，等，译. 北京：机械工业出版社，2009.

[14] Bill Franks. 驾驭大数据. 黄海，等，译. 北京：人民邮电出版社，2013.

[15] 赵刚. 大数据技术与应用实践指南. 北京：电子工业出版社，2014.

[16] Eric Bauer，Randee Adams. 云计算实践：可靠性与可用性设计. 高巍，等，译. 北京：人民邮电出版社，2014.

[17] Anthony T Velte，Toby J Velte，Robert Elsenpeter. 云计算实践指南. 周庆辉，陈宗辉，等，译. 北京：机械工业出版社，2010.

[18] 吴朱华. 云计算核心技术剖析. 北京：人民邮电出版社，2011.

[19] 王鹏. 云计算的关键技术与应用实例. 北京：人民邮电出版社，2010.

[20] 2014 大数据标准化白皮书，中国电子技术标准化研究院，2014.

[21] 大数据分析特点. http：//bbs. pinggu. org/bigdata/.

[22] http：//news. xinhuanet. com/info/2014－10/23/c_133737175. htm.

[23] 云计算. 百度百科.
http：//baike. baidu. com/link? url＝aOkc1Gu3_737mbiOsIca3RdbhsfsygK60EiSR-zjZmYAMJbNiXnuPEMTKirRu9QCDGrJfcB-yFwfziAeydzMaa.

[24] 云计算. 维基百科.
http：//zh. wikipedia. org/wiki/%E9%9B%B2%E7%AB%AF%E9%81%8B%E7%AE%97.

[25] 大数据. 百度百科.
http：//baike. baidu. com/link? url＝DpIHrnSoUm0ldJ2NNMHaMgZ215HhDlx6AamsSvm9YSnDHKGrlE5h3tLPbRixEQn3hFvnSpkPYmv1EysLKXO0DLCdk_zUX-bFqR8EYo38Jhu.

[26] http：//cio.chinabyte.com/179/12782179.shtml.
[27] http：//www.thebigdata.cn/YeJieDongTai/8470.html.
[28] 陆嘉恒. Hadoop 实战. 2 版. 北京：机械工业出版社，2013.
[29] 黄宜华. 深入理解大数据：大数据处理与编程实践. 北京：机械工业出版社，2014.
[30] 林伟伟，刘波. 分布式计算、云计算与大数据. 北京：机械工业出版社，2015.
[31] http：//www.ibm.com/developerworks/cn/java/j-mahout/.
[32] http：//www.cnblogs.com/luchen927/archive/2012/02/01/2325360.html.